LOKOMOTIVEN
DAS ULTIMATIVE HANDBUCH

Die größte betriebsfähige Dampflok der Welt: Challenger 3985.
Bild: Karl-Wilhelm Koch

LOKOMOTIVEN

DAS ULTIMATIVE HANDBUCH

GeraMond

Konzeption: Udo Paulitz
Layoutentwicklung:
Ralf Puschmann

Produktmanagement:
Dr. Wolf-Heinrich Kulke/
Michael Dörflinger

Redaktionelle Mitarbeit:
Oliver Steinert-Lieschied

Autoren:
Udo Paulitz:
Einleitungstexte

Oliver Steinert-Lieschied:
Kapitel 1, 2, 5, 6, 8-11

Michael Dörflinger:
Kapitel 3, 4, 7

Korrektorat: Hanna Rauenbusch

Repro: CROMIKA, Verona
Covergestaltung: Thomas Uhlig

Herstellung: Thomas Fischer

Printed in Slovenia by Korotan,
Ljubljana

Bildnachweis Umschlagvorderseite:
Josef Högemann (oben), Archiv
GeraMond (beide Mitte), unten
v.l.n.r.: Albert Schöppner, Markus
Inderst, Beat Bruhin, Karl-Wilhelm
Koch
Umschlagrückseite: v.l.n.r.: Karl-
Wilhelm Koch, Gert Schütze (2)

GeraMond Verlag
Lektorat
Postfach 400209
D-80702 München
e-mail: lektorat@verlagshaus.de

Die Deutsche Bibliothek –
CIP Einheitsaufnahme
Ein Titeldatensatz für diese Publikation ist bei der Deutschen Bibliothek erhältlich.

ISBN 978-3-7654-7279-4

Die Ältesten 8

Die Anfänge 10
„Adler“ 12
„Puffing Billy“ 14
„Rocket“ 14
„Locomotion“ 14
„Northumbrian“ 15
„De Witt Clinton“ 15
„Pearson FT 9 Single 15
H 17 206 16
43 16
„Iron Duke“ 16
„Limmat“ 17
„Rigi“ 17
„Borsig“ 17
E 04 (104) 18
E 05 19
III A 19
E 32 (bay EP 2) 20
V 140 20
E 16 20
E 17 21
E 18 21
E 19 21
E 21 22
E 69 01 und E 69 02 22
E 69 05 23
E 71 23
E 73 23
E 75 24
E 77 24
E 80 24
95 (pr T 20) 25
E 06 25
T 18 1001 25

Die Meistgebauten 26

In großer Stückzahl auf dem Gleis 28
E 30
Tsch MS 3 31
52 32
55^{25-56} 34
QJ 36
L 38
F 7 39
38^{10} (pr P 8) 40
S (Su) 42
50 43
GP 38 44
FD 45
44 46
57^{10} (pr G 10) 48
141R 49
V 100^{1-9} 50
42 54
232 (132 „Ludmilla“) 55
420 56
111 56
321-324 57
VT 98 57
185 58
74^{0-3} 58
53^{70-71} 59
58^{2-21} (pr G 12^{1-7}) 59
139/140 (E 40) 62
112/143 62
060-DA 62
423/433 63
481 63
290 (V 90) 63
344-347 (V 60) 64
710 CD 64
55^{0-6} (pr G 8) 64
BB 7200 65
Baureihe 1042.5 65
Reihe 810 CD 65
E 636 (FS) 66
E 656 (FS) 66
2 TE 10 L 66
1016 („Taurus“) 67
1116 („Taurus“) 67
1044 67

Die Kleinsten 68

Kleine Lokomotiven – unverzichtbar für jede Bahn 70
99 HGe 2/2 Nr. 1-4 72
„Tintenfass“ 73
99^{460} 76
99 3310, 3311, 3313-3318 77
99^{450} 78
99 5803, 5804 79
99 5001 79
H 2/3 80
99 4701 81
99 3312 81
99^{570} 82
V 15^{20-23} 83
U (298 der ÖBB) 84
99 5811 86
99^{610} 87
89^{70-75} (pr T 3) 88
99^{70-71} 90
V 36 92
E 63 94
99^{590} 95
„Pluto“ 96
TE 2/2 III 96
„Kopernicus“ 97
„Friends of Charleston“ 97
Bauart Forney 100
99 4614, 4615 100
99 5801, 5802 100
99 3301 101
99 5611 101
T1 der GHE 101
Festiniog Fairlie 102
Nr. 12 102
99^{560} 102
99 4301 103
WR 550 D 14 103
399 703 103
T2 104
„Carl“ 104
„Spiekeroog Lok 6“ 104
„B-Kuppler“ E 2/2 104
V 23^{0} (102^{0}) 105
102^{1} 105

Die Größten 106

Giganten auf Schienen – eindrucksvolle Maschinen 108
4000 Big Boy 110
3950 Challenger 112
FEF-2 114
S1b 115
J-3a 116
J 118
242.A.1 119
I-5 120
06 121
05 003 122
241 A der Est 123
19^{0} 124
42 125
01 (DB-Umbau Neubaukessel) 126
VT 18^{16} 127
ET 25/45/55/255 128
ET 11 129
403/404 130
52^{18-20} 131
2900 131
04 (02^{1}) 132

ET 27 132
ET 30/ ET 56 („Eierkopf") 133
E 95 133
SVT 137 „Hamburg" 134
VT 08^{5} 134
ET 169 135
410 (IC-Experimental) 135
280 135
VT 11^{5} 136
VT 10^{5} 136
T1 136
VT 12^{14} 137
VT 12^{5} 137
SVZ 137 „Leipzig" 137

Die Stärksten 138

Kraftpakete für schwere Lasten 140
401 (ICE 1) 142
403 (ICE 3) 143
103^{1} 144
120 145
Ae 6/6 146
240 (DE 1024) 148
10 149
01 150
V 200 („Taigatrommeln") 153
E 10 (110) 154
101 155
112 155
151 156
152 156
182 157
752 157
02 158
1044 158
87 159
WCM1 159
CC7100 159
1010 160
103^{0} 160
109 160
110/113 („Bügelfalte") 161
111 161
143 161
V 140 001 (V 16 101) 162
V 300 001 (230 001) 162
VT 11^{5} (601) 162
229 (119) 163
228^{5}, 228^{6-8} (118) 163
675/975 (175^{0}/175^{3-5}) 163
218 164
Am 4/4 (V 200 der DB) 164
Am 6/6 164
2048 (211 der DB) 165
D 75 BB/ D 100 BB 165
45 165

Die Schnellsten 166

Hochgeschwindigkeiten 168
V 150 170
TGV 172
410 (IC-Experimental) 174
Shinkansen 300 X (955) 175
Shinkansen Fastech 360 S 175
AVE S-102 176
TGV POS/EST 177
CC 7107/BB 9004 178
1216 („Taurus") 179
403(ICE 3) 180
406 (ICE 3) 180
AGV 181
TGV Thalys PBKA 182
Tokaido N 700 182
Eurostar 183
103 184
401 (ICE 1) 186
605 (ICE-TD) 187
S 1 188
A 189
Versuchstriebwagen A und S 191
05 192
A 4 (LNER 4468 „Mallard") 193
Schienenzeppelin 194
61 195
E 19 (119) 196
18 201 198
VT 877 200
202 003 (DE 2500) 202
120^{1} 203
182 („Taurus") 204
E 10 (110) 205
Duchess 206
Reihe 12 207
bay S 2/6 208
610 209
03^{10} 210
E 18 211
01^{10} 212
01 213
Velaro RUS 214
18^{3} (bad IV h) 215
18 314 215
753 216
Talgo XXI 216
240 217
202 001 217
Pearson FT 9 Single 217
221 A (PLM) 218
GWC Class 2 B („City of Truro") 218
999 219
SAR 16 E 219
TEP 80 220
01^{5} 220
HST 125/InterCity 125 221
ETR 500 221

Die Schwersten 222

Die Schwergewichte unter den Lokomotiven sind legendär 224
4000 Big Boy 226
H-8 228
M-4 230
AD 60 231
Q-2 231
AC 7 232
T1 233
3950 Challenger 234
S-1 236
S-1b 237
45 238
46 der BDŽ 239
E 50 (150) 240
85 241
95^{0} (pr T 20) 242
96 (bay Gt 2x4/4) 244
E 94 245
142 der CFR 246
250 (155) 247
I 248
01^{5} 249
10 250
44 (Umbau DR) 252
44 Öl (043) 253
59 (wü K) 254
$58^{2-3, 4, 5, 10-21}$ (G 12) 255
65 256
94^{5-17} (pr T 16^{1}) 257
242 257
J 258
FT a+B 258
VT 18^{16} 259
VT 11^{5} (602) 259
R-2 260

4 COR 260
GG1 261
EM-1 261
Y-6b 262
T-1 262
59 263
S-4 263
9000 264
K4 264
RAm TEE (SBB)/ DE IV (NS) 265
97^{4} 265
05 003 266
06 266
V 200 (220) 267
151 267
61 268
01^{10} Öl 268
P 36 269
A 269
E 91 270
E 95 270
65^{10} 271
43 271
5001 272
84 272
A-2a 272
VT 07^{5} „Berlin“ 273
Z-5 273
„Gas Turbine“ 273

Die Erfolgreichsten 274

Sie gehören zu den besten Lokomotiven der Welt 276
52 278
55$^{25-56}$ 280
50 282
57$^{10-35}$ (pr G 10) 284
44 286
38$^{10-40}$ (pr P 8) 288
18$^{4-5}$ (bay S 3/6) 290
55$^{0-6, 7-13, 57}$ (pr G 7) 292
56$^{2-8}$ (pr G 8^{1}) 293
17$^{10-12, 2}$ (pr S 10) 294
64 295
628 296
218 297
V 36 (DB 236,DR 103) 298
423/433 299
41 (41^{10} der DR) 300
030 der Midi 301
26 der NSB 302
23^{10} (35) 303
643/644 304
215 305
58^{30} 306
38$^{2-3}$ 306
pr S 3 307
145 307
PT-47 (PKP) 308
29 308
610 309
X 4300 309
614 310
EMD F-Unit (F7) 310
152 310
2043/2143 (ÖBB) 311
ET 165 „Stadtbahn“ 311
143 311

Die Außergewöhnlichsten 312

Aus der Trickkiste der Lokomotivenbauer 314
19 1001 316
50^{40} 317
RAe 2/4 („Roter Pfeil“) 318
pr S 9 319
99$^{08-09}$ 319
98^{7} (bay BB II) 320
10 (SNCB) 320
100^{01} der kkStB 321
wü G 321
49 („Dovregubben“) 322
Nr. 6202 (LMS) 322
4-4 (Metropolitan) 323
DT 323
99^{16} 324
99^{63} 324
98^{3} („Glaskasten“) 325
ET 91 (491) („Gläserner Zug“) 325
230 800 der Etat 326
X 3800 („Picasso“) 326
Mastodonte 326
V 75 (tschech. T 435.0) 327
202 003 327
VT 10 (GVT 20^{5}) 327
VT 757 (VT 66^{9}) 328
240 (DE 1024) 328
670 329
Xm 2/2 9912 329
Bm 4/4 II 330
2080.001 (ÖBB) 330
MTW X 534 330
LVT/S 331
pr T 16 331
SVT 137 155 331

Die Misslungensten 332

Sie standen zu häufig und kamen teuer zu Stehen 334
H 45 024 336
16 (old S 10) 337
76 (pr T 10) 338
„El Gobernador“ 338
83^{10} 339
119 (219/229) („U-Boot“) 339
06 340
25 001 340
M 44 011-012 341
VT 10^{5} 341

Die Schönsten 342

Sie waren die ungekrönten Könige auf Rädern 344
18 314 (Umbau DR) 346
310 348
03^{10} (Öl) 349
03^{10} (Stromlinienform) 350
03 (Umbau 1959) 351
18^{1} (wü C) 352
231 C 353
WP-Klasse 353
18 201 354
18$^{4-5}$ (bay S 3/6) 354
P 355
231 E „Chapelon“ 355
„Krokodil“ 356
F2A „Jubilee“ 356
14° (pr S 9) 357
VT 92 501 357
E 03 (103) 358
V 200^{1} (221) 358

Die Ältesten

Aller Anfang ist schwer, so auch im Lokomotivenbau. Während die bekannte „Rocket" wohl die erste wirklich praxistaugliche Lokomotive war, gab es auch davor und bald danach interessante Entwicklungen, die hier vorgestellt werden. Bis zur Entwicklung hochmoderner Triebzüge ist es jedenfalls ein langer Weg gewesen…

Der Bau der Semmeringbahn läutete das Zeitalter der Gebirgsbahnen ein. Hier fuhren die ältesten Loks Österreichs über die Alpen. Auf dem frisch fertiggstellten Viadukt fährt eine frühe Dampflokomotive.
(Bild: Sammlung Markus Hehl)

Die Anfänge

Trevithick und Stephenson machen die Dampfmaschine mobil

Die beiden englischen Ingenieure und Maschinenbauer Richard Trevithick und George Stephenson gelten als die Erfinder der Dampflokomotive. Im Jahr 1804 konstruierte Trevithick seine erste Dampflokomotive für eine Kohlengrube. Danach versuchten es andere, und bastelten mehr oder weniger erfolgreich an dampfbetriebenen Schienenfahrzeugen für die vielen Grubenbahnen herum. Zu ihnen gehörte neben William Hedley mit seiner Lok „Puffing Billy“ auch George Stephenson. Unter seiner Leitung wurde am 27. September 1825 über eine Distanz von 10 Meilen die erste öffentliche Eisenbahn der Welt zwischen Stockton und Darlington eingeweiht. Beim Lokomotivrennen von Rainhill trug seine Lok „Rocket“ den Sieg davon. Der anschließende Einsatz seiner Lokomotiven auf der 35 Meilen langen Bahnstrecke zwischen Liverpool und Manchester, welche diese mit bis zu 56 km/h befuhren, begründete seinen Ruf für immer. Die Maschinen besaßen bereits die Eigenschaften, die für anderthalb Jahrhunderte bestimmend bleiben sollten. So den Kessel mit zahlreichen Heizrohren, die Feuerbuchse und der Hochdruckdampf. Auch Deutschlands erste Lokomotive „Adler“ war ein Serienprodukt aus Stephensons Lokomotivfabrik. Mit der 1838 in Dresden gebauten „Saxonia“ entstand die erste in Deutschland gefertigte, brauchbare Lokomotive.

Technische Innovationen

In den folgenden Jahren erfuhr die Dampflokomotive zahllose Verbesserungen, zu denen Ingenieure und Erfinder in Europa und Amerika beitrugen. Immer ging es darum, Zugkraft und Geschwindigkeit zu steigern, den Wirkungsgrad zu erhöhen und die Laufruhe zu verbessern. So hatte sich binnen eines Dutzends Jahren die Geschwindigkeiten verdoppelt, die Lokomotivgewichte verdreifacht, die Leistungen sogar vervierfacht und die Maschinen hatten einen annehmbaren Grad der Zuverlässigkeit erreicht. Neben zahllosen kleineren, aber nicht weniger bedeutenden Verbesserungen wie Geschwindigkeitsmesser, Fahrtenschreiber und die allmähliche Ausrüstung der Lokomotiven mit geschlossenen Führerständen, machten hoher Kohleverbrauch und geringer Wirkungsgrad der Maschinen Kummer. Anatole Mallet, Erfinder der nach ihm benannten Lokomotiven mit mehreren Triebwerken, entwickelte 1867 die Idee der Verbundmaschine mit doppelter Dampfdehnung. Nach seinem ersten Arbeitsgang im Hochdruckzylinder, wurde der Dampf ein zweites Mal in einem Niederdruckzylinder genutzt. Mit diesem System ließen sich erhebliche Brennstoffersparnisse erzielen. August von Borris führte dieses System im Jahr 1880 bei der Preußischen Staatsbahn ein. Alsbald entstanden auch Dreizylinder- und Vierzylinder-Verbundlokomotiven - letztere erstmals durch den Franzosen Alfred de Glehn im Jahr 1894. Ab 1885 wurde in deutschen Bahnen die mit Druckluft arbeitende Westinghouse-Bremse eingeführt,

Die „Locomotion“ von Stephenson ist nach der „Puffing Billy“ die älteste noch erhaltene Lok der Welt.
Bild: Sammlung E. Dämens

Die „Saxonia“ war die erste in Deutschland gebaute Lok. Es existiert von ihr ein betriebsfähiger Nachbau. Bild: Michael Dostal

deren Verbesserung, die Knorr-Bremse, heute noch auf den deutschen Bahnen gebräuchlich ist. Eine weitere bahnbrechende Erfindung für den Dampflokomotivbau war die des Heißdampfes. Diese ist in erster Linie dem Ingenieur Wilhelm Schmidt zuzuschreiben. Es gelang ihm nach zahllosen Versuchen, im Jahr 1894 die Temperatur des hochgespannten Dampfes bis auf 3500° C heraufzutreiben. Mit dem Ergebnis, dass durch den überhitzten Wasserdampf der thermische Wirkungsgrad der Dampfmaschine gegenüber der Nassdampftechnik um bis zu 50 % verbessert werden konnte. Robert Garbe, seit 1895 verantwortlicher Lokbeschaffungsdezernent in Preußen, gebührt der Verdienst, die Heißdampftechnik mittels Flammrohrüberhitzer seit 1898 kontinuierlich in den Lokomotivbau eingeführt zu haben. Das war der Beginn eines einzigartigen Siegeszuges, der sich rasch auf den Lokomotivbau in aller Welt übertrug.

Erfolgreiche Konkurrenten der Dampflok

Die ersten Experimente, um Strom zum Antrieb von Lokomotiven zu verwenden, gingen auf den Amerikaner Thomas Davenport zurück. Bereits 1835 ließ er sich einen Motor patentieren und baute eine erste, noch heute existente Kleinlokomotive. Erst mit der Erfindung des Dynamos im Jahr 1860 begann jedoch die eigentliche Geschichte der Elektrolokomotiven. 1879 fuhr der erste elektrisch betriebene Personenzug der Welt als schmalspurige Ausstellungsbahn auf der Berliner Gewerbeausstellung. Es war eine winzige Siemens-Lok, die von einem 3,5 PS starken Elektromotor angetrieben wurde.

1895 kam es zur ersten Anwendung des Elektroantriebes im schweren Betriebseinsatz in den Vereinigten Staaten. 1903 fanden in Deutschland Versuchsfahrten mit Drehstrom-Triebwagen statt, bei denen Geschwindigkeiten von bis zu 210 km/h erreicht wurden. Obwohl die elektrische Traktion innerhalb der folgenden Jahre ihre Überlegenheit über die Dampflok bewiesen hatte, dauerte es lange, bis sich diese in großem Rahmen durchsetzen konnte. Grund dafür waren die hohen Kosten sowie beide Weltkriege, durch die sich der Ausbau elektrischer Strecken stark verzögerte. Ganz allgemein konnte man von der Faustregel ausgehen, dass der Aufbau einer elektrischen Bahn bis zu sechs Mal mehr kostete, als der einer dampfbetriebenen Strecke mit gleicher Verkehrsleistung. Heute gibt es weltweit zur elektrischen Traktion für den Hauptbahnbetrieb sowie den Schnellverkehr kaum eine Alternative.

Etwas jünger ist die Diesellok, die den bekannten Dieselmotor zur Basis hat. Beim Bau solcher Lokomotiven ging die USA, allen voran die Firma General Motors, in Führung. Das führte nach Kriegsende zu einer schnellen Verdrängung der Dampflokomotive nicht nur in den Vereinigten Staaten, sondern überall dort, wo die hohen Investitionen zur Elektrifizierung entweder nicht aufgebracht werden konnten, oder nicht lohnten. In Deutschland ist in den letzten Jahren der Einsatz von Dieselloks hauptsächlich den weniger stark frequentierten Strecken, den Nebenbahnen oder dem Rangierdienst vorbehalten.

Das Foto des nachgebauten „Adler" entstand anlässlich der Hundertjahrfeier 1935 in Nürnberg.

Bild: Hermann Maey

1935 entstand ein Nachbau des „Adler“. Der betriebsfähige Zug wurde zu besonderen Anlässen eingesetzt. Gut zu sehen ist der überdimensioniert wirkende Schornstein, der typisch für die frühen von Stephenson konstruierten Modelle war und dem der „Adler“ sein markantes und auffälliges Aussehen zu verdanken hat. Da von dem ursprünglichen „Adler“ keinerlei Pläne erhalten sind, erwies sich der Nachbau als besonders schwierig. Nachdem der erste Adler-Nachbau bei einem Brand 2005 zerstört wurde, fertigte man einen noch originalgetreueren zweiten Nachbau.

Bild: Sammlung Udo Paulitz

TYPEN-SCHILD

Hersteller: Robert Stephenson
Lieferung/Indienststellung: 1835
Spurweite: Normalspur
Achsfolge: 1A1
Länge über Puffer: 7,6 m
Gewicht: 14,3 t
Treibraddurchmesser: 1.372 mm
Höchstgeschwindigkeit: 65 km/h
Leistung: 50 kW
Stückzahl: 1

Die frühen Lokomotiven sorgten bei der Bevölkerung stets für großes Aufsehen, waren sie doch noch ein recht seltener Anblick zur damaligen Zeit. Auf dem Gemälde ist der „Adler" zu sehen, wie er von zahlreichen Schaulustigen bestaunt wird.
Bild: Sammlung Rudolf Heym

Adler

Trotz zahlreicher Bemühungen brachte man es in Deutschland Anfang des 19. Jahrhunderts noch nicht fertig, eine eigene, funktionstüchtige Dampflokomotiven zu bauen. Die Konstruktionen aus den Jahren 1816 und 1817 erwiesen sich als Fehlschläge. Die Verlegenheit war daher groß, als König Ludwig I. in Bayern 1834 den Bau der ersten Eisenbahnstrecke Deutschlands zwischen Nürnberg und Fürth freigab. Da auch der Vertrag mit einer württembergischen Firma sich zerschlug, sah sich der Gründer der Strecke, Johannes Scharrer gezwungen, ausgerechnet bei der englischen Firma Stephenson & Co. eine fahrtüchtige Lokomotive zu einem hohen Preis zu bestellen. Bei der gelieferten Lokomotive handelte es sich um ein vom Lokomotivbau-Pionier Stephenson gebautes Modell der Achsfolge 1A1, das in Deutschland fortan als „Adler" bezeichnet wurde. Die Lok war mit einem Schlepptender und einem hinten angebrachten Führerstand ausgestattet und besaß zudem sogenannte verschiebbare Steuerexzenter. Es ist wenig verwunderlich, dass man die Maschine bereits 1857 wieder billig verkaufte, nachdem man in Deutschland selbst in der Lage war, funktionstüchtige Loks zu bauen.

Auf dem Bild ist ein Adler-Nachbau zu sehen, das Original ist längst zerlegt worden. Bild: Michael Dostal

„Puffing Billy"

Um die Vorteile des sogenannten Adhäsionsbetriebs (Rollreibung) unter Beweis zu stellen, baute William Hedley die als „Puffing Billy" bekannte Dampflokomotive. Sie war die erste Lok, die ohne Zahnstangen, Zahnräder oder ähnliche Hilfsmittel auskam.
Damit hatte Hedley bewiesen, das ein Lok größere Zuggewichte ziehen kann als ihre Achslast beträgt, ohne „durchzudrehen".

TYPEN-SCHILD

Hersteller: Hedley, Forster, Hackworth
Lieferung/Indienststellung: 1813
Spurweite: Breitspur (1.524 mm)
Achsfolge: B
Länge über Puffer: k.A.
Gewicht: 7,0 t
Treibraddurchmesser: k.A.
Höchstgeschwindigkeit: 12 km/h
Leistung: k.A.
Stückzahl: 1

Älteste erhaltene Lok der Welt. Bild: Sammlung Udo Paulitz

Siegerlok „Rocket" im modernen Nachbau. Bild: Sammlung Udo Paulitz

TYPEN-SCHILD

Hersteller: Robert Stephenson
Lieferung/Indienststellung: 1820
Spurweite: Breitspur (2.100 mm)
Achsfolge: A1
Länge über Puffer: k.A.
Gewicht: 4,32 t
Treibraddurchmesser: 1.435 mm
Höchstgeschwindigkeit: 50 km/h
Leistung: 36.7 kW
Stückzahl: 1

„Rocket"

Kaum eine andere Lokomotive aus den Anfängen des Lokomotivbaus ist so bekannt wie die „Rocket" von Stephenson. Sie war die einzige Lok, die 1829 in Rainhill allen gestellten Anforderungen genügte. Der mit Röhren bestückte Kessel – eine Erfindung von Senguin – bedeutete einen Meilenstein in Geschichte der britischen Eisenbahn.

„Locomotion"

Obwohl die legendäre „Rocket" die bekannteste Lokomotive war, die Stephenson gebaut hatte, so war sie doch nicht die Erste gewesen. Stephenson hatte bereits 1825 seine erste Lok mit dem Namen „Locomotion" gebaut. Diese Lok war aber der alten Bauvorstellung verhaftet und daher noch keine besondere Innovation.

TYPEN-SCHILD

Hersteller: Robert Stephenson
Lieferung/Indienststellung: 1825
Spurweite: Breitspur (2.100 mm)
Achsfolge: B
Länge über Puffer: k.A.
Gewicht: 6,5 t
Treibraddurchmesser: 1.219 mm
Höchstgeschwindigkeit: 6 km/h
Leistung: 36 kW
Stückzahl: 1

Stephensons „Locomotion". Bild: Sammlung Udo Paulitz

Die „Northumbrian". Bild: Sammlung Udo Paulitz

„Northumbrian"

Die „Northumbrian" war das deutlich weiterentwickelte Nachfolgermodell der „Rocket"und bediente den regulären Verkehr auf der Strecke Liverpool – Manchester. Neuerungen waren vor allem die Rauchkammer und die fast horizontal gelagerten Zylinder. Bedauerlicherweise überfuhr die Lok bei der Eröffnungsfahrt den Ehrengast William Huskisson.

TYPEN-SCHILD

- Hersteller: Liverpool&Manchester Rail.
- Lieferung/Indienststellung: 1830
- Spurweite: Breitspur (2.100 mm)
- Achsfolge: A1
- Länge über Puffer: 7,3 m
- Gewicht: 7,3 t
- Treibraddurchmesser: 1.321 mm
- Höchstgeschwindigkeit: 40 km/h
- Leistung: 35 kW
- Stückzahl: 1

„De Witt Clinton"

Da in den USA die „Best Friend of Charleston"-Lokomotive 1830 explodiert war, wurde aus den Überresten die „De Witt Clinton" gebaut. Vor allem das neue Triebwerk war deutlich besser als das der „Charleston"-Lok. 1831 zog sie ihren ersten Zug von Albany nach Schenectady.

TYPEN-SCHILD

- Hersteller: John B. Jervis
- Lieferung/Indienststellung: 1831
- Spurweite: Breitspur (2.100 mm)
- Achsfolge: B
- Länge über Puffer: k.A.
- Gewicht: 5,0 t
- Treibraddurchmesser: 1.372 mm
- Höchstgeschwindigkeit: 30 km/h
- Leistung: 36 kW
- Stückzahl: 1

„De Witt Clinton" der Mohawk & Hudson RR. Bild: Slg. Udo Paulitz

Pearson FT 9 Single. Bild: Sammlung Udo Paulitz

Pearson FT 9 Single

Die nach ihrem Konstrukteur J. Pearson benannte Lokomotive beeindruckte durch ihre für damalige Zeiten erstaunliche Geschwindigkeit die vor allem durch die Brunelsche Breitspur ermöglicht wurde. Nach einem tragischen Unfall, der auf schlechten Laufeigenschaften beruhte, wurde die Lok in eine 2'A1-Lok umgebaut.

TYPEN-SCHILD

- Hersteller: Rothwell
- Lieferung/Indienststellung: 1854
- Spurweite: Breitspur (2.100 mm)
- Achsfolge: 2'A2'
- Länge über Puffer: 9,3 m
- Gewicht: 50,8 t
- Treibraddurchmesser: 2.743 mm
- Höchstgeschwindigkeit: 130 km/h
- Leistung: 860 kW
- Stückzahl: 1

Heißdampflok H 17 von Schwartzkopff.
Bild: Carl Bellingrodt/Sammlung Andreas Knipping

H 17 206

Als die Konkurrenz der Elektro- und Verbrennungsmotoren immer stärker wurde, wurde auch in der Dampfloktechnik nach Neuerungen geforscht. Bald entstand die von Henschel gebaute H 17 206 als die erste deutsche Hochdrucklokomotive. In den Innenzylinder wurde der Dampfdruck auf 60 at komprimiert, um dadurch die Leistung zu erhöhen. Der hohe Wartungsaufwand relativierte das Plus an Leistung leider wieder. 1936 wurde die Lok ausgemustert.

TYPEN-SCHILD
Hersteller: Henschel
Lieferung/Indienststellung: 1915
Spurweite: Normalspur
Achsfolge: 2'C h3(v)
Länge über Puffer: 21,2 m
Gewicht: 152,0 t
Treibraddurchmesser: 1.980 mm
Höchstgeschwindigkeit: 110 km/h
Leistung: 1.025 kW
Stückzahl: 1

Baureihe 43

Die Güterzugloks der Baureihe 43 wurden ab 1927 geliefert. Sie waren bis auf das Triebwerk baugleich mit der Baureihe 44. Während die Baureihe 44 eine dreizylindrige Dampfmaschine besaß, die sich vor allem durch ruhigen Lauf und geringe Belastung der Treibstangenlager auszeichnete, hatten die 43er-Loks ein zweizylindriges Triebwerk, dessen Laufruhe zwar weniger ausgeprägt war, dafür aber einfacher und kostengünstiger zu warten.

TYPEN-SCHILD
Hersteller: Henschel, Schwarzkopff
Lieferung/Indienststellung: 1926–28
Spurweite: Normalspur
Achsfolge: 1'E
Länge über Puffer: 22,6 m
Gewicht: 110,0 t
Treibraddurchmesser: 1.400 mm
Höchstgeschwindigkeit: 70 km/h
Leistung: 1.383 kW
Stückzahl: 35

Güterzuglok Baureihe 43. Bild: Werner Hubert/Sammlung Knipping

Die formschöne "Iron Duke" war eine typische Breitspur-Lokomotive der Bauart 2'A1' des Ingenieurs Daniel Gooch.
Bild: Sammlung Udo Paulitz

„Iron Duke"

Die „Iron Duke"-Lok gehörte zu einer ab 1846 gebaute Serie von insgesamt 54 Maschinen und erreichte 130 km/h.

TYPEN-SCHILD
Hersteller: GWR
Lieferung/Indienststellung: 1863
Spurweite: Normalspur
Achsfolge: 2'A1'
Länge über Puffer: 14,4 m
Gewicht: 72,6 t
Treibraddurchmesser: 2.438 mm
Höchstgeschwindigkeit: 130 km/h
Leistung: k.A.
Stückzahl: 1

„Limmat"

Die erste Bahnstrecke in der Schweiz wurde erst spät im Jahr 1847 eröffnet. Die ersten vier gelieferten Loks mit der Bezeichnung „Limmat" stammten zudem aus Deutschland und waren von Emil Kessler entworfen worden. Dieser wiederum hatte sich von amerikanischen Vorbildern inspirieren lassen, wie unschwer an der Achsfolge (2'A) zu erkennen ist.

TYPEN-SCHILD

Hersteller: Emil Kessler
Lieferung/Indienststellung: 1847
Spurweite: Normalspur
Achsfolge: 2'A
Länge über Puffer: 11,6 m
Gewicht: 35,0 t
Treibraddurchmesser: 1.530 mm
Höchstgeschwindigkeit: 40 km/h
Leistung: 125 kW
Stückzahl: 1

„Limmat" aus der Schweiz. Bild: Sammlung Udo Paulitz

„Rigi"

Die „Rigi" war eine von vier in Kleinserie gefertigten Stütztenderloks. Sie wurde in der Schweiz von der NOB auf den gebirgigen Strecken zwischen Zürich und Luzern eingesetzt.

Die „Rigi" wurde von der Firma Emil Kessler gebaut. Bild: Sammlung Udo Paulitz

TYPEN-SCHILD

Hersteller: Emil Kessler
Lieferung/Indienststellung: 1863
Spurweite: Normalspur
Achsfolge: B
Länge über Puffer: k.A.
Gewicht: 52,0 t
Treibraddurchmesser: 1.370 mm
Höchstgeschwindigkeit: 40 km/h
Leistung: k.A.
Stückzahl: 1

„Borsig"

Die „Borsig" war die erste Lokomotive des gleichnamigen Herstellers in Berlin. Sie wurde 1841 gebaut, im selben Jahr, wo auch Maffei und Kessler ihre ersten Loks fertiggestellt hatten. Die Lok mit ihrer ungewöhnlichen Achsanordnung 2'A1 ' wurde bereits 1850 aufgrund mangelnder Leistung wieder ausgemustert.

TYPEN-SCHILD

Hersteller: Borsig, Berlin
Lieferung/Indienststellung: 1841
Spurweite: Normalspur
Achsfolge: 2'A1'
Länge über Puffer: 4,3 m
Gewicht: 19,2 t
Treibraddurchmesser: 1.372 mm
Höchstgeschwindigkeit: 50 km/h
Leistung: k.A.
Stückzahl: 1

„Borsig" aus Berlin. Bild: Sammlung Udo Paulitz

Baureihe E 04 (104)

Die E 04 war eine frühe Elektrolokomotive des Herstellers AEG und wurde ab 1932 auf den Strecken der DRG eingesetzt. Bei den Loks kam der bewährte Kleinow-Federtopfantrieb zum Einsatz. Da in der Zwischenzeit die Elektrifizierung der Strecke München – Stuttgart fertiggestellt worden war, wurden weitere Exemplare nachbestellt. Insbesondere im Flachland zeichnete sich die Maschine durch ihren zuverlässigen Betrieb aus. Die E 04 hatte eine für damalige Zeiten beachtliche Höchstgeschwindigkeit von 130 km/h. 1968 wurden die Loks in Baureihe 104 umbenannt und bis 1982 ausgemustert.

Oben: Die Baureihe E 04 wurde später in Baureihe 104 umgezeichnet Unten: Die E 04 02.

Bilder: AEG/Sammlung Andreas Knipping

TYPEN-SCHILD

Hersteller: AEG
Lieferung/Indienststellung: 1932
Spurweite: Normalspur
Achsfolge: 1'Co1'
Länge über Puffer: 15,1 m
Gewicht: 92,0 t
Treibraddurchmesser: 1.600 mm
Höchstgeschwindigkeit: 130 km/h
Leistung: 2.010 kW
Stückzahl: 23

Baureihe E 05

Im Gegensatz zum Federtopfantrieb der E 04 besaß die E 05 einen Tatzlagerantrieb, der von den Siemens-Schuckert-Werken (SSW) entwickelt worden war. Um einen direkten Vergleich zu haben, bestellte die DRG daher zeitgleich zur E 04 auch zwei E 05-Elektrolokomotiven. In der Praxis stellte sich heraus, dass der Federtopfantrieb dem Tatzlagerantrieb ab einer Geschwindigkeit von 100 km/h in puncto Laufgüte überlegen war. Seitdem wurden keine Schnellzuglokomotiven mit Tatzlagernatrieb gebaut, wohl aber langsamere Modelle, wie der E 44 und E 93.

Im Gegensatz zur von AEG gebauten E 04 besaß die E 05 der Firma Henschel einen Tatzlagerantrieb von SSW.
Bild: Sammlung Andreas Knipping

TYPEN-SCHILD

Hersteller	Henschel, SSW
Lieferung/Indienststellung	1933
Spurweite	Normalspur
Achsfolge	1'Co1'
Länge über Puffer	15,4 m
Gewicht	90,0 t
Treibraddurchmesser	1.400 mm
Höchstgeschwindigkeit	110 km/h
Leistung	1.785 kW
Stückzahl	3

Gattung III A

Als Ende der 1850er-Jahre aufgrund der gestiegenen Nachfrage im Reiseverkehr die vorhandenen Personenzuglokomotiven der Badischen Staatsbahn nicht mehr ausreichten, wurden insgesamt 90 Lokomotiven mit der Achsfolge 2'B bestellt. Insbesondere der hohe Kesselaufbau, der kurze Achsstand und das weit zurückgestellte vordere Laufdrehgestell waren charakteristisch für die badische Gattung III A. Während die ersten fünf Lieferserien mit einem Crampton-Dampfkessel ausgestattet waren, hatte alle weiteren Lokomotiven einen Belpaire-Kessel. Die eleganten Maschinen erreichten eine Höchstgeschwindigkeit von 60 km/h und waren ein großer Erfolg. Sie wurden nicht nur auf dem gesamten Streckennetz Badens eingesetzt, sondern sogar nach Bulgarien und Ungarn verkauft.

Die ab 1861 gelieferte badische Gattung III A war eine der elegantesten Lokomotiven der Badischen Staatsbahn und wurde auch ins Ausland verkauft
Bild: Sammlung Udo Paulitz

TYPEN-SCHILD

Hersteller	MBG, Grafenstaden
Lieferung/Indienststellung	1869–1875
Spurweite	Breitspur (1.600 mm)
Achsfolge	2'B
Länge über Puffer	13,3 m
Gewicht	34,0 t
Treibraddurchmesser	1.830 mm
Höchstgeschwindigkeit	60 km/h
Leistung	k.A.
Stückzahl	90

E 32. Bild. Carl Bellingrodt/Sammlung Andreas Knipping

BR E 32 (bay EP 2)

Im Zuge des Wechmann-Plans, der die Beschaffung von neuen Elektrolokomotiven für bayerische Strecken vorsah, wurde ab 1922 die EP 2 in Dienst gestellt. Die zunächst von der DRG und später von der DB übernommenen und dort als Baureihe 132 geführten Fahrzeuge wurden vor leichten Eilzügen und im Eilgüterverkehr eingesetzt.

TYPEN-SCHILD

Hersteller: Maffei
Lieferung/Indienststellung: 1922
Spurweite: Normalspur
Achsfolge: 1'C1'
Länge über Puffer: 13,01 m
Gewicht: 84,4 t
Treibraddurchmesser: 1.400 mm
Höchstgeschwindigkeit: 90 km/h
Leistung: 1.010 kW
Stückzahl: 29

Baureihe V 140

Bereits 1934 ließ die DRG verschiedene Konstruktionen mit dieselhydraulischer Kraftübertragung ausarbeiten. Eine dieser dieselhydraulisch betriebenen Loks war die V 140 001.

TYPEN-SCHILD

Hersteller: Krauss-Maffei, MAN
Lieferung/Indienststellung: 1935
Spurweite: Normalspur
Achsfolge: 1'C1'
Länge über Puffer: 14,4 m
Gewicht: 75,0 t
Treibraddurchmesser: 1.400 mm
Höchstgeschwindigkeit: 100 km/h
Leistung: 1.030 kW
Stückzahl: 1

Die V 140 wurde 1954 ausgemustert. Bild: Sammlung Stefan Lauscher

Die Schnellzug-Ellok E 16 mit Buchli-Antrieb wurde im Rahmen einer groß angelegten Beschaffung von Elloks beschafft. Bild: Sammlung Heinrich Stangl

Baureihe E 16

Zur Länderbahnzeit steckte die Entwicklung von Elektroloks noch in den Kinderschuhen. Im Zuge des sogenannten Wechmann-Plans, wurde auch die viermotorige E 16 eingesetzt.

TYPEN-SCHILD

Hersteller: Krauss, BBC
Lieferung/Indienststellung: 1926–33
Spurweite: Normalspur
Achsfolge: 1'Do'1'
Länge über Puffer: 16,3 m
Gewicht: 110,0 t
Treibraddurchmesser: 1.640 mm
Höchstgeschwindigkeit: 120 km/h
Leistung: 2.655 kW
Stückzahl: 21

Baureihe E 17

Im Gegensatz zur Vorgängerbaureihe E 16 hatte die ab dem Jahr 1928 fertiggestellte E 17 den bereits in der Schweiz bewährten „Kleinow-Federtopfantrieb“. Die ersten E 17 hatten sogar abblendbare Scheinwerfer.

TYPEN-SCHILD

Hersteller: AFG
Lieferung/Indienststellung: 1928–29
Spurweite: Normalspur
Achsfolge: 1'Do'1'
Länge über Puffer: 15,9 m
Gewicht: 111,0 t
Treibraddurchmesser: 1.600 mm
Höchstgeschwindigkeit: 120 km/h
Leistung: 2.300 kW
Stückzahl: 38

E 17 von AEG. Bild: Hermann Maey/Sammlung Andreas Knipping

BR E 18 und E 19

Basierend auf der E 04 wurde die Baureihe E 18 im Jahr 1935 in Dienst gestellt und ermöglichte eine deutliche Beschleunigung des Schnellzugdienstes im Vergleich zu den Vorgänger-Baureihen. Die von einem Gestellmotor mit Schrägverzahnung angetriebenen Loks der Baureihe E 18 erreichten eine Rekordgeschwindigkeit von 150 km/h. Insbesondere zwei von Henschel weiterentwickelte E 18, die als Baureihe E 19 geführt wurden, ermöglichten auf der Strecke München – Berlin eine beachtliche Höchstgeschwindigkeit von 180 km/h. Beide Baureihen waren die letzten Elektroloks mit Achsen, die fest im Rahmen gelagert waren, da sich ab den 1950er-Jahren die Drehgestellbauweise bei Schnellzugloks durchsetzte.

Oben: Die E 19.
Bild: Slg. GeraMond

TYPEN-SCHILD (E 18)

Hersteller: AEG, Krupp
Lieferung/Indienststellung: 1935–40
Spurweite: Normalspur
Achsfolge: 1'Do'1'
Länge über Puffer: 16,9 m
Gewicht: 108,5 t
Treibraddurchmesser: 1.600 mm
Höchstgeschwindigkeit: 150 km/h
Leistung: 3.040 kW
Stückzahl: 50

TYPEN-SCHILD (E 19)

Hersteller: AEG
Lieferung/Indienststellung: 1939
Spurweite: Normalspur
Achsfolge: 1'Do'1'
Länge über Puffer: 16,9 m
Gewicht: 113,0 t
Treibraddurchmesser: 1.600 mm
Höchstgeschwindigkeit: 200 km/h
Leistung: 4.000 kW
Stückzahl: 2

Superstar E 18. Bild: AEG/Sammlung Adreas Knipping

E 21. Bild: AEG/Sammlung Andreas Knipping

Baureihe E 21

Nach den guten Erfahrungen mit dem Kleinow-Federtopfantrieb entschloss sich die DRG im Jahre 1926, die Baureihe E 21 in Auftrag zu geben. Durch den weiten Spielraum in der Übersetzung konnten schnelllaufende, leichte Motoren eingesetzt werden, die sowohl im Güterzug- als auch im Schnellzugverkehr eingesetzt werden konnten und sich gut bewährten.

TYPEN-SCHILD

Hersteller: AEG
Lieferung/Indienststellung: 1927
Spurweite: Normalspur
Achsfolge: 2'Do1'
Länge über Puffer: 16,5 m
Gewicht: 121,0 t
Treibraddurchmesser: 1.750 mm
Höchstgeschwindigkeit: 110 km/h
Leistung: 2.040 kW
Stückzahl: 2

BR E 69 01 und 02

Im Jahr 1900 nahm die Lokalbahn AG München den Betrieb der interessanterweise se bereits elektrifizierten Strecke Murnau – Oberammergau auf. Fünf Jahre später wurde die zweiachsige Elektrolokomotive „LAG 1", die inoffiziell „Katharina" hieß, dort eingesetzt. Da sich diese vor Güterzügen eingesetzte Lokomotive sehr gut bewährte, wurde 1909 das leistungsfähigere Nachfolgermodell „LAG 2" in Dienst gestellt. Nachdem die Reichsbahn alle diese per Tatzlager angetriebenen Lokomotiven der LAG übernommen hatte, wurden sie in die Baureihe E 69 umgezeichnet. Nach wie vor wurden sie für den Güterverkehr eingesetzt, lösten jetzt aber auch die ehemals für den Personenverkehr eingesetzten Triebwagen ab. Bis 1981 waren sämtliche E 69 ausgemustert worden.

TYPEN-SCHILD

Hersteller: Siemens, Katharinenhütte
Lieferung/Indienststellung: 1905
Spurweite: Normalspur
Achsfolge: Bo
Länge über Puffer: 7,5 m
Gewicht: 23,5 t
Treibraddurchmesser: 1.000 mm
Höchstgeschwindigkeit: 40 km/h
Leistung: 160 kW
Stückzahl: 1

Fototermin für die spätere E 69 01. Bild: Sammlung Heinrich Stangl

TYPEN-SCHILD

Hersteller: Siemens, Katharinenhütte
Lieferung/Indienststellung: 1909
Spurweite: Normalspur
Achsfolge: Bo
Länge über Puffer: 7,3 m
Gewicht: 25,5 t
Treibraddurchmesser: 1.000 mm
Höchstgeschwindigkeit: 50 km/h
Leistung: 306 kW
Stückzahl: 1

Nachdem die Baureihe ET 85 den Personenzugdienst auf der Strecke übernahm, wurde die Baureihe E 69 teilweise in den Rangierdienst verdrängt, aber erst 1981 wurde die letzte Lok dieser Baureihe ausgemustert. Links ist die 169 002 (ex E 69 02) in München zu sehen. Bild: Martin Weltner

Baureihe E 69 05

Nach der Indienststellung der „LAG 3" und der störanfälligen „LAG 4" wurde schließlich 1930 die letzte Lokomotive der Baureihe E 69, die „LAG 5" fertiggestellt. Die „Adolphine" genannte Lok war das stärkste Modell und hatte wie alle anderen Loks dieser Baureihe einen Tatzlagerantrieb.

TYPEN-SCHILD

Hersteller: Siemens, Katharinenhütte
Lieferung/Indienststellung: 1930
Spurweite: Normalspur
Achsfolge: Bo
Länge über Puffer: 8,7 m
Gewicht: 32,0 t
Treibraddurchmesser: 1.000 mm
Höchstgeschwindigkeit: 50 km/h
Leistung: 565 kW
Stückzahl: 1

„Adolphine" E 69 05. Bild: Siemens-Museum/Sammlung Dr. Brian Rampp

Elektrolok der Kaiserzeit E 71. Bild: Pillmann

Baureihe E 71

Die in Drehgestellbauart gefertigten Loks der Baureihe 71 waren die ersten Elektroloks, die auf der Strecke Halle (Saale) – Leipzig – Dessau – Magdeburg eingesetzt wurden. Erst nach dem Ersten Weltkrieg konnten alle geliefert werden.

TYPEN-SCHILD

Hersteller: AEG
Lieferung/Indienststellung: 1914–24
Spurweite: Normalspur
Achsfolge: B'B'
Länge über Puffer: 11,6 m
Gewicht: 64,9 t
Treibraddurchmesser: 1.350 mm
Höchstgeschwindigkeit: 65 km/h
Leistung: 590 kW
Stückzahl: 27

Baureihe E 73

Die Baureihe E 73 wurde ab 1919 von der KPEV unter anderem für die Altonaer Hafenbahn bestellt, da die dort eingesetzte Doppellok EV 3/4 sich als zu wenig leistungsfähig erwiesen hatte. Während die E 73 05 noch einen Stangenantrieb hatte, wurde die E 73 06 mit einem „Westinghouse-Antrieb" ausgestattet.

TYPEN-SCHILD

Hersteller: Krauss, Bergmann
Lieferung/Indienststellung: 1923–26
Spurweite: Normalspur
Achsfolge: Bo'Bo'
Länge über Puffer: 113,8 m
Gewicht: 70,4–80,9 t
Treibraddurchmesser: 1.100 mm
Höchstgeschwindigkeit: 45 km/h
Leistung: 910 kW
Stückzahl: 3

E 73 05. Bild: Siemens Forum/Sammlung Dr. Brian Rampp

Baureihe E 75

Die Loks der Baureihe E 75 wurden vor allem im leichten Güter- und für den Personenzugdienst eingesetzt.
Bild: Carl Bellingrodt/Sammlung Andreas Knipping

Da die Laufeigenschaften der E 77 nicht überzeugten, wurde ab 1927 das Nachfolgermodell E 75 mit einem durchgehenden Rahmen, einteiligem Lokkasten und einer Feinreglersteuerung gebaut. Die elektrische Ausrüstung übernahm man von der Baureihe E 77.

TYPEN-SCHILD

Hersteller: Berliner Maschinenbau AG
Lieferung/Indienststellung: 1927
Spurweite: Normalspur
Achsfolge: 1'BB1'
Länge über Puffer: 15,3 m
Gewicht: 106,2 t
Treibraddurchmesser: 1.400 mm
Höchstgeschwindigkeit: 70 km/h
Leistung: 1.600 kW
Stückzahl: 31

Baureihe E 77

Die Baureihe E 77 wurde wie auch viele andere Elektrolokomotiven im Zuge des von W. Wechmann erstellten E-Lok-Typenprogramms produziert. Als folgenschwerer Fehler erwies sich, dass man auf Probefahrten verzichtete. Über 55 km/h war die Laufgüte sehr unbefriedigend – ein Umstand, der bei der E 75 korrigiert wurde.

TYPEN-SCHILD

Hersteller: Berliner Maschinenbau AG
Lieferung/Indienststellung: 1926
Spurweite: Normalspur
Achsfolge: (1B)(B1)'
Länge über Puffer: 16,2 m
Gewicht: 113,0 t
Treibraddurchmesser: 1.400 mm
Höchstgeschwindigkeit: 65 km/h
Leistung: 1.600 kW
Stückzahl: 56

Es gab kein Versuchsexemplar der E 77 – ein folgenschwerer Fehler. Bild: Sammlung Dr. Brian Rampp

Baureihe E 80

Eine frühe Akkumulator-Lokomotive: die E 80. Bild: Hermann Maey/Slg. Andreas Knipping

Die E 80 war eine frühe, mit Akkumulator gespeiste Ellok, die für den Rangierdienst eingesetzt wurde. Die Batteriekapazität reichte für fünf Stunden. Diese ungewöhnliche Bauform ist bis heute

TYPEN-SCHILD

Hersteller: Maffei, Siemens
Lieferung/Indienststellung: 1930
Spurweite: Normalspur
Achsfolge: (A1A)(A1A)'
Länge über Puffer: 15,4 m
Gewicht: 90,6 t
Treibraddurchmesser: 1.000 mm
Höchstgeschwindigkeit: 40 km/h
Leistung: 210 kW
Stückzahl: 5

Baureihe 95

Da sich die Halberstadt-Blankenburger Eisenbahn vom Zahnradbetrieb lösen wollte, wurde die Baureihe 95° in Auftrag gegeben. Die Loks hatten einen Belpaire-Stehkessel mit einem Kesseldruck von 14 at. Tatsächlich wurden die Loks meist nicht auf ehemaligen Zahnradstrecken, sondern im Schiebedienst eingesetzt.

TYPEN-SCHILD

Hersteller: Borsig, Hanomag
Lieferung/Indienststellung: 1922–24
Spurweite: Normalspur
Achsfolge: 1'E1' h2t
Länge über Puffer: 15,1 m
Gewicht: 127,4 t
Treibraddurchmesser: 1.400 mm
Höchstgeschwindigkeit: 70 km/h
Leistung: 1.192 kW
Stückzahl: 45

Die preußische T 20. Bild. Sammlung Andreas Knipping

Baureihe E 06

Baureihe E 06. Bild: Sammlung Dr. Brian Rampp

Die Baureihe E 06[1] war eine verbesserte, mit Trockentransformator ausgestattete Version der alten Baureihe E 06. Die Loks dieser Baureihe waren die letzten in Deutschland, die mit einem Großmotor und Stangenantrieb ausgestattet waren. Als die Loks im Jahre 1928 endlich geliefert wurden, waren sie allerdings technisch schon nicht mehr auf der Höhe und veraltet.

TYPEN-SCHILD

Hersteller: BMAG, BEW
Lieferung/Indienststellung: 1928
Spurweite: Normalspur
Achsfolge: 2'C2'
Länge über Puffer: 15,7 m
Gewicht: 111,0 t
Treibraddurchmesser: 1.600 mm
Höchstgeschwindigkeit: 110 km/h
Leistung: 2.780 kW
Stückzahl: 5

T 18 1001

Mitte der 1920er-Jahre, als das Interesse der Ingenieure an der Turbinentechnik noch ungebrochen war, bestellte die Reichsbahn die T 18 von Maffei. Trotz der guten Leistungen stellten sich die Unterhaltungskosten als viel zu hoch heraus.

TYPEN-SCHILD

Hersteller: Krupp
Lieferung/Indienststellung: 1924
Spurweite: Normalspur
Achsfolge: 2'C1' h
Länge über Puffer: 23,4 m
Gewicht: 178,0 t
Treibraddurchmesser: 1.650 mm
Höchstgeschwindigkeit: 110 km/h
Leistung: 1.480 kW
Stückzahl: 1

Turbinenlok T 18 1001. Bild: Carl Bellingrodt/Sammlung Andreas Knipping

Die Meistgebauten

Quantität statt Qualität? Das trifft im Lokomotivenbau eher nicht zu, wurden doch gerade diejenigen Modelle in großer Stückzahl gefertigt, die sich durch ihre Zuverlässigkeit und Wirtschaftlichkeit bewährten.

Hier schlängeln sich zwei in China einst häufig zu sehende QJ-Dampflokomotiven im Doppelverbund durch die karge Landschaft der inneren Mongolei. Die QJ-Klasse ist die am meisten gebaute Dampflokomotive Chinas.
Bild: Udo Kandler

In großer Stückzahl auf dem Gleis

Am Anfang war das Einzelstück

Noch viele Jahre nach Erfindung der Dampflokomotive war ihre Beschaffung als Einzelstück fast immer die Regel. Abgesehen von der vorgegebenen Spurweite gab es für die unterschiedlichen Lokomotiven nur wenig gemeinsame Konstruktionsmerkmale. Die auftraggebenden Bahnen orderten ihre Fahrzeuge nach individuellen Wünschen und Vorstellungen. Hinzu kam, dass anfangs weder Bauform noch grundlegende Eigenschaften einer Dampflokomotive festgeschrieben waren, sondern erst durch langwierige Versuche entwikkelt wurden. Auch unter diesen Umständen war der Lokomotivbau in größeren Serien zu jener Zeit noch keine tragfähige Alternative. So glich damals kaum eine Lokomotive der anderen.

Es stellte sich heraus, dass es durchaus Vorteile brachte, besonders gut im Betrieb bewährte, zuverlässige Lokomotivtypen in größeren Stückzahlen zu fertigen. Denn ein Bestand gleichartiger Maschinen war eine wirtschaftliche Lösung und half eine Menge Kosten zu sparen, vor allem im Hinblick auf einen vereinfachten Reparatur- und Wartungsdienst und bei der Bevorratung von Ersatzteilen. Nebenbei brauchten sich das Personal nicht mit Bedienung und Eigenschaften unterschiedlicher Maschinen herumzuschlagen. Da die Entwicklungskosten entfielen, hatte auch der Hersteller seinen Nutzen und konnte zu günstigeren Preisen anbieten. Der Bau größerer Serien lohnte vor allem dann, wenn die Maschinen möglichst universell eingesetzt werden konnten. Einer der Vorreiter beim Bau nach vereinheitlichten Baugrundsätzen konstruierter Lokomotiven war die Preußische Staatsbahn (KPEV). Eines der ersten, in großer Serie gefertigter Erfolgsmodelle, war die seit 1877 gebaute C-gekuppelte Güterzuglokomotive G 3. Diese einfache und robuste Nassdampf-Maschine entstand innerhalb der folgenden 20 Jahre genau 2233 Mal, denn sie ließ sich nicht nur im Güterzugdienst auf Hauptbahnen, sondern infolge ihres geringen Achsdruckes auch auf Nebenstrecken nutzen. Erst 1929 mussten die letzten Loks Abschied von der Schiene nehmen.

Daneben gab es viele weitere, in ansehnlichen Stückzahlen gefertigte KPEV-Baureihen. Den höchsten Bekanntheitsgrad nimmt zweifelsohne die berühmte Personenzuglok P 8 ein. Die zwischen 1906 und 1928 in fast 4.000 Einheiten beschaffte spätere Reichsbahn-Baureihe 38^{10} war eine unverwüstliche Maschine, die jahrzehntelang in nahezu allen Einsatzbereichen anzutreffen war. Stückzahlmäßig übertroffen wurde sie nur noch von dem Güterzug-Vierkuppler G 8^{1}, der späteren Baureihe 55^{25}, die mit fast 5.000 Exemplaren den Spitzenplatz einnahm.

Im Zweiten Weltkrieg wurde die Kriegslokbaureihe 52 massenhaft produziert – auf dem Bild wurden sie propagandistisch präsentiert. Bild: Sammlung GeraMond

Dampflokomotiven in großen Serien

Die unter der Regie der neugegründeten Deutschen Reichsbahn-Gesellschaft gebauten und weitgehend genormten Einheitslokomotiven erreichten teilweise sehr große Fertigungszahlen. Da war zunächst die Dreizylinder-Güterzuglok der

Die Baureihe 423, hier in München Laim ist im S-Bahn-Verkehr stark vertreten. Bild: Uwe Miethe

Baureihe 44, die in fast 2.000 Exemplaren entstand und sich im schweren Hauptbahndienst unentbehrlich machte. Die auch auf Nebenbahnen verwendbare leichtere Schlepptenderlok der Baureihe 50 baute man rund 3.200 Mal. Beide Typen bewährten sich in höchstem Maße und standen noch bis weit in die 1980er Jahre im Einsatzdienst. Die mit Abstand größte Stückzahl aller Einheitslokomotiven erreichte die ab 1942 in 6.700 Einheiten gebaute, stark vereinfachte Kriegslok-Baureihe 52. Ursprünglich nur für eine Lebensdauer von zehn Jahren konzipiert, erlebten die letzten von ihnen noch die Jahrtausendwende.

Weitaus weniger bekannt sein dürfte die Tatsache, dass diese Stückzahlen durch einige Dampfloktypen aus Russland bzw. der früheren Sowjetunion noch übertroffen wurden. Dieses riesige Land brauchte einfache und robuste Maschinen, die vor allem den extremen klimatischen Verhältnissen gewachsen waren. Neben den in Tausenden Exemplaren gebauten Typen S, L und FD befindet sich die zwischen 1912 und 1957 in 11.000 Einheiten gebaute Güterzuglok der Baureihe E einsam an der Spitze und dürfte damit die weltweit meistgebaute Lokomotive sein. Diese Konstruktion bewährte sich so gut, dass während ihrer 45-jährigen Bauzeit nur Detailverbesserungen notwendig wurden und das Grundkonzept unangetastet blieb. Etliche Museumsmaschinen sind heute noch betriebsfähig.

Zu den ganz Großen im Dampflokbau zählt die Volksrepublik China, wobei die einheimische Industrie erst ab 1950 begann, vor allem die Typen JS, SY und QJ in großem Ausmaß zu produzieren. Der Spitzenreiter war dabei die wohl allen Eisenbahnfreunden bekannte Reihe QJ, die bis 1988 in 4.700 Einheiten entstanden ist.

Der Großserienbau moderner Traktionsarten

Die Fabrikation großer Lokomotivserien beschränkte sich nicht nur auf dampfbetriebene Schienenfahrzeuge, sondern erstreckte sich ebenso auf bewährte Diesel- und Elektrolokomotiven. Diese kam in größerem Umfang erst mit dem zunehmenden Verschwinden der Dampftraktion ab den 1960er Jahren in Gang. In der Nachkriegszeit sind die weitgehend vereinheitlichten Elloks der Reihen E 10, E 40 und E 41 in ansehnlichen Stückzahlen von der Bundesbahn beschafft worden. Bei der Dieseltraktion sind es die Reihen V 60, V 100, V 160 und V 200. Oder der als Retter vieler Nebenstrecken berühmt gewordene Schienenbus. Aber auch die in knapp 2.000 Stück gebauten Kleinlokomotiven dürfen nicht vergessen werden. Und über 20 Jahre lang wurde der hauptsächlich als S-Bahn eingesetzte Elektrotriebzug der Reihe 420 in knapp 500 Stück gebaut.

Vergleichsweise klein wirken diese Zahlen, wenn man die in Russland gebauten Großserien dagegenhält. Hier ist die Konzentration auf wenige Typen vor allem bei Diesellokomotiven so weit fortgeschritten, dass etliche davon in 3, 5 oder gar 7.000 Einheiten entstanden sind.

Aber auch manche Lokomotiven aus den Vereinigten Staaten kamen auf große Stückzahlen. Als Beispiel sei die berühmte dieselelektrische Lokomotive F 7 genannt, von der innerhalb von fünf Jahren knapp 4.000 Einheiten die Werkstätten von General Motors verließen. Bei einer in immer stärkeren Maße geforderten universellen Verwendbarkeit der Lokomotiven und Züge, werden große Serien mehr denn je eine Zukunft haben.

In China ein einst nicht ungewohnter Anblick: Die QJ-Klasse ist die meistgebaute Dampflokomotive Chinas. Bild: Michael Hubrich

Von der russischen Klasse E wurden knapp 11.000 Exemplare gebaut – unumstrittener Weltrekord! Bild: Sammlung Udo Paulitz

Klasse E

In Russland wurden verschiedene Dampflokomotivreihen in einer Stückzahl produziert, die noch den Rahmen deutscher Baureihen um einiges übertrafen. Spitzenreiter ist die russische Baureihe E, von der rund 11.000 Stück produziert wurden. Sie ist die meistgebaute Lokomotive der Welt. Im Produktionszeitraum von 1912–1957 ließ die Sowjetunion die Lokomotiven nicht nur im eigenen Land produzieren, sondern verlagerte die Produktion – bedingt durch die Revolution im Jahre 1917 – zeitweise auch nach Deutschland und Schweden (500 Stück bei Nydquist & Holm). Ein wichtiger Vorteil war die geringe Achslast von 16,2 t, die ihren Einsatz auf verschiedensten Gleisunterbauten ermöglichte. Im Laufe der Jahre wurden einige Variationen hergestellte, u.a. die in den 1930ern gebaute, schwerere „Er"-Variante, die allerdings vorwiegend in Polen, Ungarn und Rumänien gefertigt wurde. Noch lange konnte man Exemplare der Baureihe E auf Russlands Schienen beobachten.

TYPEN-SCHILD

Hersteller: Lugansk
Lieferung/Indienststellung: 1912–1957
Spurweite: Breitspur (1.520 mm)
Achsfolge: 1'E
Länge über Puffer: 21,9 m
Gewicht: 85,0 t
Treibraddurchmesser: 1.333 mm
Höchstgeschwindigkeit: 65 km/h
Leistung: 1.104 kW
Stückzahl: 11.000

In den 30er Jahren wurde auch eine stärkere Variante „Er" gebaut.
Bild: Sammlung Udo Paulitz

Ein Bahnbediensteter bei der Wartung der Laufräder.
Bild: Sammlung Udo Paulitz

Mit fast 7.000 Exemplaren ist die russische TSCH MS 3 die meistgebaute Diesellokomotive der Welt. Dieses Foto ist vom 3. Oktober 2002.
Bild: Sammlung. Hehl

TSCH MS 3

Mit einer enormen Stückzahl von 6.888 Exemplaren – wenn man nur die ab 1989 gebauten Exemplare zählt – ist die dieselelektrische Tsch MS 3 die meistgebaute Diesellokomotive der Welt. Hinsichtlich Stückzahl lässt sie sich mit der bekannten, im Zweiten Weltkrieg eingesetzten deutschen Baureihe 52 vergleichen. Ein Prototyp der TSCH MS 3 wurde 1963 mit der Bezeichnung „CME 3" gebaut. Im Anschluss begann man bei der Čkd mit der Massenproduktion. Dabei entstanden zahlreiche Varianten wie TSCH MS 3 M, TSCH MS 3 T und TSCH MS 3 E. In Russland wird sie mengenmäßig nur noch von der Dampflokomotive der Klasse E (die Mengenangaben variieren zwischen unglaublichen 11.0000 und 13.000 Exemplaren) übertroffen, die ebenfalls in Russland eingesetzt wird. Die Lokomotive ist äußerlich gut an ihrer Kastenform und der auffälligen Farbgebung zu erkennen (Lackierung: grün (Oberbau), rot und gelb). Zudem besitzt die TSCH MS 3 einen asymmetrisch angeordneten Mittelführerstand und wird vorwiegend im Rangier- und Streckendienst eingesetzt.

TYPEN-SCHILD

Hersteller: Lokomotivfabrik Luhansk, ČKD
Lieferung/Indienststellung: 1963
Spurweite: Breitspur (1.520 mm)
Achsfolge: Co'Co'
Länge über Puffer: 17,2 m
Gewicht: 114,6 t
Treibraddurchmesser: 1.000 mm
Höchstgeschwindigkeit: 60 km/h
Leistung: 993 kW
Stückzahl: 6.888

Baureihe 52

Großes Bild: Von der als Güterzuglok eingesetzten Baureihe 52 wurden weit mehr als 6.000 Exemplare gebaut
Links: Frisch aus der Fabrik: Drei Lokomotiven der Baureihe 52, fotografiert von Hermann Maey.
Bilder: W. Hubert/Slg. A. Knipping, Hermann Maey

Die Baureihe 52 war die bekannteste unter den Kriegsloks des Zweiten Weltkriegs. Von dieser „entfeinerten" Version derBaureihe 50 wurden 6.700 Stück gebaut, wobei von der Deutschen Reichsbahn sogar eine Produktion von 15.000 Exemplaren geplant war, was unbestrittener Weltrekord gewesen wäre. Grund für den massenhaften Bau dieser Güterlokomotive war der enorme Bedarf der Wehrmacht an Lokomotiven für die besetzten Ostgebiete. Unter anderem wurden sie auch zum Transport der erbeuteten Kriegsgüter eingesetzt. Um die große Anzahl an Loks überhaupt produzieren zu können, schlossen sich die Lokomotivfabriken zur „Gemeinschaft Großdeutscher Lokomotivhersteller" (GGL) zusammen. Aber auch nach dem Krieg bewährte sich die BR 52 in vielen Ländern Europas.

TYPEN-SCHILD

Hersteller: Floridsdorf, Borsig, Škoda u.a.
Lieferung/Indienststellung: 1942–1951
Spurweite: Normalspur
Achsfolge: 1'E h2
Länge über Puffer: 22,9 m
Gewicht: 84,0 t
Treibraddurchmesser: 1.400 mm
Höchstgeschwindigkeit: 80 km/h
Leistung: 1.195 kW
Stückzahl: 6.700

52 3106 in Dresden-Friedrichstadt, 1943. Bild: Werner Hubert/Slg. Gottwaldt/Brinker

Russische Bahnarbeiter drehen eine Lokomotive der Baureihe 55; das Kürzel "Pj" steht für den Ort Pjatichatki in Russland
Bild: Sammlung. Andreas Knipping

Baureihe 55^{25-56}

Die BR 55^{25} (pr $G8^{I}$) war eine verstärkte Version der von Robert Garbe entworfenen preußischen G 8 und wurde deshalb auch als „verstärkte Normalbauart" bezeichnet. Die wichtigste Veränderung gegenüber der „Standard"-G 8 war der vergrößerte Kessel, der auch zu einer größeren Achslast von 17,6 t führte. Dadurch war die G 8^{I} zwar nur auf Hauptstrecken einsetzbar, machte jedoch durch den höheren Reibungsdruck das Sandstreuen meist entbehrlich. Sie wurde vor allem für den schweren Güterverkehr und den schweren Verschubdienst eingesetzt. Mit rund 5.000 gebauten Exemplaren war die G 8^{I} die zahlenmäßig am stärksten vertretene Lokomotive der Länderbahnen, wovon mehr als 1.000 Stück die beiden Weltkriege überstanden. Allerdings wurden viele Exemplare davon ins Ausland verkauft, unter anderem nach Polen, Rumänien und Schweden. Heute kann die 55 3345 in Eisenbahnmuseum Bochum-Dahlhausen betrachtet werden.

TYPEN-SCHILD

Hersteller: Henschel u.a.
Lieferung/Indienststellung: 1913–1921
Spurweite: Normalspur
Achsfolge: D h2
Länge über Puffer: 18,2 m
Gewicht: 69,9 t
Treibraddurchmesser: 1.350 mm
Höchstgeschwindigkeit: 55 km/h
Leistung: 930 kW
Stückzahl: 4.958

Rechts: Nahaufnahme QJ 6911 im Bahnhof Chabuga (Januar 2004).
Bild: Udo Kandler

Großes Bild: Zwei Lokomotiven der Baureihe QJ schnaufen auf einer Bahnstrecke in der inneren Mongolei eine Steigung hinauf.
Bild: Udo Kandler

Klasse QJ

Die QJ-Klasse war die letzte Dampflokbaureihe, die je in die Serienproduktion gehen sollte. Zudem war sie die erste Dampflok, die die Chinesen als ihre eigene beanspruchten, und auch die in China am weitesten verbreitete. Sie basierte auf der russischen Lv-Klasse mit der Achsanordnung 1'E1', wobei einige Veränderungen vorgenommen wurden, insbesondere am Kessel. Im Zeitraum von 1964–1988 wurden 4.700 Exemplare hergestellt, was die QJ zu einer der meistgebauten Dampflokomotiven der Welt macht. Die Produktion lief sehr regelmäßig ab: Nahezu alle fünf Jahre wurden 1.000 Stück gebaut, so dass 1979 die 3.000 Lok vom Band lief. Eingesetzt wurden sie vorwiegend im schweren Güterzugdienst, den sie in ganz China auf dem Hauptnetz der China Railways und der Jiton Railway verrichteten. Erst im Jahre 2003 wurde bei China Railways die letzte QJ ausgemustert, bei der Jiton Railway zwei Jahre später. Drei Lokomotiven gelangten in die USA: Die 6988 und die 7081 gehören jetzt zum Bestand der Iowa Interstate Railroad und die 7040 (jetzt mit neuer Bezeichnung „2008") gehört der R. J. Corman Railroad Group. Eine vierte, ebenfalls für die USA bestimmte Lok verschlug es auf den Grund des Pazifischen Ozeans, nachdem das Schiff, auf dem sie sich befand, untergegangen war.

TYPEN-SCHILD

Hersteller: Datong
Lieferung/Indienststellung: 1956–1988
Spurweite: Normalspur
Achsfolge: 1'E1'
Länge über Puffer: 29 m
Gewicht: 123,4 t
Treibraddurchmesser: 1.497 mm
Höchstgeschwindigkeit: 100 km/h
Leistung: 2.670 kW
Stückzahl: 4.700

Eine QJ-Lokomotive im Bahnhof Jingpeng im Januar 2008. Bild: Kandler

Klasse L

Neben der Reihe E gehörte die L zu den meistgebauten Loks in Russland und bildete dort den Grundbestand an Dampflokomotiven. Nach den Entwürfen des Konstrukteurs L. C. Lebedyanski wurden in Kolomna, Bijansk und Lugansk rund 5.200 Einheiten in nur zehn Jahren (1945–1955) produziert. Da ihre Achslast höchstens 18 t betrug, konnte die Zweizylinderlok auch auf Nebenstrecken eingesetzt werden. Sie wurde jedoch vor allem als Hauptstrecken-Güterlok verwendet und verfügte als erste russische Lok über sogenannte Boxpok-Räder. Sie wurde noch bis ins Jahr 1975 eingesetzt, also gut zehn Jahre bevor die generelle Massenverschrottung der Dampflokomotiven begann. Ein Exemplar dieses Typs kann heute im estnischen Tapa besichtigt werden.

Hier ist ein ausgemustertes Exemplar der Klasse L im estnischen Tapa zu sehen.

Bild: Sammlung Udo Paulitz

TYPEN-SCHILD

- Hersteller: Lugansk
- Lieferung/Indienststellung: 1945–1955
- Spurweite: Breitspur (1.520 mm)
- Achsfolge: 1'E
- Länge über Puffer: 23,6 m
- Gewicht: 103,0 t
- Treibraddurchmesser: 1.150 mm
- Höchstgeschwindigkeit: 90 km/h
- Leistung: 1.648 kW
- Stückzahl: 4.200

Kurz vor dem Ende der Dampf-Ära befördert die 3767 einen Güterzug.

Bild: Sammlung Udo Paulitz

Klasse F 7

Die im Jahr 1953 gebaute F 7a 1189 in der bekannten Farbgebung der Wabash Railroad. Sie steht heute im Monticello Railway Museum in Illinois
Bild: Brad Sherman

Ungeachtet ihres ursprünglich vorgesehenen Einsatzes als Güterzug wurde die Diesellokomotive F 7 auch als Reisezug, beispielsweise als Santa Fes berühmter „El Capitan“ oder „Empire Builder“ der Great Northern Railway verwendet. Mit 3.849 Exemplaren war sie das erfolgreichste Modell der F-Reihe und zudem die mit Abstand am meisten verkaufte Lokomotive in den USA. Sie wurde gebaut, um die äußerlich recht ähnliche F 3 zu ersetzen und wurde später wiederum selbst durch die F 9 ersetzt. Sie war aufgrund ihrer umständlichen An- und Abkupplung beim Lokpersonal eher unbeliebt. Trotzdem blieb sie noch für Jahrzehnte im Einsatz, nicht zuletzt, weil sie sich als sehr wirtschaftlich und pflegeleicht erwies.

TYPEN-SCHILD

Hersteller: GM Electro-Motive Division
Lieferung/Indienststellung: 1949–1953
Spurweite: Normalspur
Achsfolge: Bo'Bo'
Länge über Puffer: 15,4 m
Gewicht: 105,0 t
Treibraddurchmesser: 1.000 mm
Höchstgeschwindigkeit: 160 km/h
Leistung: 1.100 kW
Stückzahl: 3.849

Die F 7 wurde auch in Kanada eingesetzt: Hier die „Canadian National 9171“. Bild: Sammlung Ulf Degener

Der E 4663, hier im Jahr 1965 auf seiner Fahrt durch Königshofen in Baden, besteht aus Vorkriegsmaterial mit einer preußischen P 8 Lokomotive, Reichsbahnwagen und Umbauwagen.

Bild: Albert Schöppner

Baureihe 38^{10} (pr P 8)

TYPEN-SCHILD

Hersteller: Berliner Maschinenbau AG, u.a.
Lieferung/Indienststellung: 1906–1928
Spurweite: Normalspur
Achsfolge: 2'C h2
Länge über Puffer: 18,5 m
Gewicht: 78,2 t
Treibraddurchmesser: 1.750 mm
Höchstgeschwindigkeit: 100 km/h
Leistung: 1.000 kW
Stückzahl: 3.948

Die preußische P 8 war zweifellos eine der erfolgreichsten und gelungensten Dampflokomotiven Deutschlands, von der 1906–1928 rund 3.950 Stück gebaut wurden. Sie wurde als zugkräftige Allzwecklok entwickelt, die auch auf hügeligem Gebiet eingesetzt werden sollte, wo die S 6 und die P 6 und 7 nur schlechte Leistungen erbrachten. Robert Garbe entwickelte sie im Konstruktionsbüro BMAG von Grund auf neu. Diese erstaunliche Lokomotive wurde von Anfang an allen Anforderungen gerecht, wobei kleinere Mängel in der Serienproduktion beseitigt wurden. Bei einer Leistung von 1.000 kW erreichte sie 84 km/h. Nach dem Ersten Weltkrieg sah sich Deutschland aufgrund des Versialler Vertrages gezwungen, viele P 8 an Polen, Belgien und Frankreich abzugeben. Ende des Zweiten Weltkriegs war die P 8 schließlich über ganz Europa verstreut, unter anderem in Österreich, Ungarn, Rumänien, Jugoslawien und Dänemark. Die in Deutschland verbliebenen Exemplare wurden noch bis zum Jahr 1974 eingesetzt, was die P 8 zu einer der langlebigsten Loks überhaupt macht. Für museale Zwecke werden auch heute noch betriebsfähige P 8 unter anderem in Nürnberg und Berlin erhalten.

P 8 mit einem Messzug im März 1971.
Bild: Herbert Stemmler

Eine Su-Lok Nr. 250-74 mit einem Reisezug.
Bild: Sammlung Udo Paulitz

Baureihe S (Su)

Im Gegensatz zu der für den Güterverkehr eingesetzten Baureihe L wurden die Lokomotiven der Baureihe S vorwiegend für den Reisezugdienst eingesetzt. Die Baureihe wurde nach den von russischen Professoren und den Vorgaben des kaiserlichen Ministeriums entworfenen Bauplänen in den Sormowo-Werken in Nischi Nowgorod ab 1911 gebaut. Mit mehr als 3.700 Exemplaren war sie zahlenmäßig die vermutlich am stärksten vertretene Lok für den Reisezugdienst. Ab 1926 wurde eine verstärkte Version („Su", auf russisch „Cy") in den Kolomna-Werken in Moskau gefertigt. Ein Vorteil war, dass die Achslast ohne großen Aufwand von 18 auf 16 t reduziert werden konnte.

TYPEN-SCHILD

Hersteller: Lugansk
Lieferung/Indienststellung: 1911–1951
Spurweite: Breitspur (1.520 mm)
Achsfolge: 1'C1'
Länge über Puffer: 23,3 m
Gewicht: 86,0 t
Treibraddurchmesser: 1.850 mm
Höchstgeschwindigkeit: 115 km/h
Leistung: 1.177 kW
Stückzahl: 3.750

Su-Lokomotive 251-86 in grüner Lackierung auf der Strecke Helsinki – Leningrad (St. Petersburg). Bild: Sammlung Udo Paulitz

Als Carl Bellingrodt die 50 475 im Jahr 1940 aufnahm, war sie erst wenige Monate alt. Bild: Carl Bellingrodt

TYPEN-SCHILD

Hersteller: Henschel u.a.
Lieferung/Indienststellung: 1938–1943
Spurweite: Normalspur
Achsfolge: 1'E h2
Länge über Puffer: 22,9 m
Gewicht: 86,9 t
Treibraddurchmesser: 1.400 mm
Höchstgeschwindigkeit: 80 km/h
Leistung: 1.195 kW
Stückzahl: 3.171

Baureihe 50

Die in den Jahren 1939 bis 1959 gebauten Einheitsdampflokomotiven der Baureihe 50 waren mit fünf Kuppelachsen und einer führenden Laufachse ausgestattet. Trotz des Zweiten Weltkriegs „überlebten" von den 3.171 Exemplaren mehr als 2.000 Stück in den Nachkriegsjahren. Während des Krieges wurden von fast allen Lokomotivfabriken Europas Loks der Baureihe 50 und 50ÜK („Übergangskriegslokomotive") gebaut. Sie wurden vor allem für den Güterverkehr eingesetzt Allein von der DB wurden 2.159 Stück übernommen. Ein Grund für ihren Erfolg war sicherlich auch die geringe Achslast von nur 15,2 t. Neben der BR 44 war die BR 50 eine der erfolgreichsten Baureihen der Reichsbahn.

Von der Baureihe 50 wurden mehr als 3.000 Stück gebaut, hier die 50 2321 in Kassel in der vereinfachten Kriegsausführung. Bild: Henschel/Sammlung Brinker

Class GP 38–2

In den Jahren 1966 bis 1971 baute die General Motors Electro-Motive Division (EMD) mehr als 2.000 Maschinen der Diesellok-Baureihe GP 38–2. Der Zweitakt-Dieselmotor, die verbesserte elektrische Ausstattung und das wechselstromfähige Leistungsübertragungssystem trugen maßgeblich zum Erfolg dieser schnellen Containerzuglok bei. Sie werden unter anderem von der Southern Pacific und der Central Oregon & Pacific eingesetzt.

Von dem Nachfolger der GP 38, der GP 38–2, wurden hohe Stückzahlen hergestellt (2.208 Stück).
Bild: Courtesy of Union Pacific/Sammlung Ulf Degener

TYPEN-SCHILD

Hersteller: General Motors Electro-Motive Division
Lieferung/Indienststellung: 1966–1971
Spurweite: Normalspur
Achsfolge: Bo'Bo'
Länge über Puffer: 18 m
Gewicht: 116,0 t
Treibraddurchmesser: 1.000 mm
Höchstgeschwindigkeit: 140 km/h
Leistung: 2.500 kW
Stückzahl: 2.200

Baureihe FD

Dem russischen Eisenbahnreformer Felix Dscherschinski zu Ehren wurde die ab 1931 in Russland gebaute Baureihe mit der Bezeichnung „FD" geführt. Aufgrund des großangelegten Industrialisierungsprogramms Stalins mussten immer mehr Lokomotiven gebaut werden, um dem erhöhten Transportaufkommen gerecht werden zu können. Die auch in den frühen Kriegjahren gebaute Lok wurde ähnlich wie die deutsche Baureihe 52 in hoher Stückzahl produziert (mehr als 3.000 Exemplare). Zahlreiche Bauteile wie der Barrenrahmen und die mechanische Heizung stammten aus den USA. In den frühen 1960er-Jahren schließlich wurden ungefähr 1.250 Stück dieser Lokomotiven nach China exportiert, die dort als chinesische Baureihe FD geführt wurden. Damit gehört die FD neben den Serien S, L und E zu den meistgebauten Loks in Russland.

TYPEN-SCHILD

Hersteller: Lugansk
Lieferung/Indienststellung: 1931–1942
Spurweite: Breitspur (1.520 mm)
Achsfolge: 1'E1'
Länge über Puffer: 15,9 m
Gewicht: 137,0 t
Treibraddurchmesser: 1.497 mm
Höchstgeschwindigkeit: 82 km/h
Leistung: 2.900 kW
Stückzahl: 3.211

Nr. 2714 der FD-Klasse. Der vorderste Wagen ist vermutlich ein Heizwagen. Ursprünglich war der Zug mit Dampf geheizt worden.

Die FD-Lokomotive Nr. 714 beschleunigt einen Reisezug. Bilder: Sammlung Udo Paulitz

Großes Bild: Die erstgebaute Lokomotive der Baureihe 44 fährt am 13. Juni 1935 mit einem Güterzug an der Gaststätte „Falkenstein" an der Frankenwaldbahn vorbei.

Rechts: Werksbild einer 44 023 von Henschel mit einer Speisewasserreinigungsanlage.

Großes Bild: Carl Bellingrodt/Slg. H- Brinker
Rechts: Slg. A. Gottwaldt

Baureihe 44

Bei der Baureihe 44 der DR handelte es sich um eine fünffach gekuppelte Dampflok für den schweren Güterverkehr. Sie war darauf ausgelegt, 1.200 t auf Mittelgebirgsstrecken und 600 t auf Steilrampen zu befördern. Von 1926 bis 1949 wurden insgesamt knapp 2.000 Loks gefertigt. In den Jahren musste sie dem herrschenden Materialmangel angepasst und fortan als „44ÜK" (Übergangskriegslokomotive) bezeichnet werden. Bei dieser Übergangslokomotive wurden verschiedene Bauteile vereinfacht oder auch ganz weggelassen. Vor allem wurde auf Windleitbleche verzichtet. Wie viele andere Lokomotiven auch, ereilte die 44er das Schicksal, in viele verschiedene Länder verstreut zu werden: 67 Stück verblieben in Polen, drei bei den Tschechischen Staatsbahnen, elf verschlug es nach Österreich und 291 Exemplare als Reparationsleistungen nach Frankreich, wobei die Franzosen wiederum rund 50 Lokomotiven in die Türkei verkauften. Heute gibt es noch zwei betriebsfähige 44er: Die 44 1486 in Straßfurt und die 44 1593 in Beekbergen, Niederlande. Bis zum Aufkommen der Diesel- und Elloks gehörte die 44er zu den unverzichtbaren Baureihen im schweren Güterzugdienst.

TYPEN-SCHILD

Hersteller: Henschel u.a.
Lieferung/Indienststellung: 1926–1945
Spurweite: Normalspur
Achsfolge: 1'E h3
Länge über Puffer: 22,6 m
Gewicht: 110,0 t
Treibraddurchmesser: 1.400 mm
Höchstgeschwindigkeit: 80 km/h
Leistung: 1.410 kW
Stückzahl: 1.979

Werksbild der 44 134 (Borsig 1938): Die versetzte Sichel des Gegengewichts ist gut zu erkennen.

Bild: Sammlung M. Weisbrod

Güterzuglokomotive G 10 aus Preußen. Bild: Sammlung Udo. Paulitz

TYPEN-SCHILD

Hersteller: Henschel u.a.
Lieferung/Indienststellung: 1910–1927
Spurweite: Normalspur
Achsfolge: E h2
Länge über Puffer: 18,9 m
Gewicht: 76,6 t
Treibraddurchmesser: 1.400 mm
Höchstgeschwindigkeit: 60 km/h
Leistung: 825 kW
Stückzahl: 2.615

Baureihe 57^{10} (pr G 10)

Von 1910 bis 1927 wurden 2.615 Stück der G 10 an die Preußischen Staatsbahnen und an die DRG geliefert. Weitere 350 Exemplare gingen so ins Ausland, in die Türkei und nach Litauen. Dabei handelte es sich um eine fünffach gekuppelte Güterzug-Schlepptenderlok, die bereits 1907 vom Eisenbahn-Zentralamt konzipiert worden war. Aufgrund ihrer geringen Achslast nur 15 t war sie auch auf Nebenstrecken einsetzbar. Nach und nach verbreitete sich die G 10 über ganz Deutschland und wurde zu einer der häufigsten Loks im Land. Nach dem Zweiten Weltkrieg verblieben 165 Exemplare in Österreich und wurden dort unter der Bezeichnung „Reihe 657" bei der ÖBB geführt, die dann 1968 ausgemustert wurden.

Eine preußische G 10 steht an einem eiskalten Tag im Jahr 1944 in Witebsk (Russland) unter Dampf. Bild: Dr- Wolff & Trischler

Reihe 141R

Ende des Zweiten Weltkriegs herrschte ein akuter Mangel an Dampflokomotiven in Frankreich. Daher wurden die Hersteller American Locomotive Company und Lima aus den USA, sowie die Montreal Locomotive Works und die Canadian Locomotive Company aus Kanada beauftragt, eine neue Dampflokomotive mit der Bezeichnung 141R zu produzieren. Von der Lokomotive, deren Bauart „Mikado" genannt wurde, entstanden zwischen 1945 und 1947 1.340 Exemplare. Davon endeten allerdings 17 Lokomotiven auf dem Grund des Nordatlatiks, da der norwegische Frachter „Belpamela", der sie beförderte, in Seenot geriet und sank.

Hin und wieder begeben sich die Lokomotiven der Reihe 141R auf Sonderfahrten im Elsass; auf dem Foto ist eine Mikado auf der Strecke St-Dié – Strasbourg unterwegs. Bild: M. Tüshaus

TYPEN-SCHILD

Hersteller: Baldwin Locomotive Works
Lieferung/Indienststellung: 1945–1947
Spurweite: Normalspur
Achsfolge: 1'D1' h2
Länge über Puffer: 24 m
Gewicht: 115,0 t
Treibraddurchmesser: 1.400 mm
Höchstgeschwindigkeit: 100 km/h
Leistung: 2.154 kW
Stückzahl: 1.340

Eine 141 R machte einen Zwischenstopp auf der Drehscheibe des BW Sarreguemines. Bild: Sammlung Udo Paulitz

Baureihe V 100¹–100⁹

Die DB-Lokomotive 201 040 im September 2002 im Bf Röblingen am See auf der Strecke Halle/Saale–Nordhausen. Bei dieser Baureihe handelt es sich um eine ehemalige V 100, die von der DB übernommen wurde. Bild: Sammlung Hehl

Von den vierachsigen Streckendiesellokomotiven der Baureihe V 100 wurden einschließlich der vielen Varianten 1.145 Exemplare in den Jahren 1966–1985 gebaut. Nach dem Mauerfall übernahm die DB zahlreiche Maschinen und gab ihnen neue Baureihennummern (201, 202, 203, 204 und 298). Bei der Lokomotive handelt es sich um eine dieselhydraulisch betriebene Streckendiesellok mit mittlerer Leistung, die nach und nach die überalterten Dampflokomotiven ablöste. Die zahlreichen Varianten wurden gebaut, um die Loks leistungsmäßig den verschiedensten Anforderungen anzupassen. So wurden einige V 100 speziell für den Rangierbetrieb modifiziert, indem die Leistung erhöht und die Getriebeübersetzung zugunsten einer besseren Zugkraft verändert wurde. Viele Loks wurden modernisiert und kommen heute bei verschiedenen privaten Bahnbetreibern zum Einsatz, unter anderem bei der Duisport Rail GmbH, der Stahlwerk Thüringen GmbH und der Osthavelländischen Eisenbahn Berlin-Spandau.

V 100 im Einsatz. Bild: Michael Hubrich

TYPEN-SCHILD

Hersteller: LEW, Hennigsdorf
Lieferung/Indienststellung: 1966–1985
Spurweite: Normalspur
Achsfolge: B'B'
Länge über Puffer: 14,2 m
Gewicht: 64,0 t
Treibraddurchmesser: 850 mm
Höchstgeschwindigkeit: 100 km/h
Leistung: 1.100 kW
Stückzahl: 1.145

Oben: Die DB-Lokomotive 298 322 im September 2002 im Bf Röblingen am See.
Unten: V 1702 der Mittelweserbahn GmbH bei Altötting
Bilder: Uwe Miethe

TYPEN-SCHILD

Hersteller: Union, Borsig
Lieferung/Indienststellung: 1902–1921
Spurweite: Normalspur
Achsfolge: 1'C h2t
Länge über Puffer: 11,8 m
Gewicht: 67,1 t
Treibraddurchmesser: 1.500 mm
Höchstgeschwindigkeit: 80 km/h
Leistung: 640 kW
Stückzahl: 1.014

Die 74 1230 zum 100-jährigen Jubiläum der Orlabahn im Bf Orlamünde im Jahr 1989. Bild: Lindenblatt

Baureihe 74^{4-13} (pr T 12)

Die Prußische T 12 war die erste Heißdampflok der Preußischen Staatseisenbahnen. Sie war, abgesehen von den Dampfüberhitzungseinrichtungen baugleich mit der Nassdampflok T 11. Die Heißdampflok setzte sich letztenendes durch, da sie durch ihren geringeren Wasserverbrauch sich auch in Gegenden mit chronischem Wassermangel bewährte. Von 1902 bis 1921 wurden insgesamt 1014 Exemplare gebaute. Im Zuge der „Großen Elektrisierung" in Berlin wurden sie zunehmend als Rangierloks eingesetzt. Nach der Elektrifizierung der Berliner S-Bahn wurden zahlreiche Loks von Polen, Tschechien und Rumänien übernommen. Einige Exemplare mussten auch als Reparation an die UdSSR geleistet

Als Werklok 15 des Stahlwerks Riesa (1972). Bild: Sammlung Rudolf Heym

TYPEN-SCHILD

Hersteller: BMAG, Grafenstaden, Hanomag, Linke
Lieferung/Indienststellung: 1913–1924
Spurweite: Normalspur
Achsfolge: E h2t
Länge über Puffer: 12,6 m
Gewicht: 82,4 t
Treibraddurchmesser: 1.350 mm
Höchstgeschwindigkeit: 60 km/h
Leistung: 1.010 kW
Stückzahl: 1.242

94 1538 im Thüringer Wald. Bild: Rudolf Heym

Baureihe 94^{5-17}

Von der Baureihe 94^{5-17}, vorher als pr T 16^1 bezeichnet, wurden in den Jahren 1913 bis 1924 insgesamt nahezu 1.300 Lokomotiven hergestellt. Sie wurden vor allem für den schweren Rangierdienst in größeren Verschiebebahnhöfen, aber auch aufgrund der hohen Leistung auf Steilstrecken eingesetzt. Ende des Ersten Weltkriegs mussten viele Maschinen als Reparationsleistungen an Polen abgegeben werden. Nach dem Zweiten Weltkrieg verblieben etliche Maschinen in Österreich und bei den MAV und SZD. Ab 1968 wurden die Lok im Zuge des neuen Baureihenschemas der DB in Baureihe 094 umgezeichnet. Einige noch erhaltene Lokomotiven sind auch heute noch betriebsfähig, wie zum Beispiel die 94 1292 und die 94 1538.

Zwei 94er-Loks machen Rast im Bahnbetriebswerk. Bild: Helmut Wülfing

Baureihe 42

Ein traditionelles Werksfoto der 42 506 Bild: Slg. A. Knipping

TYPEN-SCHILD

Hersteller: Esslingen,Floridsdorf, Henschel u.a.
Lieferung/Indienststellung: 1943–1948
Spurweite: Normalspur
Achsfolge: 1'E h2
Länge über Puffer: 23 m
Gewicht: 142,0 t
Treibraddurchmesser: 1.400 mm
Höchstgeschwindigkeit: 80 km/h
Leistung: 1.323 kW
Stückzahl: 865

Um in Anbetracht des akuten Lokmangels bei der Reichsbahn im Zweiten Weltkrieg der Baureihe 52 eine noch stärkere Lokomotive zur Seite zu stellen, wurde die Kriegslokomotive der Baureihe 42 konstruiert, von der in den Jahren 1943–1948 ca. 865 Exemplare gebaut wurden. Ursprünglich waren sogar 5.000 Stück geplant. Die 1.323 kW starke Lok war in der Lage, 1.600 t auf der Ebene mit immerhin 60 km/h zu befördern. Neben der großen Zugkraft überzeugte sie auch durch ihre große Rostfläche, die auch die Verheizung minderwertiger Kohle erlaubte. Aufgrund des Krieges wurde sie in zahlreiche Länder verstreut, unter anderem nach Österreich, Luxemburg, Bulgarien und in Ländern der sowjetischen Besatzungszone. In der DDR wurde erst im Jahre 1967 die letzte Lok ausgemustert.

Am 21. Juni 1949 passierte 42 002 an der Steilrampe Laufach – Heigenbrükken die Blockstelle Eisenwerk. Bild: Carl Bellingrodt/Sammlung Brinker

Baureihe 232 (132, „Ludmilla")

Die aus der damaligen Sowjetunion importierte Großdiesellok avancierte in der DDR schon bald zur Standarddiesellok und wurde dort vor allem im Reisezugdienst eingesetzt. Die robuste Konstruktion und einfache Bedienbarkeit machten der sechsachsigen „L" zu einem vollen Erfolg. Insgesamt wurden 709 Stück in den Jahren 1973–1982 gebaut. Nach dem Mauerfall wurde sie von der DB und vielen Privatbahnen vor allem im Güterzugdienst verwendet und ist bis heute ein wichtiger Bestandteil des Güterverkehrs.

Die zur 232 277 umgezeichnete „Ludmilla" im Jahr 2007 in Saalfeld.

Bild: Uwe Miethe

TYPEN-SCHILD

Hersteller: Lokomotivfabrik Lugansk
Lieferung/Indienststellung: 1973–1982
Spurweite: Normalspur
Achsfolge: C'C'
Länge über Puffer: 20,8 m
Gewicht: 122,0 t
Treibraddurchmesser: 1.100 mm
Höchstgeschwindigkeit: 120 km/h
Leistung: 2.200 kW
Stückzahl: 709

Die V 232-SP-040 (ex 242 002 der DR) fährt mit einem Bauzug durch den Bahnhof Laage.

Bild: Uwe Miethe

Baureihe 420

Die Triebzüge der Baureihe 420 setzen sich aus zwei End- und einem Mittelwagen zusammen, die alle in Aluminium-Leichtbauweise konstruiert sind. An den Endwagen sind Scharenberg-Kupplungen angebracht, die eine schnelle An- und Abkupplung zulassen. Aufgrund dieser Vorzüge hat sich die Reihe im S-Bahn-Verkehr in München, Stuttgart und Frankfurt bewährt, wobei 1969–1997 480 Exemplare von ihr gebaut worden sind. Farblich sind sie an ihrem standardisierten „DB-Verkehrsrot“ zu erkennen. Zwei Exemplare haben ein Redesign erhalten und tragen die Bezeichnung „ET 420 plus“.

Die Baureihe 420 ist in Aluminium-Leichtbauweise konstruiert. Bild: Martin Weltner

TYPEN-SCHILD

Hersteller: MAN, MBB, O&K, Uerdingen, WU
Lieferung/Indienststellung: 1969–1997
Spurweite: Normalspur
Achsfolge: Bo'Bo+Bo'Bo+Bo'Bo
Länge über Puffer: 67,4 m
Gewicht: 140,0 t
Treibraddurchmesser: 850 mm
Höchstgeschwindigkeit: 120 km/h
Leistung: 2.400 kW
Stückzahl: 480

Baureihe 111

Von den Elektroloks der Baureihe 111 wurden in Deutschland zwischen 1974 und 1984 227 Exemplare gebaut und vorwiegend im Nah- und Regionalverkehr eingesetzt, während ihr Einsatz vor Güterzügen ausgesprochen selten war. Als die Produktion der Vorgängerreihe 110 abgeschlossen war, bestand noch immer Bedarf an schnellen Elektro-loks, so dass als verbesserter Nachfolger die 111 gebaut wurde, die mit neuen Drehgestellen ausgestattet war und den Lokführern durch den DB-Einheits-Führerstand besseren Fahrkomfort bot.

Baureihe 111 vor einem Reisezug Bild: Uwe Miethe

TYPEN-SCHILD

Hersteller: BBC, Henschel, Siemens, u.a.
Lieferung/Indienststellung: 1974
Spurweite: Normalspur
Achsfolge: Bo'Bo'
Länge über Puffer: 16,7 m
Gewicht: 83,0 t
Treibraddurchmesser: 1.250 mm
Höchstgeschwindigkeit: 160 km/h
Leistung: 3.620 kW
Stückzahl: 227

Baureihen 321–324

Die Köf II wurde als leistungsfähigere Version der Köf I gebaut. Bei ihr handelt es sich um eine Kleinrangierlok für leichte Umschubaufgaben, die auch von Rangierlokführern, die keine echten Lokführer waren, bedient werden konnte. Man setzte sie vor allem ein, um den Güterverkehr wirtschaftlicher zu machen. Sie fährt auf Regelspurweite, ist aber dennoch so klein, dass sie problemlos verladen werden kann. Aufgrund ihrer Robustheit und einfachen Bedienbarkeit blieb die kleine, zwischen 1964 und 1978 gebaute Lok bis in die 80er-Jahre unverzichtbar, wobei sie nach dem Krieg sowohl von der DB als auch der DR eingesetzt wurde. Ab 1959 folgte die Köf III, die auch zuÜbergaben auf der Strecke fähig war.

TYPEN-SCHILD

Hersteller: AEG, BMAG, Deutz u.a.
Lieferung/Indienststellung: 1964–1978
Spurweite: Normalspur
Achsfolge: B'B'
Länge über Puffer: 14,2 m
Gewicht: 63,7 t
Treibraddurchmesser: 1.000 mm
Höchstgeschwindigkeit: 100 km/h
Leistung: 736 kW
Stückzahl: 877

Eine betriebsfähige Köf II befindet sich im Bahnpark Augsburg. Bild: Baier

Baureihe VT98 (798)

Da auf Nebenbahnen der Einsatz großer Züge zu unwirtschaftlich war, setzte man dort gern Schienenbusse ein, so zum Beispiel auch die als „Uerdinger Schienenbusse" bekannten Baureihen 796/798. Nachdem einige Prototypen bereits Anfang der 1950er eingesetzt worden waren, begann man im Jahr 1955 mit der Serienproduktion und schloss sie 1989 ab. In diesem Zeitraum waren 376 Fahrzeuge gebaut worden, die teilweise noch bis Ende 2000 bei den Privatbahnen und vereinzelt bei der DB im Einsatz waren. Vereinzelt fahren heute noch Exemplare bei der Prignitzer Eisenbahn.

TYPEN-SCHILD

Hersteller: Waggonfabrik Uerdingen,Orions
Lieferung/Indienststellung: 1955–1989
Spurweite: Normalspur
Achsfolge: AA + 2
Länge über Puffer: 13,95 m
Gewicht: 203,0 t
Treibraddurchmesser: 950 mm
Höchstgeschwindigkeit: 90 km/h
Leistung: 222 kW
Stückzahl: 376

BR VT 98 (798). Bild: Uwe Miethe

Baureihe 185

„TRAXX“ steht für „Transnational Railway Applications with eXtreme fleXibility“. Die Züge werden dieser Bezeichnung insofern gerecht, als dass sie nach dem Baukastenprinzip für verschiedenste Zwecke zusammengesetzt werden können, vor allem im mittelschweren Güterzug- und Reisezugverkehr. Die ab dem Jahr 2000 produzierte Baureihe 185 ist deshalb zum Verkaufsschlager avanciert und wird auch im Ausland eingesetzt, u. a. in Schweden, Norwegen, Ungarn, Luxemburg und Frankreich. Um in einer solchen Vielzahl von Ländern eingesetzt werden zu können, sind sie von 15 kV auf 25 kV umschaltbar.

Die Reihe 185, Bombardier „TRAXX“. Bild: Uwe Miethe

TYPEN-SCHILD

Hersteller: Bombardier Transportation
Lieferung/Indienststellung: 2000–2008
Spurweite: Normalspur
Achsfolge: Bo'Bo'
Länge über Puffer: 18,9 m
Gewicht: 84,0 t
Treibraddurchmesser: 1.250 mm
Höchstgeschwindigkeit: 160 km/h
Leistung: 4.200 kW
Stückzahl: 400

Baureihe 74^{0-3}

Die BR 74 0 3, auch als T 11 bezeichnet, wurde von den Preußischen Staatsbahnen 1903–1910 gebaut, da die älteren zweigekuppelten Lokomotiven des 20. Jh. den Anforderungen nicht mehr gerecht wurden. Insgesamt wurden 471 Stück von den Herstellern Union, Vulcan und Borsig produziert. Bei der T 11 handelte es sich um einen 474 kW starken Reisezug in Tenderlokbauweise, der auf der Ebene 350 t problemlos mit 70 km/h befördern konnte. Nach dem Ersten Weltkrieg gab es noch 358 Exemplare, wovon 50 Stück in Polen verblieben. In der DDR waren etwa 55 Exemplare noch bis 1974 in Betrieb, als die Erfurter Industriebahn die 74 231 als Denkmal vor dem Bw Erfurt aufstellte.

Die preußische T 11. Bild: Schmidtke/Bundesarchiv

TYPEN-SCHILD

Hersteller: Union, Vulcan, Borsig
Lieferung/Indienststellung: 1903–1910
Spurweite: Normalspur
Achsfolge: 1'C n2t
Länge über Puffer: 11,1 m
Gewicht: 62,6 t
Treibraddurchmesser: 1.500 mm
Höchstgeschwindigkeit: 80 km/h
Leistung: 474 kW
Stückzahl: 471

Baureihe 53^0

Mit diesen Dreikupplern bewältigte Preußen Ende des 19. Jahrhunderts einen Großteil seien schweren Güterzugverkehrs. Weil die Anforderungen stark gestiegen waren und leistungsfähigere Loks beschafft wurden, stellte die Preußische Staatsbahn bereits zwischen 1903 und 1912 eine größere Anzahl ab. Die letzten Baumuster fuhren bis 1929.

TYPEN-SCHILD

Hersteller: Henschel
Lieferung/Indienststellung: 1877–1897
Spurweite: Normalspur
Achsfolge: C n2
Länge über Puffer: 15,3 m
Gewicht: 40,1 t
Treibraddurchmesser: 1.340 mm
Höchstgeschwindigkeit: 45 km/h
Leistung: 426 kW
Stückzahl: 2.233

Die G 3 war für den schweren Dienst auf Hauptstrecken beschafft worden. Sie bewährte sich recht gut, wurde aber 1929 ausgemustert.
Bild: Sammlung Andreas Knipping

Baureihe $58^{2\text{-}21}$ (pr G $12^{1\text{-}7}$)

Während es zu Beginn des. 20. Jahrhunderts bei den Länderbahnen in Deutschland eine unüberschaubare Vielzahl von Loktypen gab, änderte sich dies schlagartig zu Beginn des Ersten Weltkriegs: Hier war der Bau einer Einheitslokomotive zumindest für das Militär von größter Bedeutung, da die Ersatzteilbeschaffung für die Loktypen der Länderbahnen bereits große Probleme bereitet hatte. So wurde 1917–1921 die Baureihe 58 hergestellt, die vorwiegend als Güterzugmaschine diente. Die zuvor als G 12 bezeichnete Lok wurde auch im Zweiten Weltkrieg eingesetzt, bei der sie dann über Jugoslawien, Tschechien, Bulgarien, Österreich und Polen verstreut wurde.

TYPEN-SCHILD

Hersteller: Henschel u.a.
Lieferung/Indienststellung: 1917–1921
Spurweite: Normalspur
Achsfolge: 1'E h3
Länge über Puffer: 18,4 m
Gewicht: 95,7 t
Treibraddurchmesser: 1.400 mm
Höchstgeschwindigkeit: 65 km/h
Leistung: 1.135 kW
Stückzahl: 1.371

Frühling 1974: Die 58 1345 ist mit einem Güterzug auf der Strecke Zwickau – Aue unterwegs. Bild: Ludwig Rotthowe

Baureihe 56^{2-8} (pr/meck G 8)

TYPEN-SCHILD

Hersteller: Henschel
Lieferung/Indienststellung: 1934–1941
Spurweite: Normalspur
Achsfolge: 1'D h2
Länge über Puffer: 18,2 m
Gewicht: 74,6 t
Treibraddurchmesser: 1.350 mm
Höchstgeschwindigkeit: 70 km/h
Leistung: 925 kW
Stückzahl: 691

Die DRG übernahm aus dem Bestand von Dn2-Lokomotiven, die über 3.000 Exemplare zählte, zahlreiche Loks, modifizierte sie und zeichnete sie in die Baureihe 56^{2-8} um. Insgesamt gab es von dieser Baureihe 691 Stück, die ab 1882 gebaut ab 1934 umgerüstet wurden. Ein nicht unerheblicher Grund für ihren Erfolg war die Tatsache, dass sie aufgrund ihrer leistungsfähigen Kessel und großen Zugkraft sehr beliebt war. Nach dem Zweiten Weltkrieg wurde war sie über halb Europa in Polen, Norwegen, Österreich, Jugoslawien und Belgien verstreut. Einige musste als Reparationsleistungen an die damalige Sowjetunion abgegeben werden.

Von der Baureihe 56^{2-8} wurden 691 Stück hergestellt bzw. umgebaut.
Bild: Bellingrodt/Slg. Knipping

Class LMS 5MT (Class 5 PF)

Die als „Black Five" bekannte Lok der LMS wurde von William Stanier als Allzweck-Dampflokomotive konzipiert. In den Jahren 1934-48 wurden 842 Stück gebaut, wobei an ihnen oft Modifikationen vorgenommen wurden. So versah die British Railways einige Modelle mit einer Caprotti-Steuereinheit, bei anderen setzte sie eine mehr oder weniger „selbstreinigende" Rauchkammer ein, was die Lokomotive pflegeleichter machte. Vor dem Krieg wurden viele Exemplare ohne Dampfdom gebaut. Fünf Exemplare wurde nach Schottischen Regimentern benannt, darunter die „Glasgow Highlander" mit der Nummer 5157.

TYPEN-SCHILD

Hersteller: LMS Crewe Works, LMS Horwich
Lieferung/Indienststellung: 1934–1948
Spurweite: Normalspur
Achsfolge: 2'C h
Länge über Puffer: 18,9 m
Gewicht: 72,1 t
Treibraddurchmesser: 1.830 mm
Höchstgeschwindigkeit: 145 km/h
Leistung: 1.500 kW
Stückzahl: 842

Die Nr. 5248 war eine der letzten Lokomotiven 5MT-Klasse. Auf dem Bild befindet sie sich auf einer Drehscheibe in Holyhead, dem Endbahnhof für Züge nach Dun Laoghaire in Irland.
Bild: Sammlung Udo Paulitz

Baureihe 556

Da der vorhandene Lokpark die in der Tschechoslowakei zu erwartenden Transportaufgaben Anfang der 1950er-Jahre nicht mehr erfüllte, wurde der Hersteller Škoda in Pilsen zum Bau einer neuen Dampflok beauftragt. Unter Leitung von Ingenieur Kalcik wurde eine Exemplar gebaut, das den wichtigsten und neusten weltweiten Erkenntnissen im Lokomotivbau gerecht wurde. Die Baureihe 556 war die Krönung des Lokomotivenbaus bei der ČSD und auch nach europäischen Maßstäben eine Spitzenkonstruktion. Fortschrittlich waren vor allem das Rollenachslager, die mechanische Rostbeschickung und die automatische Schmierung. Da sie sich so bewährte, wurden in der Serienfertigung insgesamt etwas mehr als 500 Exemplare dieser überzeugenden Lokomotive produziert.

TYPEN-SCHILD

Hersteller: Škoda
Lieferung/Indienststellung: 1951–1958
Spurweite: Normalspur
Achsfolge: 1'E h2
Länge über Puffer: 24,3 m
Gewicht: 99,0 t
Treibraddurchmesser: 1.400 mm
Höchstgeschwindigkeit: 80 km/h
Leistung: 1.620 kW
Stückzahl: 510

Eine äußerst gelungene Lokomotive: die Baureihe 556. Bild: Sammlung Udo Paulitz

Baureihe 13^0

Bei der Baureihe 13°, auch unter der Bezeichnung „preußische S 3" bekannt, handelte es sich um eine Nassdampf-Verbundlokomotive, die eine Weiterentwicklung der preußischen S 2 darstellte. Da die neuentwickelten S 5 die Erwartungen der Preußischen Staatseisenbahnen nicht erfüllten, wurde stattdessen eine verstärkte Version der S 3 produziert. Zwischen 1892 und 1904 wurden insgesamt 1.027 Maschinen gebaut, was die S 3 zum damaligen Zeitpunkt zur meistgebauten Schnellzuglokomotive Deutschlands machte. Zahlreiche Exemplare überstanden sowohl den Ersten als auch den Zweiten Weltkrieg, gingen jedoch teilweise in das Eigentum der Polnischen und Litauischen Staatseisenbahnen über.

TYPEN-SCHILD

Hersteller: Hanomag
Lieferung/Indienststellung: 1892–1904
Spurweite: Normalspur
Achsfolge: 2'B n2v
Länge über Puffer: 17,5 m
Gewicht: 50,5 t
Treibraddurchmesser: 1.980 mm
Höchstgeschwindigkeit: 100 km/h
Leistung: 660 kW
Stückzahl: 1.027

Die Baureihe 13^0 war bis zur Übernahme des neuen Umzeichnungsplans der Reichsbahn als „preußische S 3" bekannt. Auf dem Bild ist eine S 3 der Preußisch-Hessischen Staatseisenbahnen von 1904 zu sehen.
Bild: Carl Bellingrodt/Sammlung Willy Reinshagen

Baureihe 139/140. Bild: Uwe Miethe

Reihe 139/140 (E 40)

Die Reihe 139/140 ist mit 879 Stück der meistgebaute Einheitsloktyp der DB. Die in Deutschland und zum Teil in Österreich verwendeten Loks sind seit Produktionsbeginn (1957) als Güterloks auf Steilstrecken eingesetzt worden. Bei der Lok 140 002 handelt es sich zudem um die viertälteste Lok der DB AG.

TYPEN-SCHILD

Hersteller: Krupp, Siemens, AEG, BBC
Lieferung/Indienststellung: 1957
Spurweite: Normalspur
Achsfolge: Bo'Bo'
Länge über Puffer: 16,4 m
Gewicht: 83,0 t
Treibraddurchmesser: 850 mm
Höchstgeschwindigkeit: 110 km/h
Leistung: 3.700 kW
Stückzahl: 879

Baureihe 112/143

Von der Reihe 112 bzw. 143, die in der DDR als Reihe 243 geführt wurde, sind ab 1984 nahezu 780 Stück gebaut worden. Sie werden vor allem als Schnellzug und Mehrzweckloks eingesetzt, wobei nicht zuletzt ihre ruhigen Laufeigenschaften zu ihrem großen Erfolg beigetragen haben.

TYPEN-SCHILD

Hersteller: Krupp, Siemens, AEG, BBC
Lieferung/Indienststellung: 1984–89
Spurweite: Normalspur
Achsfolge: Bo'Bo'
Länge über Puffer: 16,6 m
Gewicht: 82,5 t
Treibraddurchmesser: 1.000 mm
Höchstgeschwindigkeit: 160 km/h
Leistung: 4.220 kW
Stückzahl: 776

Baureihe 112,143 (DR 243). Bild: Uwe Miethe

Die rumänische Reihe 060-DA. Bild: Sammlung GeraMond

Reihe 060-DA

Nachdem 1959 die ersten sechs Loks vom schweizer Hersteller SLM in Rumänien angeliefert worden waren, baute man dort in Lizenz rund 600 Stück dieser dieselelektrischen Lok. Sie werden als Reise- und Güterverkehr eingesetzt.

TYPEN-SCHILD

Hersteller: SLM, Sulzer, BBC
Lieferung/Indienststellung: 1959
Spurweite: Breitspur (1.520 mm)
Achsfolge: Co'Co'
Länge über Puffer: 17 m
Gewicht: 114,0 t
Treibraddurchmesser: 1.100 mm
Höchstgeschwindigkeit: 100 km/h
Leistung: 1.545 kW
Stückzahl: 600

Baureihe 423/433

Die im typischen S-Bahn-Design gehaltenen und seit 1998 gebauten Reihen 423/433 wurden speziell für den Nahverkehr München konzipiert. Ihr Einsatzgebiet hat sich allerdings jetzt auch auf Stuttgart und Frankfurt am Main ausgeweitet. Außerdem werden sie im regionalen Nahverkehr eingesetzt.

TYPEN-SCHILD

Hersteller: Adtranz, Alstom LHB, ABB
Lieferung/Indienststellung: 1998
Spurweite: Normalspur
Achsfolge: Bo'(Bo')(2')(Bo')Bo'
Länge über Puffer: 67,4 m
Gewicht: 119,4 t
Treibraddurchmesser: 850 mm
Höchstgeschwindigkeit: 140 km/h
Leistung: 2.350 kW
Stückzahl: 426

Baureihe 423/433. Bild: Uwe Miethe

Baureihe 481

Die „Taucherbrille" ist die neueste und am häufigsten eingesetzte Baureihe der S-Bahn Berlin. 1996 bis 2004 wurden 500 Exemplare gebaut, die sich vor allem durch pflegeleichte, robuste Materialien, einer gegenüber früheren Zügen höheren Stromersparnis und sprichwörtliche Zuverlässigkeit auszeichnen.

Die „Taucherbrille". Bild: Uwe Fischer

TYPEN-SCHILD

Hersteller: AEG/Adtranz/Bombardier
Lieferung/Indienststellung: 1996
Spurweite: Normalspur
Achsfolge: Bo'2+Bo'Bo'
Länge über Puffer: 36,8 m
Gewicht: 59,0 t
Treibraddurchmesser: 820 mm
Höchstgeschwindigkeit: 100 km/h
Leistung: 600 kW
Stückzahl: 500

Baureihe 290 (V 90)

Die DB beschaffte sich mehr als 400 Exemplare der leistungssfähigen Rangierlok 290. Sie kann auch fernbedient werden, wobei sogar die Kupplungen fernsteuerbar sind. Die der V 100 ähnliche Baureihe ist im gesamten Bundesgebiet anzutreffen.

TYPEN-SCHILD

Hersteller: MaK
Lieferung/Indienststellung: 1965–72
Spurweite: Normalspur
Achsfolge: B'B'
Länge über Puffer: 14,3 m
Gewicht: 78,8 t
Treibraddurchmesser: 1.100 mm
Höchstgeschwindigkeit: 90 km/h
Leistung: 810 kW
Stückzahl: 407

Die BR 290: Auch heute noch unverzichtbar. Bild: Lisa Miethe

Eine V 60 in Rüdersdorf 2004. Bild: Uwe Miethe

Reihen 344-347 (V 60)

Die V 60 der DR war in der DDR ein sehr erfolgreiches Modell, von dem seit 1956 knapp 950 Stück gebaut wurden. Neben dem Rangierdienst wurde sie auch für Sonderaufgaben eingesetzt und zeichnete sich durch ihren geringen Lärmpegel und gute Kurvengängigkeit aus. Nach der Wiedervereinigung wurde sie vor allem an Privatabnehmer verkauft.

TYPEN-SCHILD

Hersteller: LKM Babelsberg, u.a.
Lieferung/Indienststellung: 1956
Spurweite: Normalspur
Achsfolge: D
Länge über Puffer: 10,4 m
Gewicht: 54,0 t
Treibraddurchmesser: 900 mm
Höchstgeschwindigkeit: 60 km/h
Leistung: 480 kW
Stückzahl: 942

Baureihe 710 CD

Nachdem 1959 der Prototyp der 710 CD gebaut worden war, ging man in Tschechien 1961 in die Serienfertigung. Dabei handelt es sich um leichte Dieselloks, die über eine hydrodynamische Kraftübertragung angetrieben werden. Viele dieser Maschinen wurden ins Ausland exportiert, u. a. in die DDR und sogar nach Indien.

TYPEN-SCHILD

Hersteller: ČKD Praha, SMZ Dubnica
Lieferung/Indienststellung: 1959
Spurweite: Breitspur (1.520 mm)
Achsfolge: C
Länge über Puffer: 9,4 m
Gewicht: 40,0 t
Treibraddurchmesser: 1.000 mm
Höchstgeschwindigkeit: 80 km/h
Leistung: 301 kW
Stückzahl: 475

Reihe 710 CD. Bild: Sammlung GeraMond

Die Baureihe 55^{0-6} (G 8) ersetzte die schwächere pr G 7. Bild: Slg. Schwarz

55^{0-6} (pr G 8)

Die um die Jahrhundertwende gebaute 55^{0-6} wurde in Deutschland eingesetzt, um auch Steigungsstrecken gut zu bewältigen. Von der G8 wurden 1.205 Stück gebaut, die zum Teil nach dem Ersten Weltkrieg als Reparationszahlungen ins Ausland gingen.

TYPEN-SCHILD

Hersteller: Vulcan u.a.
Lieferung/Indienststellung: 1893
Spurweite: Normalspur
Achsfolge: D n2
Länge über Puffer: 16,6 m
Gewicht: 52,6 t
Treibraddurchmesser: 1.250 mm
Höchstgeschwindigkeit: 50 km/h
Leistung: 485 kW
Stückzahl: 1.205

BB 7200

Die Baureihe BB 7200 wird in Frankreich vor Güterzügen eingesetzt. Im Gegensatz zur Baureihe 15000 können sie auch im Gleichstromnetz betrieben werden.

TYPENSCHILD

Hersteller: Alstom
Lieferung/Indienststellung: 1976–85
Spurweite: Normalspur
Achsfolge: B'B'
Länge über Puffer: 17,4 m
Gewicht: 86,0 t
Treibraddurchmesser: 950 mm
Höchstgeschwindigkeit: 160 km/h
Leistung: 4.400 kW
Stückzahl: 240

BB 7200 mit der Aufschrift „En voyage". Bild: Titane

Baureihe 1042.5

Baureihe 1042.5 auf der Fahrt nach Admont. Bild: Wolfgang Kaiser

Von der in Österreich eingesetzten Reise- und Güterzuglokomotive 1042.5 wurden zwischen 1966 und 1977 immerhin 197 Stück gebaut. Die 4.000 kW starken Loks sind die Nachfolger der bewährten 1042er-Reihe und werden heute im ganzen Land auf Haupt- sowie Nebenstrecken eingesetzt.

TYPEN-SCHILD

Hersteller: BES (BBC, Elin, Siemens)
Lieferung/Indienststellung: 1966–77
Spurweite: Normalspur
Achsfolge: Bo'Bo'
Länge über Puffer: 16,2 m
Gewicht: 83,5 t
Treibraddurchmesser: 1.000 mm
Höchstgeschwindigkeit: 150 km/h
Leistung: 4.000 kW
Stückzahl: 197

Reihe 810 CD

Von der slowakischen Baureihe 810 CD wurden von 1973 bis 1984 676 Exemplare gebaut. Die Triebwagen werden im Nahverkehr eingesetzt, wobei einige modifizierte Versionen auch auf dem russischen Breitspursystem (1.520 mm) verkehren.

TYPEN-SCHILD

Hersteller: ČKD Praha, Turčianska
Lieferung/Indienststellung: 1973–84
Spurweite: Breitspur (1.520 mm)
Achsfolge: k.A.
Länge über Puffer: 13,9 m
Gewicht: 20,0 t
Treibraddurchmesser: 850 mm
Höchstgeschwindigkeit: 80 km/h
Leistung: 155 kW
Stückzahl: 676

Die Reihe 810 CD (M 152), mit Unterflurmotor. Bild: Slg. GeraMond

E 636 bei Guincano, Italien. Bild: Sammlung Udo Paulitz

Reihe E 636 (FS)

In den dreißiger Jahren vor dem Zweiten Weltkrieg wuchs in Italien der Bedarf an Lokomotiven für den Güterverkehr. Daher wurden zu Beginn des Krieges bis Anfang der 60er 459 Exemplare der 2.100 kW starken E 636 gebaut.

TYPEN-SCHILD

Hersteller: FS
Lieferung/Indienststellung: 1940–62
Spurweite: Normalspur
Achsfolge: Bo'Bo'Bo'
Länge über Puffer: 18,2 m
Gewicht: 101,0 t
Treibraddurchmesser: 1.000 mm
Höchstgeschwindigkeit: 100 km/h
Leistung: 2.100 kW
Stückzahl: 459

Reihe E656 (FS)

Von der heute noch eingesetzten italienischen Baureihe E 656 wurden Mitte der 70er bis Ende der 80er-Jahre 400 Stück gebaut. Die ausschließlich auf Gleichstromstrecken eingesetzten Lokomotiven werden sowohl im Reisezug- als auch im Güterverkehr eingesetzt. Bei einer Leistung von 4.200 kW erreichen sie eine Maximalgeschwindigkeit von 150 km/h.

TYPEN-SCHILD

Hersteller: FS
Lieferung/Indienststellung: 1975–87
Spurweite: Normalspur
Achsfolge: Bo'Bo'Bo'
Länge über Puffer: 13,2 m
Gewicht: 120,0 t
Treibraddurchmesser: 1.000 mm
Höchstgeschwindigkeit: 150 km/h
Leistung: 4.200 kW
Stückzahl: 400

E 656 im Hauptbahnhof Mailand Bild: Sammlung Udo Paulitz

TYPEN-SCHILD

Hersteller: k.A.
Lieferung/Indienststellung: 1962
Spurweite: Breitspur (1.520 mm)
Achsfolge: 2(Co'Co')
Länge über Puffer: 14,9 m
Gewicht: 40,0 t
Treibraddurchmesser: 980 mm
Höchstgeschwindigkeit: 100 km/h
Leistung: 4.416 kW
Stückzahl: 3.533

2 TE 10 L in typischer Lackierung Bild: Sammlung. GeraMond

2 TE 10 L

Diese große dieselbetriebene Doppellok mit der Bezeichnung 2 TE 10 L wurde in Russland ab 1962 gebaut, um auch auf nichtelektrifizierten Strecken den schweren Güterverkehrsdienst zu gewährleisten. Ab 1962 wurde eine beachtliche Zahl von 3.533 Exemplaren dieser 4.416 kW starken und knapp 100 km/h schnellen Diesellokomotive gebaut. Sie ist für die in Russland übliche Spurweite von 1.520 mm ausgelegt.

Reihe 1016 „Taurus“

Die mit dem „Euro-Sprinter 127 001“ eng verwandte österreichische Baureihe 1016 wird nicht nur in Österreich, sondern auch in Ungarn und in Deutschland eingesetzt. Ab 1999 sind 125 Exemplare dieser Hochleistungslok gebaut worden.

TYPEN-SCHILD

Hersteller: Siemens AG
Lieferung/Indienststellung: 1999
Spurweite: Normalspur
Achsfolge: Bo'Bo'
Länge über Puffer: 19,2 m
Gewicht: 86,0 t
Treibraddurchmesser: 1.000 mm
Höchstgeschwindigkeit: 230 km/h
Leistung: 6.400 kW
Stückzahl: 125

Die Baureihe 1016 wird auch „Taurus“ genannt. Bild: Sammlung. GeraMond

Reihe 1116 „Taurus“

Bei der ÖBB 1116 handelt es sich um die Zweisystem-Version der 1016, d.h. sie kann sowohl auf 15 kV- als auch auf 25 kV-Systemen (etwa Ungarn) betrieben werden. In Deutschland wird sie u.a. vor IC-, Autoreise- und Güterzügen eingesetzt. Ab 2000 sind bis heute 400 Stück dieser leistungsfähigen Lok gebaut worden.

TYPEN-SCHILD

Hersteller: Siemens AG
Lieferung/Indienststellung: 2000
Spurweite: Normalspur
Achsfolge: Bo'Bo'
Länge über Puffer: 19,2 m
Gewicht: 86,0 t
Treibraddurchmesser: 1.000 mm
Höchstgeschwindigkeit: 175 km/h
Leistung: 6.400 kW
Stückzahl: 400

Die 1116 ist die Zwei-System-Version der 1016. Bild: Markus Inderst

Baureihe 1044

Bis zur Entwicklung des Taurus war die 1044 die stärkste vier-achsige Lokomotive der Welt und wird heute außer in Österreich auch in Süddeutschland eingesetzt.

TYPEN-SCHILD

Hersteller: Siemens, BBC, u.a.
Lieferung/Indienststellung: 1974–92
Spurweite: Normalspur
Achsfolge: Bo'Bo'
Länge über Puffer: 16 m
Gewicht: 84,0 t
Treibraddurchmesser: 1.000 mm
Höchstgeschwindigkeit: 160 km/h
Leistung: 5.400 kW
Stückzahl: 217

Eine 1044 auf dem alten Kaponiggrabenviadukt. Bild: Wolfgang Kaiser

Die Kleinsten

Wirklich kleine Lokomotiven bekommt man heut zutage im alltäglichen Reiseverkehr kaum noch zu Gesicht. Aber es gibt sie noch, die „Minis" – so zum Beispiel bei den Museumsbahnen...

Die Achenseebahn gehört zu den touristischen Höhepunkten im Norden Tirols. Ihre Lokomotiven gehören mit nur 18 Tonnen zu den kleinsten überhaupt.
Bild: Sammlung Udo Paulitz

Kleine Lokomotiven – unverzichtbar für jede Bahn

Eisenbahn in Kinderschuhen

Alles hat einmal klein angefangen – so auch die Entwicklungsgeschichte der Lokomotiven. Und die allerersten, zu Beginn des 19. Jahrhunderts in England gebauten Lokomotivprototypen konnten in keiner ihrer Abmessungen mit jenen viele hundert Tonnen schweren Mallet-Giganten konkurrieren, die etwa 120 Jahre später die Schienenstränge Amerikas befuhren. Die im Oktober 1829 an dem Geschwindigkeitswettbewerb in Rainhill teilnehmenden drei Lokomotiven namens „Novelty", „Sans Pareil" und „Rocket" waren mit ganzen 3,91 bis 4,81 t ausgesprochene Leichtgewichte. Lange blieb dies aber nicht so, denn die beständig steigenden Lasten erforderten leistungsfähigere Maschinen. So kam es, dass die auf Hauptstrecken eingesetzten Lokomotiven schon bald in andere Größen- und Gewichtsklassen vorzudringen begannen, die dann keinesfalls mehr zu den Kleinsten gezählt werden konnten.

Richtig kleine Lokomotiven waren seit etwa 1860 fast ausschließlich in den meisten Bereichen der Nebenbahnen zu finden. Obwohl sie – abgesehen vom Museumsbetrieb – mittlerweile praktisch überall verschwunden sind, sind diese kleinen Lokomotiven noch heute unter Namen wie Pängelanton, Bimmelguste oder Ententöter in Erinnerung geblieben. Aber auch Bezeichnungen wie Rasender Roland, Öchsle, Seekuh und manch andere absonderlich klingende Namen sind durchaus geläufig. Das waren fast immer die romantischen, kleinen, noch vor 50 Jahren recht zahlreich vorhandenen Schmalspurbahnen, die rauchend und bimmelnd durch die Lande fuhren. Der Individualverkehr brach diesen liebenswerten Bähnchen das Rückgrat. Ein anderer, heute noch weitaus häufigerer Einsatzbereich für kleine Lokomotiven sind kleinere Bahnhöfe, auf denen normalspurige Rangier- und Kleinloks die leichten Verschubdienste erledigen. Ungefähr seit den späten 1970er-Jahren ist aber auch ihre Zahl stark rückläufig.

Die Lok E I der Höllentalbahn war am 28. September 1985 mit einem Museumszug bei Reichenau unterwegs. Bild: Roland Beier

Die Nebenbahn – das Tor zur großen weiten Welt

Eine heute kaum noch vorstellbar große Bedeutung hatten für die wirtschaftliche Erschließung eines Landes die Nebenbahnen. Seit dem letzten Drittel des 19. Jahrhunderts banden unzählige Klein-, Privat- und Lokalbahnen die Dörfer und Gemeinden links und rechts der Hauptmagistralen an das Verkehrsnetz an. In Anbetracht des gänzlichen Fehlens von Individualverkehr und anderer Beförderungsmöglichkeiten stellten diese Bahnen praktisch die einzigen Verbindungen für Personen- und Güterbeförderung vom flachen Land in die Städte dar. Aus Kostengründen mussten sehr viele dieser Strecken schmalspurig verlegt werden und die Lokomotiven waren auch entsprechend klein. Anfangs waren es anspruchslose, geradezu winzige Maschinchen mit zwei, allenfalls drei Kuppelachsen, die überwiegend auf Spurweiten von 750 bis 1.000 mm verkehrten. Nicht zuletzt wegen des leichten Oberbaus durften die Lokomotiven weder zu schwer, noch zu schnell sein. Nur selten wurden dabei Geschwindigkeiten von 30 km/h überschritten. Ähnlich sah es bei den Gewichten aus. Hier waren 20 t Dienstmasse und 8 bis 12 t Achslast fast das Maximum. Mit der Ausweitung der Streckennetze und nach dem Anwachsen der Zuglasten ergab sich aber schon bald ein Bedarf an größeren und stärkeren Fahrzeugen. Ein schwacher Oberbau, kleine Gleisradien und stark beschränkte Lichtraumprofile setzten aber der

Entwicklung größerer Lokomotiven recht enge Grenzen. Um trotz dieser Beschränkungen leistungsfähige Schmalspurmaschinen bauen zu können, wurden zahlreiche technische Sonderlösungen beschritten. Das Hauptproblem lag darin, dass mehrachsige Lokomotiven entwickelt werden mussten, damit die zulässigen Achslasten nicht überschritten wurden, und mit denen trotzdem die engen Kurvenradien befahren werden konnten. Manche Maschinen für schmale Spuren konnten sich durchaus in puncto Leistung und Betriebstüchtigkeit mit Lokomotiven der Regelspur messen.
Die große Zeit der vielen Klein- und Nebenbahnen endete mit dem verstärkten Aufkommen des Individualverkehrs seit den 1960er-Jahren. Dem hatten die kleinen Bahnen, trotz Umstellung auf Dieselbetrieb, kaum etwas entgegenzusetzen. Einige wenige heute noch betriebene Museumsbahnen sind der ganze Rest der einstigen Herrlichkeit.

Bei Hochwasser auf der Nordseeinsel Juist wird die Fahrt mit Kleinlok „Carl" zum Abenteuer. Bild: Dieter Riehemann

Dieselkleinlokomotiven

Die zweite große Gruppe kleiner Lokomotiven sind die dieselgetriebenen Kleinlokomotiven, die für leichte Rangier- und Übergabedienste verwendet wurden. Spätestens in den 1930er Jahren traten diese die Nachfolge der letzten unwirtschaftlichen kleinen B- und C-gekuppelten Dampflokomotiven an. So ist es erklärlich, dass von den Einheitsloks der Baureihen 80, 81 und 89 nur noch wenige gebaut wurden. Bereits 1882 hatten die Kölner Deutz-Werke eine erste brauchbare 8 PS starke Petroleumlok entwickelt. In den 1920er Jahren beteiligten sich mehrere Firmen am Bau verbesserter Motorlokomotiven, wobei sich der preiswertere Dieselantrieb weitgehend gegen den Vergasermotor durchsetzen konnte. Die Deutsche Reichsbahn-Gesellschaft (DRG) ließ sich von den Vorzügen der Motorlokomotiven überzeugen. Neben dem Fahren von Übergabezügen sollten sie das Rangieren von Güterwagen auf kleinen Unterwegsbahnhöfen übernehmen, um die Lokomotiven der Güterzüge von unwirtschaftlichen und zeitraubenden Rangierarbeiten zu entlasten und somit einen schnelleren Lauf der Nahgüterzüge zu ermöglichen. Bisher wurden

1879 konstruierte Werner von Siemens die erste Elektrolokomotive. Bild: Sammlung Heinrich Stangl

solche Tätigkeiten von den Zugloks der Güterzüge übernommen, was ihre Durchschnittsgeschwindigkeit stark reduzierte. Aber auch auf Werks-, Anschluss- und Feldbahnen bewiesen die kleinen Schleppfahrzeuge ihre personal- und energiesparende Arbeitsweise. Ebenso setzten zahlreiche ausländische Bahnverwaltungen auf dieselgetriebene Kleinlokomotiven.
Die Reichsbahn beschaffte nach einheitlichen Gesichtspunkten zwei Leistungsgruppen der als „Köf" (Kleinlokomotive mit Dieselölmotor und Flüssigkeitsgetriebe) bezeichneten Lokomotiven in ansehnlichen Stückzahlen, nämlich die Gruppe I bis 39 PS und die Gruppe II bis maximal 149 PS Motorleistung. Auch nach Kriegsende orderten Reichs- und Bundesbahn zahlreiche weitere Kleinlokomotiven. Der starke Verkehrsrückgang im Güterverkehr und der Abbau von Infrastruktur führte seit Ende der 1970er-Jahre zu zahlreichen Ausmusterungen bei den Kleinlokomotiven. Die Abwertung der V 60 zu einer „Kleinlok" bewirkte, dass die richtigen Dieselkleinloks heute praktisch ausgestorben sind.

99 HGe 2/2 Nr. 1-4

Die Gornergratbahn am Fuße des Matterhorns war und ist ein touristisches Ziel ersten Ranges. Die Betreiber beschafften zur Einweihung der Bahn 1898 vier Kurzzüge mit Drehstromlokomotiven für Zahnradbetrieb bei der Brown, Boveri Company. Sie hatten je zwei Motoren mit 90 PS. 110 Fahrgäste konnten sich den Weg von Zermatt auf 3.089 m Höhe zu Fuß sparen. Für Skiausrüstungen gab es einen eigenen Beiwagen.

TYPEN-SCHILD

Hersteller: SLM, BBC
Lieferung/Indienststellung: 1898
Spurweite: Schmalspur (1.000 mm)
Achsfolge: B zz
Länge über Puffer: 4,1 m
Gewicht: 11,5 t
Treibraddurchmesser: 712 mm
Höchstgeschwindigkeit: 8 km/h
Leistung: 136 kW
Stückzahl: 4

Was ist schöner? Das Matterhorn bildet die Kulisse für diesen HGe 2/2. Bild: P. Kusterer

Nur selten wurden Lokomotiven mit aufrecht stehendem Kessel gebaut. Die „Bouteille à encre", zu deutsch „Tintenfass" war eine davon.
Bild: Sammlung Udo Paulitz

Kleinlokomotiven „Tintenfass"

Gruben und Industriebetriebe setzten die ab 1906 gebaute Kleinlok mit Stehkessel für Rangieraufgaben ein. Hersteller war die Societé Française de Constructions Mécaniques vormals Cail. Sie wurde als äußerst kleine aber doch zähe Lok konstruiert, die auch bei den kleinsten Werkbahnen noch einsatzfähig war. Aus diesem Grund war auch der Kessel aufrecht gestellt worden. Die Dienstmasse dieser Loks lag bei 18 Tonnen. Das ermöglichte ihr, auch leichte Gleise zu befahren, wie sie zum Beispiel bei Grubengleisen oft zu finden waren. Mit 20 km/h waren sie die schnellsten Tintenfässer der Welt.

Die französische Firma Kuhlmann setzte für ihre Werksbahn dieses „Tintenfass" ein. Der gute Zustand der Lok lässt vermuten, dass es sich hier um eine Wasseraufnahme handelt. Bild: Sammlung Udo Paulitz

TYPEN-SCHILD

Hersteller: SFCM
Lieferung/Indienststellung: 1906
Spurweite: Schmalspur
Achsfolge: B
Länge über Puffer: 4,4 m
Gewicht: 18,0 t
Treibraddurchmesser: 610 mm
Höchstgeschwindigkeit: 20 km/h
Leistung: k.A.
Stückzahl: k.A.

Früher, so auch am 20. Mai 1989 war 329 502 auf Wangerooge im Einsatz. Mittlerweile befindet sich die Maschine auf Rügen. Bild: Christian Wenger

TYPEN-SCHILD

Hersteller: Gmeinder
Lieferung/Indienststellung: 1956
Spurweite: Schmalspur
Achsfolge: C
Länge über Puffer: 5,5 m
Gewicht: 16,5 t
Treibraddurchmesser: 700 mm
Höchstgeschwindigkeit: 20 km/h
Leistung: 96 kW
Stückzahl: 1

329 502

Diese Diesellok und ihr Schwesterfahrzeug 329 503 sorgten 1957 für die Beendigung des Dampfbetriebs auf der Wangerooger Inselbahn. Sie wurde von der DB als Köf 99 502 umgezeichnet. Die EDV-taugliche Baureihenbezeichnung wurde die 329. 1992 wurden sie schließlich zur Baureihe 399.

Die Firma Gmeinder verbaute einen Sechszylinder-Deutz-Motor. Das hydraulische Getriebe stammte von der Heidenheimer Firma Voith. Zusammen mit ihrer Schwesterlok und zwei Maschinen ähnlicher Bauart bewältigte sie den Eisenbahnverkehr auf der Nordseeinsel Wangerooge. Die Baureihe erlebte das Jahr 2000 nicht mehr im Dienst. Alle vier Lokomotiven sind in Prora auf Rügen in einer Halle untergestellt.

Mit einem langen Personenzug bereit für die Abfahrt vom Wangerooger Bahnhof zum Anleger (27.Juli 1997). Bild: Malte Werning

Eine typische Garnitur mit einem offenen und einem geschlossenen Personenwagen im Zahnstangenabschnitt bei Burgeck. Bild: Albert Ditterich

TYPEN-SCHILD

Hersteller: Floridsdorf
Lieferung/Indienststellung: 1889
Spurweite: Meterspur
Achsfolge: Bzt-n2
Länge über Puffer: 5,6 m
Gewicht: 18,26 t
Treibraddurchmesser: 898 mm
Höchstgeschwindigkeit: k.A.
Leistung: 132 kW
Stückzahl: 4

Achenseebahn

Die Achenseebahn ist eine 6,8 km lange Zahnradbahnstrecke, die Jenbach in Tirol mit dem 929 Meter hoch gelegenen Achensee verbindet. Seit 1889 bedienen drei Dampfloks die Meterspurstrecke, die teilweise mit Zahnstange des Systems Riggenbach bestückt ist. Um die 80° steile Steigung zu bewältigen, brauchten die Loks ihre 132 kW unbedingt.
Der Hersteller, die Lokomotivfabrik Floridsdorf, lieferte zwei baugleiche Lokomotiven in die Hohe Tatra, an die Csorbasee-Bergbahn (CFV), die nach der Aufteilung Österreich-Ungarns in den Besitz der ČSD übergingen und 1932 ausgemustert wurden. Am Achensee fahren noch drei dieser Lokomotiven.

Die Achenseebahn endet am Seespitz direkt bei der Anlegestelle der Achenseeschifffahrt. Bild: Albert Ditterich

Diese Lok hatte von der DR zwar die Ordnungsnummer 99 4601 erhalten, wohl aber nie getragen. Sie wurde 1947 aus zwei defekten Loks zusammengebaut. Bild: Nickel

Baureihe 99^{460}

Bekannt wurde diese aus drei Loks bestehende Baureihe vor allem dadurch, das zwei von ihnen lange Jahre auf Rügen ihren Dienst verrichteten. Die dritte wurde von Henschel gebaut, die beiden anderen stammten aus dem Hause Vulcan – kam zu den Demminer Kleinbahnen West. 1932 wechselte sie dann ebenfalls auf die Ostseeinsel, während die erste nach Jarmen in eine Zuckerfabrik kam. Die beiden Rügener Loks wurden 1962 und 1964 abgestellt und danach verschrottet.

Neben den beiden bei Vulcan gebaute Loks hatte das Unternehmen noch 38 andere Loks dieses Typs gefertigt, die an das Eisenbahnbau- und -betriebsunternehmen GmbH Lenz & Co. verkauft wurden. Die unkomplizierten Zweikuppler waren gerade mal sechs Meter lang. Ihre Leistung lag bei 51,4 (Vulcan) bzw. 55 kW (Henschel). Damit erreichte sie Geschwindigkeiten bis zu 30 km/h. Die kleine Tenderlok führte 1,3 m^3 Wasser und eine halbe Tonne Kohlen mit. Ihre kleinen Abmessungen ließen keine größeren Vorräte zu.

TYPEN-SCHILD

Hersteller: Vulcan/Henschel
Lieferung/Indienststellung: 1893
Spurweite: Meterspur
Achsfolge: B n2t
Länge über Puffer: 5,8–6,07 m
Gewicht: 12,5 t
Treibraddurchmesser: 820 mm
Höchstgeschwindigkeit: 30 km/h
Leistung: 55 kW
Stückzahl: 3

Diese Lok lief von 1932 bis 1964 bei den Rügenschen Kleinbahnen. Bild: Pochadt

99 3313 vor dem Einsatz.
Foto: Klaus Kieper

TYPEN-SCHILD

Hersteller: O & K, Krauss, Borsig, Henschel
Lieferung/Indienststellung: 1914–1922
Spurweite: Schmalspur (600 mm)
Achsfolge: Dn 2t
Länge über Puffer: 5,8 m
Gewicht: 12,0 t
Treibraddurchmesser: 800 mm
Höchstgeschwindigkeit: 25 km/h
Leistung: 36 kW
Stückzahl: 8

99 3310, 3311, 3313-3318

Die Lokomotiven der Waldeisenbahn Muskau haben das seltene Kunststück fertig gebracht, alle als Museums- oder Denkmalslok zu „überleben". Ursprünglich waren sie als Heeresfeldbahnlokomotiven gebaut worden, die Munition, Material und Menschen an die Front zu bringen hatten. Die „Gräflich Arnim'sche Kleinbahn Muskau" erwarb sie 1921/22. Nach dem Zweiten Weltkrieg wurden sie umgebaut und bis in die 1970er-Jahre eingesetzt. Bemerkenswert war der Holzstamm, den man immer mitführte, um die Lok wieder einzugleisen oder beim Rangieren zu benutzen. Besonders auffällig war der Kobelschornstein, der der Vermeidung von Funkenflug diente.

Waldeisenbahn Muskau Im Stadtgebiet von Bad Muskau. In unmittelbarer Nähe der Neiße und der Grenze zu Polen, rollt am 3. Juli 1975 die 99 3317 mit ihrem Güterzug auf 600-mm-Spur durch einen Park Bild: Jan-Willem van Dorp

Die dritte Lok 99 4503 erhielt 1965 einen neuen Kessel. Bild: Klaus Kieper

TYPEN-SCHILD

Hersteller: Hartmann
Lieferung/Indienststellung: 1897
Spurweite: Schmalspur (750 mm)
Achsfolge: C n2t
Länge über Puffer: 6,2 m
Gewicht: 15,5 t
Treibraddurchmesser: 820 mm
Höchstgeschwindigkeit: 30 km/h
Leistung: 62,5 kW
Stückzahl: 3

Nach Einstellung der Strecke Pasewalk Ost – Klockow im Oktober 1964 kam die 99 4501 nach Dahme (Mark), wurde aber bereits am Heiligabend 1964 abgestellt und verschrottet.
Bild: Klaus Kieper

Baureihe 99^{450}

1897 wurde in der Priegnitz im nördlichen Brandenburg eine Kleinbahn eröffnet. Der Kreis Ostpriegnitz beschaffte von der sächsischen Firma Hartmann drei Lokomotiven einer Bauart, die zwei Jahre zuvor an Norwegen geliefert worden war. Es waren Nassdampf-Tenderlokomotiven der Spurweite 750 mm, die drei gekuppelte Treibachsen hatten. Ihre Achsfahrmasse war ausgesprochen gering und lag bei nur 5 t. Bei der 99 4503 wurde der genietete Kessel 1965 durch einen geschweißten ersetzt. Doch schon 1969 wurde auch sie ausgemustert. Sie ist aber als Museumslok erhalten geblieben.

99 5803, 5804

Ursprünglich wurden für die Harzquer- und Brockenbahn 1896 drei Lokomotiven dieser Baureihe ausgeliefert. Die Nummer 2 wurde wegen eines Kesselrisses 1936 abgestellt. So kamen lediglich zwei Loks zu Betriebsnummern der DR. Sie wurden öfters modernisiert. So bekamen sie 1958 stählerne Feuerbüchsen. Die Maschinen beeindruckten durch ihre niedrigen Betriebs- und Unterhaltskosten. Eine Lok blieb zwischen 1960 und 1965 Reserve am Harz, die andere fuhr ab 1961 zwei Jahre für die sächsische Rollbockbahn im Vogtland. Dann wurde sie ausgemustert.

Auf der Harzquerbahn fand die 99 5804 ihre Spielwiese.

Bild: Sammlung Klaus Kieper

TYPEN-SCHILD

Hersteller: Mecklenburgische Waggonfabrik
Lieferung/Indienststellung: 1896
Spurweite: Meterspur
Achsfolge: B n2t
Länge über Puffer: 6,25 m
Gewicht: 16,0 t
Treibraddurchmesser: 1.100 mm
Höchstgeschwindigkeit: 30 km/h
Leistung: 90 kW
Stückzahl: 2

TYPEN-SCHILD

Hersteller: Borsig
Lieferung/Indienststellung: 1925
Spurweite: Meterspur
Achsfolge: B h2t
Länge über Puffer: 6,15 m
Gewicht: 20,5 t
Treibraddurchmesser: 900 mm
Höchstgeschwindigkeit: 25 km/h
Leistung: 169 kW
Stückzahl: 1

Die Spremberger Tenderlok 99 5001 blieb ein Einzelstück.

Bild: Klaus Kieper

99 5001

Spremberg hatte für seine Stadtbahn 1925 diese Heißdampf-Tenderlok bei Borsig bezogen. Sie verkehrte auf der Kohlenbahn nach Haidemühl. Als diese Strecke 1953 eingestellt wurde, entschlossen sich die Spremberger, diese Lok in den Harz und somit an die Deutsche Reichsbahn zu überstellen. Dort verrichtete sie als 99 5001 zwischen 1957 und 1967 in Nordhausen Rangierdienst. Die Lok bewältigte Gleisbögen mit einem Halbmesser von nur 20 Metern. Sie wirkte sehr gedrungen, weil ihr Langkessel einen hohen Durchmesser hatte. Sie hatte – selten bei Schmalspurloks – einen Barrenrahmen. Heute ist diese Lok, die als Einzelstück 1967 abgestellt wurde, in Frankreich als Museumslok untergebracht.

Baureihe H 2/3

Der Bau von Dampfloks fand überwiegend in der ersten Hälfte des 20. Jahrhunderts statt Dass aber noch in den 1990er-Jahren welche gebaut wurden, verdanken wir den Touristen, die der schweizerischen Brienz-Rothorn-Bahn (BRB) davonliefen, als man die alten Dampfloks durch Dieselmaschinen ersetzte. DieLoks wurden in geschweißter Leichtbauweise mit Ölfeuerung für den Einmannbetrieb gebaut. Neben der BRB beschafften auch die Rigi-Bahn und die Schafbergbahn in Österreich diese Lokomotiven. Hersteller SLM hat sich natürlich einige technische Finessen einfallen lassen, die den Betrieb maßgeblich erleichtern. So erfolgt das Vorheizen elektrisch, ist somit schneller und entwickelt weniger Rauch. Der Heizkessel ist isoliert.

Ölgefeuerte Neubau-Dampflok H 2/3 12 mit zwei großen Vorstellwagen. Bild: Hans-Bernhard Schönborn

TYPEN-SCHILD

Hersteller: SLM
Lieferung/Indienststellung: 1992–1996
Spurweite: Schmalspur (800 mm)
Achsfolge: 2zz1'
Länge über Puffer: 6,2 m
Gewicht: 15,7 t
Treibraddurchmesser: k.A.
Höchstgeschwindigkeit: 12 km/h
Leistung: 300 kW
Stückzahl: 3

H 2/3 17 auf Rigi Kulm vor der Talfahrt nach Vitznau (August 2003). Bild: Hans-Bernhard Schönborn

99 4701

1914 baute Henschel für die Prieg-nitzer Eisenbahngesellschaft zwei Loks: eine für den Kreis Westprieg-nitz, die andere für Ostpriegnitz. Die Ostpriegnitzer Lok wanderte 1945 noch weiter nach Osten, denn die Sowjets kassierten sie als Kriegs-beute. So kam nur ein Exemplar zur DR. Da es immer wieder Probleme mit den knappen Vorräten gab, wurde die Lok 1964 rekonstruiert. Wichtigste Änderung war der nach hinten verlängerte Rahmen. Auch der Kessel wurde umgebaut. Die Haube des Dampf-doms wurde erneu-ert. 1971 musste der Betrieb auf der Prieg-nitzbahn eingestellt werden. Die Lok steht heute als Denkmal in Bad Kreuznach.

Lok 99 4701 der Priegnitzer Kleinbahn. Bild: Klaus Kieper

TYPEN-SCHILD

Hersteller: Henschel
Lieferung/Indienststellung: 1914
Spurweite: Schmalspur 750 mm
Achsfolge: C h2t
Länge über Puffer: 6,4 m
Gewicht: 18,2 t
Treibraddurchmesser: 820 mm
Höchstgeschwindigkeit: 35 km/h
Leistung: 62 kW
Stückzahl: 1

99 3312

Die Lok 99 3312 war 1912 von der Berliner Firma Borsig direkt an die Muskauer Waldeisenbahn geliefert worden, sie hieß damals „Diana". Alle anderen dort einge-setzten 600-mm-Tenderlokomo-tiven waren ehemalige Heeres-feldbahn-Lokomotiven. „Diana" war zugkraftiger als diese Maschi-nen und bekam deshalb die schwersten Aufgaben zugeteilt. Nach ihrer Abstellung 1977 wurde sie zuerst Denkmalslok, konnte aber ab 1994 aufgearbei-tet werden und als Touristenat-traktion wieder in Betrieb genom-men werden.

TYPEN-SCHILD

Hersteller: Borsig
Lieferung/Indienststellung: 1912
Spurweite: Schmalspur 600 mm
Achsfolge: C n2t
Länge über Puffer: 5,8 m
Gewicht: 12,0 t
Treibraddurchmesser: 800 mm
Höchstgeschwindigkeit: 25 km/h
Leistung: 51,5 kW
Stückzahl: 1

„Diana" alias 99 3312 war in Muskau eine Einzelgängerin.
Bilder: Jan-Willem van Dorp (oben), Klaus Kieper (unten)

Die erste der insgesamt sieben ausgelieferten Lokomotiven für die Spreewaldbahn bekam den Namen „Lübben". 1937 bekam sie die wenig aussagekräftige Bezeichnung Spwb 1.
Bild: Klaus Kieper

TYPEN-SCHILD

Hersteller: Hohenzollern
Lieferung/Indienststellung: 1897
Spurweite: Meterspur
Achsfolge: C n2t
Länge über Puffer: 6,6 m
Gewicht: 21,0 t
Treibraddurchmesser: 760 mm
Höchstgeschwindigkeit: 35 km/h
Leistung: 84,5 kW
Stückzahl: 7

Baureihe 99^{570}

Der Lokomotivenbauer Hohenzollern lieferte ab 1897 sieben meterspurige Tenderlokomotiven an die – ab 1923 so bezeichnete – Spreewaldbahn. Sie wurden nach Namen von Bahnhöfen bezeichnet, die am Streckennetz der Bahn lagen. 1937 und nochmal 1943 wuirden sie umgezeichnet. Die Deutsche Reichsbahn der DDR gliederte sie schließlich als Baureihe 99^{570} in ihren Bestand ein.
Da Anfang der 1940er-Jahre Abnutzungserscheinungen bei den Kurbelzapfen der ersten Achse auftraten, wurden bei einigen Baumustern die erste Achse zur Laufachse umgearbeitet. Weil das Volumen der Kohlenkästen für die in der DDR-Zeit verwendeten Braunkohlebriketts nicht ausreichten, wurden Vorräte mit ins Führerhaus genommen. Bis zur Einstellung der Strecke im Jahr 1970 waren die Dreikuppler ununterbrochen im gemischten Zugdienst tätig. Bis auf eine wurden alle verschrottet. Die einzige verbliebene steht im Lübbenauer Spreewaldmuseum.

Dieses Exemplar stieß erst 1903 zum Fuhrpark.
Bild: Klaus Kieper

V 15^{20-23}

Die V 15 hatte sich in der Reichsbahn der DDR sehr gut bewährt, so dass zwischen 1960 und 1964 eine verbesserte Baureihe mit erhöhter Leistung beschafft wurde. Das lag daran, dass der Motor aus dem Elbewerk Roßlau verbessert werden konnte. Außerdem wurde der Raddurchmesser vergrößert. Über ein Strömungsgetriebe und ein Wechselgetriebe wurde die Motorleistung auf eine Blindwelle übertragen, die den vorderen Radsatz über Treibstangen antrieb. Ab 1975 wurden die Motoren und die Strömungsgetriebe ausgetauscht. Die neuen Aggregate leisteten 162 kW.
Ab 1970 wurden die Loks im Zuge der Einführung der EDV bei der DR in die Baureihe 101^{1-3} umgezeichnet. Nach der Vereinigung der beiden deutschen Bahnen 1992 erhielten sie die Kleinloknummer 311^{1-3}.

Zuverlässige Rangierlok Baureihe V 15^{20-23}. Bild: Kintscher

TYPEN-SCHILD

Hersteller: VEB Lokomotivbau Karl Marx
Lieferung/Indienststellung: 1960–1964
Spurweite: Normalspur
Achsfolge: B
Länge über Puffer: 6,9 m
Gewicht: 20,0 t
Treibraddurchmesser: 900 mm
Höchstgeschwindigkeit: 32 km/h
Leistung: 132 kW / 162 kW
Stückzahl: 350

Der Sechszylindermotor dieser Dieselloks leistete 132 kW. Bild: Rbd Halle/Sammlung Dr. Brian Rampp

Lok 298.56 der Steyrtalbahn vor einem Personenzug in der Nähe von Grünburg im Herbst 1979. Bild: Udo Paulitz

Die Reihe U war ein Dreikuppler mit stabilisierender hinterer Laufachse. Das „U" steht für Unzmarkt, den Ausgangsort der ersten Einsatzstrecke auf der Murtalbahn.
Bild: Udo Paulitz

TYPEN-SCHILD

Hersteller: Krauss, Linz, u.a.
Lieferung/Indienststellung: 1897–1922
Spurweite: Schmalspur (760 mm)
Achsfolge: C1' n2t
Länge über Puffer: 7,1 m
Gewicht: 24,3 t
Treibraddurchmesser: 820 mm
Höchstgeschwindigkeit: 35 km/h
Leistung: 165 kW
Stückzahl: 53

Reihe U (ÖBB 298)

Die ersten Maschinen dieser Reihe wurden für den Einsatz auf der Murtalbahn in der Steiermark bestellt. Auch die österreichische Steyrtalbahn erhielt mehrere dieser Lokomotiven, die allerdings verstärkt worden waren. Andere Auftraggeber folgten, darunter die Zillertalbahn. Die ÖBB vergab 1953 an die Reihe U die Baureihennummer 298. Viele dieser Loks sind heute noch als Museumslokomotiven zu bewundern. Nach dem Ersten Weltkrieg waren mehrere Loks in Italien, Polen und der Tschechoslowakei verblieben und wurden dort weiter eingesetzt.

99 5811

1887 wurde die Gernrode-Harzeroder Eisenbahn-Gesellschaft eröffnet. Besser bekannt ist sie unter dem Namen Selketalbahn. Bei Henschel wurden drei Schmalspurloks beschafft, die Steigungen bis 40 Promille und Bogenhalbmesser von 50 m bewältigen konnten. Weitere drei wurden nachgeordert.
Nach dem Zweiten Weltkrieg bauten die Sowjets die Gleise der Selketalbahn bis auf ein kleines Stück ab. Eine einzige Maschine war verblieben,weil auf dem 1947 wieder zusammengeflickten Streckenstück vom Anschluss Fluor (bei Straßberg) bis Alexisbad eine Lok für den Transport von Flussspat gebraucht wurde. Sie wurde von der DR übernommen und als 99 5811 weiterbetrieben. Die bei ihrer Indienststellung „Gernrode" getaufte Maschine war die älteste Schmalspurlokomotive der Reichsbahn. 1956 wurde durch das RAW Blankenburg (Harz) der Kessel ausgetauscht. Da die Selketalbahn wieder verlegt worden war, blieb ihr genügend Arbeit – vor allem auch deshalb, weil die Streckenführung den meisten anderen Lokomotiven zu große Schwierigkeiten bereitete. In den 1950er-Jahren war die Industrieproduktion der DDR soweit, 1'E1'-Loks zu bauen, die geeignet waren, die Selketalstrecke zu bewältigen. 1963 wurde die 99 5811 abgestellt.

TYPEN-SCHILD

Hersteller: Henschel
Lieferung/Indienststellung: 1887
Spurweite: Meterspur
Achsfolge: C n2t
Länge über Puffer: 7,8 m
Gewicht: 25,0 t
Treibraddurchmesser: 1.350 mm
Höchstgeschwindigkeit: 30 km/h
Leistung: 117 kW
Stückzahl: 1

Die einzige von drei Lokomotiven der Gernrode-Harzgeroder Eisenbahn, die in den Dienst bei der Deutschen Reichsbahn übernommen wurde, war die Gernrode. Sie erhielt die Bezeichnung 99 5811. Bild: Klaus Kieper

Baureihe 99^{610}

1914 lieferte Henschel an das kaiserliche Heer zu Testzwecken zwei C-gekuppelte Tenderlokomotiven, die eine in Nassdampf-, die andere als Heißdampfausführung. Äußerlich unterschieden sie sich durch die kürzeren Wasserkästen der Heißdampflok, beide hatten auffällige runde Dampfdome. Die Versuche fanden im Harz statt. Dorthin wurde eine sofort verkauft, die andere zunächst zur Nassauischen Kleinbahn überstellt. Nach dem Krieg kam sie zu ihrer Schwestermaschine zur Nordhausen-Wernigeroder Eisenbahn. Hauptsächlich arbeiteten sie im Rangierdienst oder beförderten Rollbockzüge zu den einzelnen Anschlüssen.

1987 bzw. 1993 wurden sie außer Dienst gestellt und dienen nun zu Traditionsfahrten.

Dieses Bild zeigt die Nassdampfversion dieser Baureihe. Bild: Klaus Kieper

TYPEN-SCHILD

Hersteller: Henschel
Lieferung/Indienststellung: 1914
Spurweite: Meterspur
Achsfolge: C h2t
Länge über Puffer: 7,7 m
Gewicht: 32,0 t
Treibraddurchmesser: 855 mm
Höchstgeschwindigkeit: 30 km/h
Leistung: 224 kW
Stückzahl: 2

99 6101 war die Heißdampfvariante dieser aus lediglich zwei Maschinen bestehenden Baureihe. Bild: Klaus Kieper

Baureihe $89^{70\text{-}75}$ (pr T 3)

Klassisches Typenbild der Nr. 4823 der KPEV, einer T 3 Baujahr 1901.
Bild: Sammlung Udo Paulitz

Dreißig Jahre lang wurden Lokomotiven dieser Bauart produziert, dabei wurden in Preußen 1.369 Maschinen in Dienst gestellt. Andere deutsche Eisenbahnverwaltungen (Mecklenburg, Oldenburg) oder Privatbahnen (Bremer Hafenbahn) sicherten sich ebenfalls einige Exemplare. Während sie im 19. Jahrhundert noch auf kleinen Nebenbahnen nach Fahrplan fahren durfte, blieb ihr nach 1905 nur noch der Rangierdienst.
Die Reichsbahn übernahm noch 572 Loks in ihr neues Ordnungssystem, doch langsam begannen die Kleindieselloks die Verschiebebahnhöfe für sich zu gewinnen. Die letzte T 3 hielt allerdings bis 1968 bei der DB durch. Die T 3 war als Zweizylinder-Nassdampftenderlok gebaut. Sie leistete beachtliche 213 kW.

Vor allem als Rangierlok, aber auch im Nahverkehrsdienst leistete die preußische Tenderlok der Gattung T 3 der Preußischen Staatsbahn und später der Reichsbahn gute Dienste. Die kleinen Dreikuppler waren beweglich, gut konstruiert und fast nicht kaputt zu kriegen. Bild: Udo Paulitz

Diese Maschine ist für längere einsätze mit einem Schlepptender gekuppelt. Sie war in Dresden-Altstadt beheimatet. Bild: Volker Emersleben

TYPEN-SCHILD

Hersteller: Henschel u.a.
Lieferung/Indienststellung: 1881–1910
Spurweite: Normalspur
Achsfolge: C n2t
Länge über Puffer: 8,5 m
Gewicht: 35,2 t
Treibraddurchmesser: 1.100 mm
Höchstgeschwindigkeit: 40 km/h
Leistung: 213 kW
Stückzahl: 1.369

Facetten eines Loklebens: im Betriebswerk und auf der Strecke in winterlicher Umgebung. Bilder: Udo Paulitz

Mit EDV-Nummern. Bild: Udo Paulitz

99^{70-71} (99^{15-16})

Die Chemnitzer Sächsische Maschinenfabrik vormals Hartmann baute zwischen 1896 und 1921 mit diesen Maschinen die größte Schmalspurserie Deutschlands für das weitverzweigte sächsische Schmalspurnetz. Die im Königreich Sachsen als Gattung IV K bezeichneten Loks wurden von der Reichsbahn übernommen und als Baureihe 99^{51-60} in den Fahrpark eingegliedert. So fuhren sie auch noch zu DDR-Zeiten noch weiter, bis die Umstellung auf EDV die neuen Ordnungsnummern 99^{15-16} verteilte. Die letzte Umzeichnung fand 1992 mit der Übernahme ins System der DB AG statt. Seitdem sind das die 099^{70-71}. Viele von ihnen sind in diesen langen Jahren des Einsatzes bereits abgestellt worden, einige laufen noch als Museumsloks. Man findet sie aber auch noch im Plandienst, etwa auf verschiedenen sächsischen Schmalspurbahnen. Die 099 701 in Radebeul wurde als Traditionslok in ihren Ursprungszustand zurückversetzt.

TYPEN-SCHILD

Hersteller: Hartmann, Umbau Raw Görlitz
Lieferung/Indienststellung (Umbau): 1896 (1963)
Spurweite: Schmalspur (750 mm)
Achsfolge: B'B' n4v
Länge über Puffer: 9 m
Gewicht: 28,5 t
Treibraddurchmesser: 800 mm
Höchstgeschwindigkeit: 30 km/h
Leistung: 147 kW
Stückzahl: 96

Auf dem Koblenzer Hauptbahnhof im Rangierbetrieb ist die V 36 216 tätig. Die Aufnahme stammt vom Januar 1968.
Bild: T. Horn

Die Bundesbahn baute die ehemalige Wehrmachtslok 1950 nach. Bild: Sammlung Stefan Lauscher

Erprobungsfahrt der beiden Baumuster der 360 PS starken Wehrmachtslok WR 360 C 14 im Juni 1937. Noch war Krieg kein Thema. Bild: Sammlung Stefan Lauscher

Baureihe V 36

Die Wehrmacht im des Dritten Reiches unterhielt für ihre vielfältigen Aufgaben bei der Vorbereitung und Durchführung des Krieges eigene Lokomotiven. Eine Baureihe war die als WR 360 C 14 bezeichnete Type, die von MaK in Kiel gebaut worden war und die 360 PS leistete. Die Sechszylindermotoren stammten von MWM. Sie hat sich hervorragend bewährt und arbeitete später nicht nur im Rangierdienst, sondern auch als Streckenlokomotive.
Nach dem Krieg nutzte die Reichsbahn auf dem Gebiet der drei westlichen Besatzungsmächte diese Loks und reihte sie als V 36 in ihren Fuhrpark ein. Aus übrig gebliebenen Einzelteilen wurden 1947/48 weitere Loks zusammengebaut, 1950 bekam die junge Bundesbahn noch einige verbesserte Neubauten. Die V 36 war lange aus den westdeutschen Rangierbahnhöfen nicht wegzudenken. Erst 1981 wurden die letzten Exemplare dieser Baureihe, die ab 1968 im EDV-System 236 hieß, ausgemustert.

TYPEN-SCHILD

Hersteller: MaK
Lieferung/Indienststellung: 1938
Spurweite: Normalspur
Achsfolge: C
Länge über Puffer: 9,2 m
Gewicht: 39,0–43,0 t
Treibraddurchmesser: 1.100 mm
Höchstgeschwindigkeit: 55–60 km/h
Leistung: 265 kW
Stückzahl: 450

Die fabrikneue E 63 01. Bild: AEG, Sammlung Andreas Knipping

Baureihe E 63

Mit der fortschreitenden Elektrifizierung war es verstärkt möglich, auch für Verschubdienste Elektrolokomotiven in Betrieb zu nehmen. Beim Vorgängermodell E 60 hatte man noch eine Laufachse benötigt, die die leichtere E 63 nicht mehr brauchte. Der Antrieb erfolgte über einen Motor auf die drei gekuppelten Achsen. Man verwendete den bereits bei der E 04 und der E 18 bewährten AEG-Motor EKB 860. Das Einsatzgebiet der Loks lag vor allem in München und Stuttgart. Letztlich triumphierten im Rangierbetrieb die Dieselloks, denn sie brauchten keinen Fahrdraht. 1978 wurde die letzte E 63 ausgemustert.

TYPEN-SCHILD

Hersteller: AEG, BBC
Lieferung/Indienststellung: 1935-1940
Spurweite: Normalspur
Achsfolge: C
Länge über Puffer: 10,2 m
Gewicht: 53,1 t
Treibraddurchmesser: 1.250 mm
Höchstgeschwindigkeit: 45 km/h
Leistung: 667 kW
Stückzahl: 5

Die E 63 war die letzte Elektrolok mit Stangenantrieb. Bild: Dr. Brian Rampp

Die 99 5903 erhielt bereits 1974 den ursprünglichen grünen Anstrich zurück. Bild: Hörstel

Baureihe 99^{590}

Für die Harzquer- und Brockenbahn wurden ab 1897 moderne Tenderlokomotiven beschafft, die die anstrengenden Steigungen des Mittelgebirges gut bewältigten.
Konstruiert waren die insgesamt zwölf Maschinen als vierzylindrige Mallet-Loks.
In den 1920er-Jahren mussten die Kessel ausgetauscht werden. Die DR übernahm fünf Lokomotiven für den weiteren Betrieb, drei von ihnen stehen heute für Sonderfahrten zur Verfügung.

TYPEN-SCHILD

Hersteller: Jung, Hanomag
Lieferung/Indienststellung: 1897
Spurweite: Meterspur
Achsfolge: B'B n4vt
Länge über Puffer: 8,8 m
Gewicht: 36,0 t
Treibraddurchmesser: 1.000 mm
Höchstgeschwindigkeit: 30 km/h
Leistung: 150,6 kW
Stückzahl: 5

Die 99 5904 wurde 1985 ausgemustert. Bild: Hörstel

Zweikuppler „Pluto".
Bild: Sammlung Udo Paulitz

„Pluto"

Diese Lok fuhr ab 1865 auf der Berlin-Hamburger Eisenbahn mit der damals eindrucksvollen Reisegeschwindigkeit von 75 km/h. Weil die Zylinder freitragend vor der ersten Treibachse angeordnet waren, konnten die Fahreigenschaften jedoch nicht überzeugen, denn es kam zu unangenehmen Schlingerbewegungen.

TYPEN-SCHILD

Hersteller: British Rail
Lieferung/Indienststellung: 1865
Spurweite: Schmalspur
Achsfolge: B'1
Länge über Puffer: k.A.
Gewicht: 35,0 t
Treibraddurchmesser: 1.516 mm
Höchstgeschwindigkeit: 80 km/h
Leistung: k.A.
Stückzahl: 1

TYPEN-SCHILD

Hersteller: SLM Winterthur
Lieferung/Indienststellung: ab 1941
Spurweite: Normalspur/Meterspur
Achsfolge: B
Länge über Puffer: 6,6 m
Gewicht: 28,0 t
Treibraddurchmesser: k.A.
Höchstgeschwindigkeit: 60 km/h
Leistung: 239 kW
Stückzahl: k.A.

Te 2/2 III (SBB)

Der meterspurige Zweikuppler der Schweizerischen Bundesbahnen war im Rangierdienst zuhause. Die Schweiz gehörte zu denjenigen Ländern, die auch für Verschiebe-Aufgaben voll auf den Elektroantrieb setzte. Diese Loktype wurde noch in den 1960er-Jahren gebaut. Die Leistung dieser Bahntraktoren lag bei 239 kW. Damit waren ihr immerhin Geschwindigkeiten von 60 km/h möglich.

Die SBB bezeichnete die Te 2/2 III dem französischen Wort folgend als Bahndiensttraktor.
Bild: Sammlung Udo Paulitz

„Kopernicus"

Bei den ersten Lokomotiven beherrschte die Achsfolge 1A1, die in Deutschland auch beim „Adler" das Feld. Eine der Schönsten ist die von Maffei in München für die staatliche Eisenbahn im Großherzogtum Hessen gebaute Lok mit dem Namen „Kopernicus". Diese Lok, die immerhin schon eine Höchstgeschwindigkeit von 70 km/h erreichte, hatte einen zylindrischen Kessel. Die Zylinder lagen vor der ersten Laufachse. Die Dienstmasse war mit 25 t für die damalige Zeit nicht unbedingt leicht.

„Kopernicus" der Großherzoglich Hessischen Staatseisenbahn.

Bild: Sammlung Udo Paulitz

TYPEN-SCHILD

Hersteller: Maffei
Lieferung/Indienststellung: 1850
Spurweite: Normalspur
Achsfolge: 1'A1'
Länge über Puffer: k.A.
Gewicht: 25,0 t
Treibraddurchmesser: 1.680 mm
Höchstgeschwindigkeit: 70 km/h
Leistung: k.A.
Stückzahl: 1

„Friend of Charleston" (SCRR)

Die South Carolina Railroad (SCRR) hatte 1828 den Betrieb aufgenommen. Zwei Jahre später wurde ein Zweikuppler mit Stehkessel angeschafft. Zwar erreichte sie immerhin Geschwindigkeiten bis zu 40 km/h, doch diese Konstruktion bewährte sich nicht. Bereits 1831 explodierte der Kessel, da der Lokführer den Sicherheitsventilhebel verbotenerweise zu blockieren pflegte.

TYPEN-SCHILD

Hersteller: West Point Foundry
Lieferung/Indienststellung: 1830
Spurweite: Schmalspur
Achsfolge: B
Länge über Puffer: 4,4 m
Gewicht: 4,1 t
Treibraddurchmesser: 1.372 mm
Höchstgeschwindigkeit: 32 km/h
Leistung: k.A.
Stückzahl: 1

Der Stehkessel war ungewöhnlich, noch dazu, wo er so weit hinten auf dem Rahmen aufgestellt war.

Bild: Sammlung Udo Paulitz

Baureihe 80

Diese Baureihe wurde bei mehreren Herstellern als Rangierlok beschafft. Sie bewährte sich gut und war auch bei DB und DR noch lange Jahre in Betrieb. Sie erlebte eine zweite Karriere als Zechen-Lok.

80 018. Bild: Werner Hubert/Sammlung Andreas Knipping

TYPEN-SCHILD

Hersteller: Hohenzollern, Jung, Wolf, Union
Lieferung/Indienststellung: 1927-29
Spurweite: Normalspur
Achsfolge: C h2t
Länge über Puffer: 9,6 m
Gewicht: 54,0 t
Treibraddurchmesser: 1.100 mm
Höchstgeschwindigkeit: 45 km/h
Leistung: 420 kW
Stückzahl: 39

Baureihe 89^0

Als letzte Nassdampflok stellte die Deutsche Reichsbahn die Baureihe 89 in den Dienst. Heute verkehrt sie nur noch als Märklin-Modell, denn sie wurde 1968 ausgemustert.

TYPEN-SCHILD

Hersteller: Schwartzkopff, Henschel
Lieferung/Indienststellung: 1935-38
Spurweite: Normalspur
Achsfolge: C n2t
Länge über Puffer: 9,6 m
Gewicht: 45,0 t
Treibraddurchmesser: 1.350 mm
Höchstgeschwindigkeit: 45 km/h
Leistung: 386 kW

89 001. Bild: Werner Hubert/Slg. A. Knipping

Class B

Die Darjeeling Himalayan Railway (DHR) ist eine berühmte Bergbahn. Sie beschaffte diese Zweikuppler, die eine sehr lange Dienstzeit hinter sich gebracht haben. Die Loks sind gute Kletterer. Der höchste Punkt der Strecke liegt bei 2.258 m in Ghum. Bei einem Gesamtgewicht von 15,5 t hatten die Loks eine Zugkraft von 3.515 kg.

TYPEN-SCHILD

Hersteller: Tindharia u.a.
Lieferung/Indienststellung: 1889–1929
Spurweite: Schmalspur (610 mm)
Achsfolge: B
Länge über Puffer: k.A.
Gewicht: 15,5 t
Treibraddurchmesser: 660 mm
Höchstgeschwindigkeit: k.A.
Leistung: k.A.
Stückzahl: 34

Die Class B stammt aus Indien. Bild: Sammlung Udo Paulitz

Siemens Nr. 1

Die erste Elektrolok der Welt war vor allem eine Attraktion auf Messen . Sie arbeitete mit Gleichstrom und leistete lediglich 2,5 kW. Zwei Jahre nach ihrer Vorstellung fuhren in Berlin die ersten elektrische Straßenbahnen.

TYPEN-SCHILD

Hersteller: Siemens
Lieferung/Indienststellung: 1879
Spurweite: Normalspur
Achsfolge: Bo
Länge über Puffer: 1,5 m
Gewicht: 9,4 t
Treibraddurchmesser: k.A.
Höchstgeschwindigkeit: 18 km/h
Leistung: 2.5 kW
Stückzahl: 1

Auf der Berliner Gewerbeausstellung im Mai 1879. Bild: Slg. Heinrich Stangl

Modelle aus der Frühzeit der Elektroloks. Bilder links und unten: Sammlung GeraMond

Nrn. 1-3

1895 baute die Baltimore & Ohio Railroad aus den USA diese Elektroloks, die bis 1912 im Dienst blieben und sodann verschrottet wurden.

TYPEN-SCHILD

Hersteller: General Electric Company
Lieferung/Indienststellung: 1895
Spurweite: Normalspur
Achsfolge: Bo+Bo
Länge über Puffer: 8,2 m
Gewicht: 87,0 t
Treibraddurchmesser: k.A.
Höchstgeschwindigkeit: 96,5 km/h
Leistung: 270 kW
Stückzahl: 16

TYPEN-SCHILD

Hersteller: Beyer Peacock
Lieferung/Indienststellung: 1890
Spurweite: Normalspur
Achsfolge: Bo
Länge über Puffer: 4,2 m
Gewicht: 9,4 t
Treibraddurchmesser: k.A.
Höchstgeschwindigkeit: 40 km/h
Leistung: 40 kW
Stückzahl: 74

Nrn. 1-16

Als Tunnellokomotiven war diese Baureihe gekauft worden, um in London ab Advent 1890 für die erste elektrische U-Bahn der Welt eingesetzt zu werden. Über 30 Jahre blieben sie im Dienst. Die Kraftübertragung erfolgte durch eine Stromschiene, weshalb es auf dem Dach keinen Stromabnehmer zu finden gab. Der rauchlose Elektroantrieb war besonders angesichts des langen Tunnels attraktiv. Nr. 1 steht in London im Science Museum.

Bauart Forney

Der US-amerikanische Ingenieur war bekannt für seine Lokomotiven mit der Achsfolge B'2'. Das vorgestellte Modell wurde von der Jysk-Fynske Statsbaner (JFS) aus Dänemark ab 1882 in Auftrag gegeben. Sie wurde für die kurzen und kurvenreichen Nebenstrecken des Landes gebaut.

TYPEN-SCHILD

Hersteller: JFS
Lieferung/Indienststellung: 1882
Spurweite: Schmalspur
Achsfolge: B'2'
Länge über Puffer: k.A.
Gewicht: 23,0 t
Treibraddurchmesser: 1.090 mm
Höchstgeschwindigkeit: 45 km/h
Leistung: k.A.
Stückzahl: 12

Dänische Bauart Forney. Bild: Sammlung Udo Paulitz

99 4614, 4615

Diese beiden Dreikuppler wurden 1909 für die Kleinbahn Jerichow beschafft. Sie gingen nach dem Zweiten Weltkrieg in die Hände der DR über. Die modernisierte die Loks mehrmals, unter anderem mit einem neuen Kessel. Die erste wurde 1957 verschrottet, die andere – das abgebildete Modell – blieb noch bis 1963.

TYPEN-SCHILD

Hersteller: Hagans
Lieferung/Indienststellung: 1909
Spurweite: Schmalspur (750 mm)
Achsfolge: C n2t
Länge über Puffer: 6,1 m
Gewicht: 18,5 t
Treibraddurchmesser: 820 mm
Höchstgeschwindigkeit: 30 km/h
Leistung: 88 kW
Stückzahl: 2

Die 99 4614 war in Jerichow zuhause. Bild: Sammlung Klaus Kieper

99 5801, 5802

99 5801. Bild: Sammlung Machel

TYPEN-SCHILD

Hersteller: Hagans
Lieferung/Indienststellung: 1894
Spurweite: Meterspur
Achsfolge: B n2t
Länge über Puffer: 4,6 m
Gewicht: 16,7 t
Treibraddurchmesser: 1.350 mm
Höchstgeschwindigkeit: 20 km/h
Leistung: 66.8 kW
Stückzahl: 2

Die Hallesche Hafenbahn beschaffte 1894 diese beiden Meterspurloks. Sie brachten normalspurige Güterwagen auf Rollböcken zu den Fabriken. Die beiden Zweikuppler arbeiteten auf dem lediglich 1,2 km langen Streckenstück bis 1965. Aufgrund dieser kurzen Entfernungen war kaum Platz für die Mitnahme von Betriebsstoffen nötig. Beide Loks wurden verschrottet.

99 3301

Die älteste Lok der Muskauer Waldeisenbahn führt heute ein zweites Leben bei der Parkeisenbahn von Cottbus, wohin sie 1995 anlässlich der Bundesgartenschau nach ihrer Aufarbeitung verbracht worden war. Kennzeichen dieser Lok sind der niedrig liegende Kessel und der verhältnismäßig hohe Dampfdom. Wie bei den anderen Muskauer Fahrzeugen hat auch diese Lok einen vergrößerten Kobel auf dem Kamin.

TYPEN-SCHILD

Hersteller: Krauss
Lieferung/Indienststellung: 1903
Spurweite: 600 mm
Achsfolge: C n2t-T
Länge über Puffer: 8,7 m
Gewicht: 8,0 t
Treibraddurchmesser: 800 mm
Höchstgeschwindigkeit: 15 km/h
Leistung: 44 kW
Stückzahl: 1

Die Muskauer 99 3301. Bild: Klaus Kieper

Tenderlok 99 5611. Bild: Klaus Kieper

99 5611

Die Salzwedeler Kleinbahn beschaffte 1903 von Henschel dieses Einzelstück. Nach dem Umbau der Strecke auf Normalspur 1927 wurde sie an die Franzensburger Kreisbahnen im Raum Stralsund verkauft, wo sie bis 1971 im regulären Zugdienst verblieb. 1973 gelangte die Bahn nach Frankreich. Die meterspurige Lok war ein klassischer Dreikuppler leichteren Typs, wie er für Kleinbahnen öfters gebaut wurde.

TYPEN-SCHILD

Hersteller: Vulcan
Lieferung/Indienststellung: 1903
Spurweite: Meterspur
Achsfolge: C n2t
Länge über Puffer: 6,6 m
Gewicht: 20,8 t
Treibraddurchmesser: 900 mm
Höchstgeschwindigkeit: 30 km/h
Leistung: 92 kW
Stückzahl: 1

T 1 der GHE

Die Gernrode-Harzgeroder Eisenbahn (GHE) beschaffte diesen diesel-mechanischen Triebwagen 1933, um gegenüber den Dampfzügen eine wirtschaftliche Alternative für verkehrsschwache Zeiten zu haben. Die Reichsbahn gab ihm 1949 die Betriebsnummer VT 133 522.

TYPEN-SCHILD

Hersteller: Waggonfabrik Dessau
Lieferung/Indienststellung: 1933
Spurweite: Schmalspur
Achsfolge: B
Länge über Puffer: 8,8 m
Gewicht: 12,0 t
Treibraddurchmesser: k.A.
Höchstgeschwindigkeit: 40 km/h
Leistung: 53 kW
Stückzahl: 1

Triebwagen im Harz: T 1. Bild: Sammlung Udo Paulitz

Aus Wales stammt diese Neubaulok. Bild: Slg. Udo Paulitz

Festiniog Fairlie

Als Traditionslok nach Mustern einer genau 100 Jahre früher gebauten Lok wurde diese Maschine 1979 für eine touristischen Schmalspurbahn gebaut. Das in zwei Feuerbüchsen eingespritzte Öl wird verbrannt und erzeugt in einem gemeinsamen Kessel Dampf. Der Hersteller, die bahneigene Werkstatt, hat moderne Techniken einfließen lassen, etwa einen elektronischen Tacho.

TYPEN-SCHILD

Hersteller: Festiniog Railway
Lieferung/Indienststellung: 1979
Spurweite: Schmalspur (600 mm)
Achsfolge: B'B'
Länge über Puffer: 9,2 m
Gewicht: 40,0 t
Treibraddurchmesser: 1.400 mm
Höchstgeschwindigkeit: 40 km/h
Leistung: 85 kW

Nr. 12

Für den Nahverkehr auf ihrer 21 km langen Linie beschaffte die britische Romney, Hythe & Dymchurch Railway 1983 diese dieselmechanische Kleinlok. Sie wurde mit einem 90 kW starken Perkins-Motor versehen. Sie sollte vor allem die Beförderung von 200 Schülern gewährleisten. Die Lok wurde sehr leicht gebaut, um die Betriebskosten möglichst niedrig zu halten.

Nr. 12. Bild: Sammlung Udo Paulitz

TYPEN-SCHILD

Hersteller: TMA Engineering
Lieferung/Indienststellung: 1983
Spurweite: Schmalspur (381) mm
Achsfolge: B'B'
Länge über Puffer: 6,4 m
Gewicht: 6,0 t
Treibraddurchmesser: 1.400 mm
Höchstgeschwindigkeit: 40 km/h
Leistung: 90 kW
Stückzahl: 1

99 5606. Bild: Klaus Kieper

Baureihe 99^{560}

Diese Kleinbahnloks der Firma Vulcan wurden ab 1893 auf den von Barth ausgehenden Franzburger Kreisbahnen eingesetzt. Sie wurde als Lenz-Gattung "i" bezeichnet. Die Nassdampf-Tenderloks gelangte nach dem Zweiten Weltkrieg in den Bestand der Deutschen Reichsbahn und wurden mit den Betriebsnummern 99 5601 bis 99 5606 versehen.

TYPEN-SCHILD

Hersteller: Vulcan
Lieferung/Indienststellung: 1893
Spurweite: Meterspur (1.000 mm)
Achsfolge: B n2t
Länge über Puffer: 5,8 m
Gewicht: 12,0 t
Treibraddurchmesser: 760 mm
Höchstgeschwindigkeit: 30 km/h
Leistung: 47 kW
Stückzahl: 6

99 4301

Als Werkslokomotive einer Zuckerfabrik nördlich von Magdeburg wurde diese Lok 1920 beschafft. Als nach dem Zweiten Weltkrieg die Sowjets die Fabrik als Reparationsleistung abbauten, war die kleine Lok vergessen worden. Sie wurde der Kreisbahn Burg überstellt. Die Lok war sehr wendig, aber für Streckenfahrten nicht geeignet. 1975 wurde sie in Gommern als Denkmal aufgestellt.

TYPEN-SCHILD

Hersteller: Orenstein&Koppel
Lieferung/Indienststellung: 1920
Spurweite: Schmalspur (750 mm)
Achsfolge: C n2t
Länge über Puffer: 5,6 m
Gewicht: 9,8 t
Treibraddurchmesser: 820 mm
Höchstgeschwindigkeit: 15 km/h
Leistung: 37 kW
Stückzahl: 1

Ehemalige Werkslok 99 4301. Foto: Klaus Kieper

WR 550 D 14

Die Wehrmacht baute im Zweiten Weltkrieg drei Rangierloks, die etwa 550 PS Leistung aufwiesen. Es kam nur zum Bau von drei Maschinen von drei verschiedenen Herstellern. Das Flüssigkeitsgetriebe steuerte Voith bei. Die Lok von Deutz hatte einen Achtzylinder-, die beiden anderen einen Sechszylinder-Motor. Eine landete in Palästina, eine andere in Warschau.

TYPEN-SCHILD

Hersteller: BMAG, Deutz, O&K
Lieferung/Indienststellung: 1942
Spurweite: Normalspur mm
Achsfolge: D
Länge über Puffer: 10,7 m
Gewicht: 56,0 t
Treibraddurchmesser: 1.400 mm
Höchstgeschwindigkeit: 120 km/h
Leistung: 400 kW
Stückzahl: 3

WR 550 D 14. Bild: Sammlung Dirk Winkler

399 703

Die Heeresfeldbahnlok HF 130 C wurde von der Deutschen Reichsbahn als Köf 6003 eingesetzt und fand ihren Einsatzort auf der Ostseeinsel Rügen. 1992 bekam sie die Betriebsnummer 399 703, wurde von der DB AG jedoch bald darauf abgestellt. Seit 1996 gehört sie der Rügenschen Kleinbahn.

TYPEN-SCHILD

Hersteller: k.A.
Lieferung/Indienststellung: 1955
Spurweite: Schmalspur
Achsfolge: C
Länge über Puffer: 5,3 m
Gewicht: 16,0 t
Treibraddurchmesser: 700 mm
Höchstgeschwindigkeit: 20 km/h
Leistung: 96 kW
Stückzahl: 1

399 703. Bild: Sammlung Udo Paulitz

T 2 auf der Pfahljochstrecke. Bild: Dieter Riehemann

„T2"

Die Inselbahn auf Juist beschaffte bei Talbot 1959 diesen kleinen Triebwagen des Typs „Eifel I" mit einem Sechszylinder-Motor von Deutz. Er hatte sich bereits seit 1950 bei den Euskirchener Kreisbahnen sehr gut bewährt. Der „T 2" mit der Fabriknummer 94429 wurde 1982 in betriebsfähigem Zustand an den Deutschen Eisenbahn-Verein nach Bruchhausen-Vilsen verschenkt, kehrte aber wieder nach Juist zurück.

TYPEN-SCHILD

Hersteller: Talbot
Lieferung/Indienststellung: 1959
Spurweite: Meterspur
Achsfolge: (1A)'(A1)'-dm
Länge über Puffer: 14,6 m
Gewicht: 10,0 t
Treibraddurchmesser: 850 mm
Höchstgeschwindigkeit: 23 km/h
Leistung: 107 kW
Stückzahl: 1

„Carl"

Ebenfalls zur Juister Inselbahn gehörte die Motorlokomotive „Carl", die 1936 von Deutz hergestellt wurde. Der Dreizylinder-Rohöl-Motor leistete 55 kW und reichte völlig für die Aufgaben im Inselbetrieb aus. Mit der Indienststellung von „Carl II" 1966 erhielt sie den Namenszusatz „Carl I". 1968 wurde die Lok an eine Firma in Norden verkauft, die sie noch eine Zeit lang als Werkslok einsetzte.

Lok „Carl". Bild: Dieter Riehemann

TYPEN-SCHILD

Hersteller: Deutz
Lieferung/Indienststellung: 1936
Spurweite: Meterspur
Achsfolge: B-dm
Länge über Puffer: 5,5 m
Treibraddurchmesser: 850 mm
Leistung: 55 kW
Stückzahl: 1

„Spiekeroog Lok 6"

Am Spiekerooger Anleger: Lok 6. Bild: Dieter Riehemann

Im Oktober 1965 wurde an die Inselbahn Spiekeroog in der Nordsee die Motorlokomotive Spiekeroog „6" ausgeliefert. Sie fuhr im regelmäßigen Zugdienst bis zur Einstellung des Betriebs im Jahr 1981. Als „Kö 4" wurde sie auf die Insel Langeoog überstellt und 1999 modernisiert.

TYPEN-SCHILD

Hersteller: Schöma
Lieferung/Indienststellung: 1965
Spurweite: Meterspur
Achsfolge: B-dh
Länge über Puffer: 5,5 m
Gewicht: 10,0 t
Treibraddurchmesser: 850 mm
Höchstgeschwindigkeit: 23 km/h
Leistung: 37 kW
Stückzahl: 1

„B-Kuppler" E 2/2

Die Schweiz hatte 1882 mit dem Gotthardtunnel ein Meisterwerk der Technik errichtet. Jetzt konnten Güterzugtransporte hier über die Alpen geschafft werden. Die Gotthardbahn beschaffte deshalb bei der Schweizerischen Lokomotiv- und Maschinenfabrik kleine, aber kräftige Zweikuppler. Meist waren sie in Doppeltraktion unterwegs und konnten Züge bis 100 t mit 50 km/h über die Gotthardstrecke ziehen. Später landeten sie im Rangierdienst.

TYPEN-SCHILD

Hersteller: SLM Winterthur
Lieferung/Indienststellung: 1871
Spurweite: Normalspur
Achsfolge: B
Länge über Puffer: 6,89 m
Gewicht: 30,0 t
Treibraddurchmesser: 1.330 mm
Höchstgeschwindigkeit: 50 km/h
Leistung: k.A.
Stückzahl: k.A.

Der B-Kuppler E 2/2. Bild: Sammlung Udo Paulitz

102 055. Bild: Mehnert/Sammlung Hahn

Baureihe V 23^0 (102^0)

Die 1967-69 angeschaffte Baureihe V 23° wurde gebaut, um den Bedarf an Rangier- und Werkslokomotiven zu decken. Sie wurde 1970 zur Baureihe 102° umgezeichnet. Sie war eine Weiterentwicklung aus der V 15. Die Sechszylinder-Motoren arbeiteten nach dem Vorkammerverfahren und leisteten 162 kW. Ihre Nachfolgerin war 1970 die 102^1.

TYPEN-SCHILD

Hersteller: LKM Babelsberg
Lieferung/Indienststellung: 1967-69
Spurweite: Normalspur
Achsfolge: B
Länge über Puffer: 6,9 m
Gewicht: 23,0 t
Treibraddurchmesser: 1.000 mm
Höchstgeschwindigkeit: 40 km/h
Leistung: 162 kW
Stückzahl: 80

Baureihe 102^1

Der Volksmund gab der Baureihe 102^1 den Beinamen „Gartenlaube" wegen ihrer orangefarbenen Farbgebung und ihrer kantigen Erscheinung. Der Sechszylindermotor erreichte im Streckengang bis zu 40 km/h. Sie war eine Weiterentwicklung der Baureihe 102°.

TYPEN-SCHILD

Hersteller: LKM Babelsberg
Lieferung/Indienststellung: 1970
Spurweite: Normalspur
Achsfolge: B
Länge über Puffer: 8 m
Gewicht: 24,3 t
Treibraddurchmesser: 1.000 mm
Höchstgeschwindigkeit: 40 km/h
Leistung: 162 kW
Stückzahl: 157

Die „Gartenlaube" abgestellt. Bild: Uwe Miethe

Die Größten

„Size does matter", diesen Eindruck hat man jedenfalls, wenn man sich die „Big Boy"-Lokomotiven in den USA anschaut. Aber auch in Deutschland gab es große Maschinen, die vor allem im Zweiten Weltkrieg die Kriegsgüterproduktion vorantreiben sollten...

Die berühmte S-Kurve auf der westlichen Seite des Sherman Hill. Die riesige Challenger 3984 kämpft sich sichtlich den Berg hinauf. Eine Challenger ist derzeit die mit Abstand größte betriebsfähige Lokomotive der Welt.
Bild: Sammlung Degener

X3984

Giganten auf Schienen – eindrucksvolle Maschinen

Auch der Lokomotivbau fing klein an

Die ersten Dampflokomotiven waren – wie sollte es auch anders sein – noch winzig kleine Maschinen. Und das in jeder Beziehung. Leistung und Gewicht waren – ebenso wie die Abmessungen der Lokomotiven – sehr klein. Das markanteste und größte Merkmal waren die langen Schornsteine, die fast die Länge der Maschine selbst errreichten. Stephensons „Rocket" besaß eine Gesamtlänge über Puffer von 6,56 m und auch der „Adler", mit dem 1835 der Betrieb auf der Bayerischen Ludwigsbahn von Nürnberg nach Fürth aufgenommen wurde, war mit 7,62 m nur wenig größer.
Die baulichen Längen der anfangs mit nur jeweils einer Treib- und Laufachse, sowie einem zweiachsigen Tender ausgerüsteten Maschinen änderten sich zunächst nur wenig. Als dann die steigenden Beförderungsleistungen den Bau stärkerer Lokomotiven, deren Gewicht sich auf eine erhöhte Achszahl verteilen musste, erforderlich machte, wuchsen die Abmessungen der Maschinen entsprechend. Bald hatte sich die dreiachsige Longboiler-Bauart durchgesetzt, deren Mitglieder mit bis zu 14 m Länge schon deutlich größer waren. Auch das war natürlich noch lange nicht der Länge letzter Schluss. Preußens berühmte 2'B-Schnellzuglokomotive S 3 von 1893 maß über Puffer bereits 17.561 mm und die etwa zur gleichen Zeit als Vierkuppler gebaute preußische Güterzuglokomotive G 7 war mit 16620 mm Baulänge einschließlich des Tenders nur wenig kürzer. 1906 erreichte die bayerische Rekordlok S 2/6 mit der Achsfolge 2'B2' eine Gesamtlänge von 21.182 mm, was von der ebenfalls von Maffei gebauten „hochhaxigen" bayerischen Pacific-Lokomotive S 3/6 (Baureihe 18^4) mit 22.095 mm wiederum übertroffen wurde. Zusammen mit der österreichischen Schnellzuglokomotive der Reihe 310 mit der Achsfolge 1'C2' und 21.404 mm Länge, waren dies die größten Maschinen in Mitteleuropa vor Beginn des Ersten Weltkrieges. Noch größer waren einige Schlepptendermaschinen der von der Deutschen Reichsbahn ab 1925 in Auftrag gegebenen Einheitslokomotiven. Die Länge der Drehscheiben setzte auch ihrer baulichen Länge Grenzen. Die bekannte Schnellzuglok der Baureihe 01 kam auf eine Länge von 23.940 mm, die Stromlinienlok der Reihe 05 auf 26.265mm und die riesige 06 gar auf 26.520 mm. Als größte Güterzugmaschine ist die Baureihe 45 mit 25.645 mm dokumentiert.

Hier verlässt 05 002 Hamburg in Richtung Berlin. Die schwergängigen Jalousien vor dem Triebwerk blieben offen. Bild: Ernst Schörner/Sammlung A. Knipping

Amerikanische Längengiganten

Was die Lokomotivgrößen anbelangt, gingen die amerikanischen Hersteller schon bald in Führung. Über viele Jahre waren in den USA Lokomotiven mit der Radsatzanordnung 2'B auch im Schnellzugdienst sehr gebräuchlich. Um die Jahrhundertwende erreichten diese mittlerweile recht schwer ausgeführten Maschinen Baulängen bis zu 21 m. 1902 stellten die Chesapeake & Ohio Railways die Pacific-Lok der Reihe F 15 in Dienst, die 22.555 mm lang war. Kaum kürzer dürfte die erstmals 1899 gebaute 2'D-Güterzuglokomotive der Reihe 640 der Illinois Central Railroad Company gewesen sein. Die ab 1914 für die Pennsylvania Railroad Company gefertigte Schnellzuglok der Reihe K 4 s hatte bereits eine Länge von 25.451 mm. Noch größer waren die etwa seit Mitte der 1920er Jahre gefertigten Lokgiganten mit den Achsfolgen 2'D1' (Mountain) und besonders 2'D2' (Northern), die schwerste

Expresszüge mit hohen Geschwindigkeiten über die weiten Ebenen ziehen konnten. Einschließlich ihrer sieben- oder sogar achtachsigen Großraumtender konnten sie eine Baulänge von bis zu 37 m erreichen. Noch gigantischere Ausmaße hatten die überschweren Mallet-Lokomotiven, welche die amerikanischen Bahngesellschaften für die zahlreichen Gebirgsstrecken durch die Rocky Mountains aber auch andere Bergstrecken in Dienst nahmen. Nimmt man die gewaltigen Güterzuglokomotiven „Big Boys“ der Union Pacific Railroads mit der Achsfolge (2'D)D2', so muss man diesem riesigen Koloss eine Baulänge von genau 39.852 mm attestieren. Die Maschine selbst war 25.991 mm lang und hatte eine Bauhöhe von 4.941 mm.
Wer nun meint, diese Lokomotiven der Superlative wären in der Baulänge nicht mehr zu übertreffen, sollte sich getäuscht haben. Eine Maschine war mit 42.740 mm noch länger. Diesen Rekord hält die 1939 gebaute, so genannte „Big Engine“ des Typs S 1 der Pennsylvania Railroad. Diese Einrahmen-Duplex-Lok mit der ungewöhnlichen Achsfolge 3'BB3' und war dazu ausersehen, schwerste Schnellzüge mit 1.600 t und mehr in der Ebene mit rund 200 km/h Dauergeschwindigkeit zu befördern. Hier hatte man zuviel des Guten getan, denn die Lok war eindeutig zu groß geraten. Neben der großen Schleuderneigung der beiden Triebwerke war die zu große Baulänge dafür verantwortlich, dass die Lok in engen Kurven schnell entgleiste. So blieb sie ein Einzelstück und wurde schon nach wenigen Jahren verschrottet.

Die Challenger gehörte zu den größten amerikanischen Dampfloks. hier fährt Nr. 3985 mit 100 km/h über den Altomont-Pass im Norden Kaliforniens.
Bild: Karl-Wilhelm Koch

Moderne Traktionen in außergewöhnlicher Größe

Elektro- und Diesellokomotiven haben in der Regel kleinere Ausmaße, da sie im Gegensatz zur Dampflok keinen Tender zum Mitführen der Vorräte benötigen. Zu den wichtigsten Vorreitern bei der Einführung elektrischer Triebfahrzeuge gehörten die Bahnen der Vereinigten Staaten. Zwischen 1909 und 1920 stellten verschiedene Privatbahnen leistungsstarke elektrische Schnellzuglokomotiven in Dienst, die Baulängen zwischen 20 und 23 m aufwiesen. Die kanadische Doppellokomotive Nr. 9000 aus dem Jahr 1929 maß genau 28.676 mm.
Die größte und gleichzeitig auch die schwerste deutsche Elektrolok war die mächtige E 95 mit 20.900 mm Länge. Auf diese Größe brachten es auch amerikanische Diesellokomotiven, die in den 1950er-Jahren zur Ablösung der Dampftraktion antraten. Fast schon einem Tausendfüßler ähnlich war die aus drei Teilen bestehende, 14-achsige Elektrolok der Reihe Dm + Dm3 der Schwedischen Staatsbahn. Sie brachte es auf eine Länge von 35.250 mm. Und die mächtige Schweizerische Ae 8/14 aus dem Jahr 1938 war mit 34.010 mm auch nicht zu verachten. Dagegen wirken Maschinen wie die für hiesige Begriffe mit 19.500 mm schon ziemlich große 103 der DB recht klein.

Big Boy 4003 mit 86-Wagen-Zug bei der Ausfahrt aus Cheyenne, WY im August 1957
Bild: Sammlung Degener

Big Boy

Der „Big Boy" gilt vielen als die größte Dampflokomotive der Welt. Die Union Pacific, die schon mit dem Challenger einen Meilenstein setzte, brauchte eine noch schwerere, zugkräftige Maschine für die steilen Rampen in den Rockies.

Bislang musste für diese Streckenabschnitte immer eine zusätzliche Vorspannlok abgestellt werden. Das kostete viel Zeit und Personal, das angesichts des gerade stattfindenden Zweiten Weltkriegs ohnehin knapp war. Otto Jabelmann von ALCo schuf eine Lok mit zwei Drehgestellen, die je zwei Laufachsen und vier

Treibachsen besaßen. Diese Baureihe wurde als Class 4000 oder Big Boy bezeichnet. Die 40,5 Meter langen Maschinen bewegten Güterzüge mit bis zu 6.000 t. Die letzten Loks der Class 4000 wurden 1959 abgestellt. Mehrere sind als Denkmalloks erhalten, fahrbereit ist hingegen keine mehr.

Big Boy Class 4000 der UP Railroad vor einem gemischten Güterzug auf dem Hochplateau im südlichen Wyoming westlich vom Hermosa Tunnel beim Anstieg zum Sherman Hill am 4. Juli 1955.
Bild: Tom Klinger Collection

TYPEN-SCHILD

Hersteller: ALCo
Lieferung/Indienststellung: 1941–1944
Spurweite: Normalspur
Achsfolge: (2'D)D2'
Länge über Puffer: 40,5 m
Gewicht: 350,0 t
Treibraddurchmesser: 1700 mm
Höchstgeschwindigkeit: 130 km/h
Leistung: 4.626 kW
Stückzahl: 25

X3942

TYPEN-SCHILD

Hersteller: ALCo
Lieferung/Indienststellung: 1936–1944
Spurweite: Normalspur
Achsfolge: (2'C)C2'
Länge über Puffer: 37 m
Gewicht: 287,0 t
Treibraddurchmesser: 1.753 mm
Höchstgeschwindigkeit: 112 km/h
Leistung: k.A.
Stückzahl: 105

Challenger (UP)

Der „Challenger" war eine Mallet-Lok mit zwei dreiachsigen Triebwerken und jeweils zwei zusätzlichen Laufradachsen. Dieses Konstruktionsprinzip machte es möglich, eine 37 Meter lange Dampflok sicher durch die Kurven des Schienenstrangs zu führen und gleichzeitig die riesige Maschine zu tragen. Die Feuerbüchse hatte eine gewaltige Rostfläche von 12,3 m^2. Seine Höchstgeschwindigkeit im Reiseverkehr erreichte der Challenger auf der Strecke zwischen Los Angeles und Las Vegas. Überwiegend wurden diese gigantischen Loks allerdings vor schweren Güterzügen eingesetzt.
Abgesehen vom „Big Boy", der ebenfalls von ALCo gebaut wurde, war der Challenger die größte Dampflok der Welt. Ab 1945 wurden mehrere Exemplare auf Ölfeuerung umgebaut. 1958 unterlag der letzte Challenger dem Ansturm der erfolgreichen schweren Dieselloks. Die Nr. 3985 (siehe Abbildung im Vorwort zu diesem Kapitel) ist heute die weitaus größte betriebsfähige Dampflok der Welt.

Ein Challenger läuft 1957 als Vorspannlok des Big Boy „4019" vor einem Güterzug. Bild: Sammlung Degener

TYPEN-SCHILD

Hersteller: ALCo
Lieferung/Indienststellung: 1939
Spurweite: Normalspur
Achsfolge: 2'D2'
Länge über Puffer: 34,6 m
Gewicht: 222,0 t
Treibraddurchmesser: 2.032 mm
Höchstgeschwindigkeit: 176 km/h
Leistung: k.A.
Stückzahl: 15

Die starken Dampfloks der Reihe FEF-2 bewährten sich hervorragend in den USA.
Bilder: Sammlung Udo Paulitz

Class FEF-2 (UP)

Die Union Pacific Railroad (UP) beschaffte ab 1939 diese Loktype für den Schnellverkehr. Sie war die zweite Serie und folgte den 20 Baumustern der FEF-1 von 1938. 1944 folgten noch 10 Loks, die als FEF-3 in Betrieb genommen wurden. Die Maschinen bewährten sich hervorragend, erreichten mühelos Geschwindigkeiten bis 170 km/h. 1958 beendete die letzte FEF ihren Dienst. Bis auf ein Exemplar wurden alle verschrottet.
FEF bedeutete ausgeschrieben „Four eight four", was nichts anderes war als die amerikanische Achsformel der Lok: 4-8-4, also 2'D2'. Diese als „Northern" bekannte Bauart wurde zur Größten, die je für Personenzugloks verwendet wurde.

Class S1b (New York Central)

Diesen Lokomotiven gehörte die wichtige Hauptstrecke von New York nach Chicago, die von der New York Central Railroad bedient wurde. Mit dem sogenannten „Twentieth Century Limited" hatte sie einen der berühmtesten Schnellzüge zu führen. Die Tender hatten ein so großes Volumen, dass für die fast 1.500 km lange Strecke zwischen New York und Chicago nur ein einziges Mal frisch bekohlt werden musste.

Die Class S-1b bestand aus 25 Loks. Hinzu kamen ein Protoyp und ein Nachbau.
Bild: Sammlung Udo Paulitz

TYPEN-SCHILD

Hersteller: ALCo
Lieferung/Indienststellung: 1945–1946
Spurweite: Normalspur
Achsfolge: 2'D2'
Länge über Puffer: 35 m
Gewicht: 213,0 t
Treibraddurchmesser: 2.007 mm
Höchstgeschwindigkeit: 208 km/h
Leistung: 4.412 kW
Stückzahl: 27

S-1b Nr. 6001 fährt im April 1952 aus dem Bahnhof von Albany Richtung Süden. Bild: Sammlung Udo Paulitz

Class J-3a (NYC) „Hudson"

Die Class J wurde für die New York Central Railroad ab 1926 gebaut, um Loks mit höherer Zugkraft als die Pacifics zu besitzen. Ihre Achsfolge 2'c2' bekam den Namen „Hudson". In den Vereinigten Staaten war es ja eine liebgewonnene Tradition, bestimmten Achsanordnungen eigene Namen zu verpassen.
1937 – die ersten beiden Baulose waren 1932 abgeschlossen worden – wurden 50 Hudsons bestellt, die in einer um 20% verstärkten Version J3a gebaut wurden. Zehn davon wurden von dem Industriedesigner Henry Dreyfus in eine Stromlinienverkleidung gesteckt. Das Besondere daran war, dass die Lokform nicht mehr versteckt, sondern betont wurde. Die J3a war eine Zweizylinderlok und wog 163 Tonnen, in ihrem Tender führte sie 42 Tonnen Kohle und 68 m^3 Wasser mit. Ihre Verbrennungskammer hatte eine Länge von 1,1 Metern. Der Kesseldruck von 19,3 kp/cm^3 wurde im Planbetrieb später auf 18,6 kp/cm^3 gesenkt. Nach dem Zweiten Weltkrieg wurde die Stromlinienhülle wieder entfernt. 1956 wurde die letzte J3a durch eine Diesellok ersetzt.

TYPEN-SCHILD

Hersteller: Alco, Lima
Lieferung/Indienststellung: 1937
Spurweite: Normalspur
Achsfolge: 2'C2'
Länge über Puffer: 32 m
Gewicht: 163,0 t
Treibraddurchmesser: 2.007 mm
Höchstgeschwindigkeit: 193 km/h
Leistung: 3.228 kW
Stückzahl: 275

Die Class J-3a der New York Central vor dem „Empire State Express“ und mit der Nummer „5426“ im kalten Dezember 1941. Kleines Bild: Sammlung Udo Paulitz, großes Bild: H. K. Vollrath/Sammlung Degener

Class J in ganzer beeindruckender Größe. Bild: Martin Weltner

TYPEN-SCHILD

Hersteller: Roanoke Shops
Lieferung/Indienststellung: 1941–1950
Spurweite: Normalspur
Achsfolge: 2'D2' h
Länge über Puffer: 30 m
Gewicht: 224,0 t
Treibraddurchmesser: 1.778 mm
Höchstgeschwindigkeit: 177 km/h
Leistung: 4.412 kW
Stückzahl: 388

Class J (N&W)

Für viele gilt die Stromlinienbaureihe der Class J als Nonplusultra der Dampfloks. Sie ist auf jeden Fall außergewöhnlich, denn produziert wurden die Loks ab 1941 von den zur Bahngesellschaft Norfolk & Western Railway gehörenden Roanoke Shops, nicht von einem der großen Hersteller. Die Zylinderleistung soll bei 6.000 PS gelegen haben. Sie gilt als die stärkste Reihe der Northern-Bauart und führte berühmte Züge wie den „Powhattan Arrow".

Class J „611" der N&W Northern führt mit stilechter Garnitur Ausflugsfahrten im Rahmen des NS Steam Program durch. Hier finden wir den Excursion Train am 6. September 1982 bei Covesville, VA. Bild: Bruce Tiffany

242.A.1

Die 242. A.1 war kein Neubau, sondern ein Umbau aus der 241 der Etat.
Bild: Sammlung Udo Paulitz

TYPEN-SCHILD

Hersteller/Umbau: André Chapelon
Lieferung/Indienststellung: 1946
Spurweite: Normalspur
Achsfolge: 2'D2'
Länge über Puffer: 27 m
Gewicht: 148,0 t
Treibraddurchmesser: 1.950 mm
Höchstgeschwindigkeit: 151 km/h
Leistung: 3.900 kW
Stückzahl: 1

Der Ingenieur André Chapelon wird von vielen als der beste Lokomotivkonstrukteur der Welt angesehen. Leider kam er wohl zu spät, denn die mächtigen Leute in der französischen SNCF, die 1938 die verschiedenen Privatbahnen der Grande Nation vereinigte, setzten voll auf die Karte der Elektroloks.
Sein Meisterwerk war der Umbau der Mountain-Lok 241 101, die man wegen ihrer schlechten Laufeigenschaften bereits aufgegeben hatte. Diese Lok baute er zu einer Niagara um und machte sie zur leistungsstärksten französischen Dampflok überhaupt. Er verstärkte den Lokrahmen und spendierte der Maschine eine zusätzliche Laufachse. Die Dreizylinder-Verbundbauart de Glehn wurde dadurch so geändert, dass innen nur noch ein Hochdruck-Innenzylinder lag,außen die beiden Niederdruckzylinder. Die Laufeigenschaften verbesserte Chapelon durch eine Rollen-Rückstellvorrichtung für das vordere Drehgestell und selbststellende Achslagerkeile. Das Leistungsvermögen dieser Maschine war beeindruckend und übertraf sogar das der zeitgenössischen Elektroloks. Doch sie bekam nie eine Chance, alles zu zeigen was sie konnte. 1960 zog man sie aus dem ohnehin untergeordneten Verkehr und entsorgte sie.

Nr. 1401 der von Baldwin gebauten I-5. Bild: Sammlung Udo Paulitz

TYPEN-SCHILD

Hersteller: Baldwin
Lieferung/Indienststellung: 1937
Spurweite: Normalspur
Achsfolge: 2'C2'
Länge über Puffer: 29 m
Gewicht: 165,0 t
Treibraddurchmesser: 2.032 mm
Höchstgeschwindigkeit: 193 km/h
Leistung: k.A.
Stückzahl: 10

Class I-5 (NH)

Baldwin war der weltgrößte Hersteller von Dampflokomotiven. Für die New York, New Haven & Hartford Railroad (NH) baute er 1937 zehn Fahrzeuge, die im Schnellzugverkehr zwischen New Haven und Boston eingesetzt werden und dafür erstmals in den USA in eine Stromlinienhaut schlüpfen sollten. Die Achsfolge wurde nach der Class J als „Hudson" bezeichnet.
Ihr Plus waren im Vergleich zu den Vorgängerloks I-4 die um 65% niedrigeren Unterhaltskosten bei dennoch höherer Zugkraft. Da die Strecke nicht schneller als mit 113 km/h befahren werden durfte, blieb ihre Höchstgeschwindigkeit leider nur theoretisch.

Diese Baureihe hatte als erste amerikanische eine Stromlinienverkleidung.
Bild: Sammlung Udo Paulitz

Baureihe 06

Obwohl bereits 1934 beauftragt, verzögerte sich die Lieferung der 06er bis 1939, da es vor allem mit dem Kessel große Probleme gab. Auf Anweisung des Chefs des Reichszentralamts für Maschinenbau Wagner war zur Leistungssteigerung ein Langrohrkessel gebaut worden. Den gleichen hatte zwar auch die Baureihe 45, doch diese Güterzugloks erreichten nicht die kritischen Geschwindigkeiten. Die US-Hersteller hatten gezeigt, dass eine Vergrößerung der Verdampfungsheizfläche der richtige Weg war. Wegen Kesselschäden fuhren die Loks nur unregelmäßig und wurden nach dem Krieg ausgemustert.

Die stärkste in Deutschland gebaute Schnellzug-Dampflok stammte von der Firma Krupp in Essen. Bild: Sammlung Udo Paulitz

TYPEN-SCHILD

Hersteller: Krupp
Lieferung/Indienststellung: 1939
Spurweite: Normalspur
Achsfolge: 2'D2' h3
Länge über Puffer: 26 m
Gewicht: 222,0 t
Treibraddurchmesser: 2.000 mm
Höchstgeschwindigkeit: 140 km/h
Leistung: 2.058 kW
Stückzahl: 2

Ein Riese, der die Grenzen des Möglichen überschritt: die Baureihe 06. Bild: Hermann Maey/Sammlung Andreas Knipping

In den 1930er-Jahren war die Stromlinienlok das Nonplusultra im Schnellverkehr. Die 05 003 wurde für bessere Sicht „umgedreht". Bild: Sammlung: Andreas Knipping

TYPEN-SCHILD

Hersteller: Borsig
Lieferung/Indienststellung: 1939
Spurweite: Normalspur
Achsfolge: 2′C2′
Länge über Puffer: 26,2 m
Gewicht: 118,5 t
Treibraddurchmesser: 2.300 mm
Höchstgeschwindigkeit: 200,4 km/h
Leistung: 1.837 kW
Stückzahl: 3

05 003 in Kriegsbemalung. Bild: Deutsches Lokomotivbildarchiv/Sammlung Andreas Knipping

05 003

Die letzte der drei Baumuster der Stromlinien-Baureihe 05 war 1939 als Versuchslok mit Kohlestaubfeuerung und einem vorn liegenden Führerstand gebaut worden. Sie war die erste deutsche Lok mit Verbrennungskammer. Bis zum Sommer 1944 stand sie auf dem Abstellgleis, als man auch sie für den „totalen Krieg" mobilisierte. Die Stromlinienhülle wurde abgenommen und es erfolgte ein Rückbau zur konventionellen Dampflok. Allerdings schaffte sie dann lediglich eine Laufleistung von 503 km. Von 1950 bis 1957 fuhr sie vor hochwertigen Fernzügen.

Serie 241 A der Est

Lok der Serie 241 A der Est. Bild: Sammlung Udo Paulitz

Für den schweren Personenverkehr brauchte die Compagnie de l'Est (Est) – das war die französische Ostbahn – eine leistungsfähige neue Lok. Statt der damals in Europa verbreiteten Pacific konstruierte Ingenieur Mestre eine Lok mit der Achsfolge 2'D1', die in den USA als „Mountain" bekannt wurde. Nach dem französischen Achsformel-System war das eine 241. Deshalb der Name.

Auf die Schiene kam die 241 A erst nach einer sechs Jahre währenden Test- und Verbesserungsphase. Sie machte optisch einen hervorragenden Eindruck, war auch sehr zuverlässig, doch die hohen Geschwindigkeiten, die beabsichtigt waren, erreichte sie nicht. Mitte der 1930er-Jahre wurde sie deshalb umgebaut, worauf sich die Leistung auf 2.720 kW erhöhte.

TYPEN-SCHILD

Hersteller: Fives Lille
Lieferung/Indienststellung: 1925
Spurweite: Normalspur
Achsfolge: 2'D1'
Länge über Puffer: 26 m
Gewicht: 123,0 t
Treibraddurchmesser: 1.950 mm
Höchstgeschwindigkeit: 120 km/h
Leistung: 2.425 kW/2.720
Stückzahl: 90

Diese Baureihe verband die Städte im Osten Frankreichs mit Paris. Bild: Sammlung Udo Paulitz

Umgezeichnete 19er in Wiesenburg im September 1973. Bild: Sammlung Clemens Hahn

Baureihe 19^0

Die DDR war alles andere als eine Wegwerfgesellschaft. Das Zauberwort in den Jahren nach dem Krieg hieß bei der DR „Rekonstruktion“ oder abgekürzt Reko. In dieses Programm fielen auch zwei sächsische Schnellzuglokomotiven aus der Zeit nach dem Ersten Weltkrieg, die bei der Reichsbahn als 19^0 bezeichnet wurden. Wichtigste Veränderung war der neue Verbrennungskammerkessel. Die Dampfmaschine wurde in Stahlschweißausführung neu konstruiert. 1967 kam es bei den beiden Lokomotiven zum Umbau auf Ölhauptfeuerung. So modernisiert konnten sie noch bis 1976 Aufgaben im Reisezugdienst wahrnehmen. Im Rahmen der Einführung eines EDV-tauglichen Nummerierungssystems wurden die beiden Loks in 04 0015 und 04 0022 umgezeichnet.

TYPEN-SCHILD

Hersteller: Hartmann
Lieferung/Indienststellung (Reko): 1919 (1964/65)
Spurweite: Normalspur
Achsfolge: 1'D1' h4v
Länge über Puffer mit Tender: 24 m
Gewicht: 108,0 t
Treibraddurchmesser: 1.905 mm
Höchstgeschwindigkeit: 120 km/h
Leistung: 1.250 kW
Stückzahl: 2

Diese Maschine wurde 1971 in Halle/Saale aufgenommen. Bild: Sammlung Schütze

Baureihe 42

Eine Kriegslok, konstruiert für schnelle Fertigung, war die Baureihe 42. Das abgebildete Baumuster war eines von zweien mit Brotankessel. Bild: Hermann Maey/Sammlung Andreas Knipping

TYPEN-SCHILD

Hersteller: Schwartzkopff, Esslingen, Wiener Lokfabrik
Lieferung/Indienststellung: 1943–1947
Spurweite: Normalspur
Achsfolge: 1'E h2
Länge über Puffer: 23 m
Gewicht: 85,0 t
Treibraddurchmesser: 1.400 mm
Höchstgeschwindigkeit: 80 km/h
Leistung: 1.323 kW
Stückzahl: 865

Bei den Einheitsloks wurden mit der Achsfolge 1'E zwei verschiedene Größen von Güterloks gebaut: Die schwere, für einen Achsdruck von 20 t ausgelegte 44er und die Baureihe 50 für 15 t. Man wollte eine Lok ohne ein aufwendiges Drillingsfahrwerk wie bei der Baureihe 44, die ähnlich wie die 52 schnell produziert werden konnte. Die Achsfahrmasse sollte bei 18 t liegen, also etwa der 03 entsprechen.
Außergewöhnlich waren zwei von Henschel (42 0001 und 42 0002) produzierte Baumuster, die den in Ungarn häufig vorkommenden Brotankessel verpasst bekamen. Sie waren die einzigen beiden Exemplare, die bereits 1943 ausgeliefert werden konnten.
Von den 8.000 geplanten wurden lediglich 865 fertig. Wegen ihrer schlechten Laufeigenschaften wurden die 701 von der Bundesbahn übernommenen Lokomotiven schon bis 1954 komplett ausgemustert. In der DDR, Österreich und einigen anderen Staaten wurde der 42 eine längere Dienstzeit gegönnt.

Foto einer 42 mit Mischvorwärmer. Bild: Carl Bellingrodt/Sammlung Andreas Knipping

Baureihe 01 (DB, mit Neubaukessel)

Die 01 war das Paradepferd der Einheitsloks der Reichsbahn. Auch nach dem Zweiten Weltkrieg konnte man noch lange nicht auf sie verzichten. Im Gegenteil: Für schwere Schnellzüge sollten mehrere Exemplare durch den Einbau eines modernen Hochleistungskessels ertüchtigt werden. Zwischen 1958 und 1961 baute man im Ausbesserungswerk Nied 50 Lokomotiven um. Verglichen mit der originalen Version hatten sie nur noch einen Domaufbau und einen flacheren Schornstein mit größerem Durchmesser. Die Strahlungsheizfläche war von 16,9 m^2 auf 22 m^2 erhöht worden, ebenso wurde die Überhitzerheizfläche vergrößert. Verdampfungsheizfläche und Rostfläche wurden hingegen kleiner.

TYPEN-SCHILD

Hersteller: AEG, Henschel, Krupp u.a.
Lieferung/Indienststellung: 1925 (Umbau: 1958-61)
Spurweite: Normalspur
Achsfolge: 2'C1' h2
Länge über Puffer: 23,9 m
Gewicht: 111,3 t
Treibraddurchmesser: 2.000 mm
Höchstgeschwindigkeit: 130 km/h
Leistung: 1.648 kW
Stückzahl: 50

Bei Roßtal zieht die 01 149 im Jahr 1963 einen Eilzug nach Stuttgart. Bild: Peter Ramsenthaler

Zum Vergleich eine 01 mit Altbaukessel: Die 01 165 Im Juni 1968 in Helmstedt. Bild: Willy Reinshagen

Baureihe VT 18^{16}

Eines der Prestigeobjekte der Deutschen Reichsbahn der DDR war dieser Schnelltriebwagen, der im hochwertigen internationalen Reiseverkehr zum Einsatz kam. Acht Exemplare wurden zwischen 1963 und 1968 gebaut. Ins Ausland fuhr der VT 18^{16} bis 1978, im Plandienst hielt er sich bis zum Herbst 1985.

Optisch erinnerte dieser Dieseltriebwagen sehr an die alten SVT 137 von Kruckenberg und an die VT 11^{5}, die die DB für den Trans Europ Express beschafft hatte. Innerlich waren sehr viele Elemente mit der Maschinenanlage der V 180 identisch. Zwei Zwölfzylinder-Motoren mit je 736 kW sorgten fürReisegeschwindigkeiten von bis zu 160 km/h. Reiseziele dieser Fahrzeuge waren unter anderem Kopenhagen, Malmö, Wien, Prag und Karlsbad. Weil die Elektrifizierung der Hauptstrecken immer weiter fortschritt, wurden die Triebwagen dieser Baureihe in den innerdeutschen Verkehr zurückgezogen. Neben Sonderfahrten absolvierten die VT 18^{16} vor allem die Strecke Berlin–Bautzen.

TYPEN-SCHILD

ersteller: VEB Görlitz
ieferung/Indienststellung: 1963-1968
purweite: Normalspur
chsfolge: B'2'+2'2'+2'2'+2'B'
änge über Puffer: 144 m
ewicht: 297,0 t
reibraddurchmesser: 950 mm
öchstgeschwindigkeit: 178 km/h
eistung: 1.472 kW
tückzahl: 8

Bei einer Probefahrt 1965 in Erkner. Bild: DR/Sammlung Rampp

Am 1. Mai 1997 in Chemnitz Bild: Uwe Miethe

ET 25/45/55/255

Mitte der 1930er-Jahre beschaffte die Reichsbahn für den Schnell- und Eilzugdienst diese zweiteiligen Triebzüge. ET 25 war die 1935 gelieferte Version, die 1939 durch den ET 55 mit geänderter Übersetzung für den Nahverkehr ergänzt wurde. Aus einem zerstörten ET 25 baute die DB 1950 einen Triebzug für die Höllentalbahn im Schwarzwald und ihre Wechselspannung von 20 kV/50 Hz wieder auf. Dieses Fahrzeug wurde später erneut umgerüstet und fand unter der Bezeichnung ET 45 weitere Verwendung. Die 1963 und 1965 modernisierten Fahrzeuge kamen im Bereich der DB hauptsächlich in Baden-Württemberg zum Einsatz. Ein in der DDR verbliebener ET 25 verkehrte im Raum Leipzig.

TYPEN-SCHILD

Hersteller: DR/DB
Lieferung/Indienststellung: 1935
Spurweite: Normalspur
Achsfolge: Bo'2'+2'Bo'
Länge über Puffer: 43–94 m
Gewicht: 110,0
Treibraddurchmesser: 970 mm
Höchstgeschwindigkeit: 90–120 km/h
Leistung: 1.540 kW
Stückzahl: 39

Von der Baureihe ET 25 wurden 39 Exemplare beschafft.
Bild: Sammlung GeraMond

Werksaufnahme mit der Bezeichnung el T 1823 a. Bild: AEG/Sammlung Knipping

Ein Probeexemplar der Baureihe ET 11 steht im Jahr 1935 auf dem alten Münchner Hauptbahnhof bereit für eine Testfahrt. Noch hat der Triebwagen keine Einsatzlackierung.
Bild: Sammlung Stephan Beständig

TYPEN-SCHILD

Hersteller: BBC, MAN, SSW
Lieferung/Indienststellung: 1935–1937
Spurweite: Normalspur
Achsfolge: Bo'2'+2'Bo'
Länge über Puffer: 43,5 m
Gewicht: 104,0–113,0 t
Treibraddurchmesser: 1.100 mm
Höchstgeschwindigkeit: 160 km/h
Leistung: 1.250 kW
Stückzahl: 3

Baureihe ET 11

Die drei elektrischen Schnelltriebwagen ET 11 01-03 wurden in den 1930ern von der Reichsbahn in Auftrag gegeben, um die zu elektrifizierende Strecke Berlin – München zu bedienen. Dazu kam es bekanntlich erst mal nicht. Die Deutsche Bundesbahn setzte die zweiteiligen Züge vorzugsweise als F-Zug „Münchner Kindl" auf der Strecke München–Stuttgart– Frankfurt ein. ET 11 01 hatte bis 1950 einen Buchli-Antrieb, wurde dann mit einem Tatzlagerantrieb ausgestattet.

Häufig fuhr der ET 11 wie am 12. März 1958 in Doppeltraktion.
Bild: Sammlung Dr. Brian Rampp

Der erste Schritt zum ICE: Baureihe 403/404. Bild: Wolfgang Bügel

TYPEN-SCHILD

Hersteller: BBC, MBB, Siemens
Lieferung/Indienststellung: 1973
Spurweite: Normalspur
Achsfolge: Bo'Bo'+Bo'Bo'+Bo'Bo'+Bo'Bo'
Länge über Puffer: 109 m
Gewicht: 235,0 t
Treibraddurchmesser: 1050 mm
Höchstgeschwindigkeit: 200 km/h
Leistung: 3.840 kW
Stückzahl: 3

403 und 404

Für weniger frequentierte Tagesabschnitte auf Intercity-Strecken wurden die Baureihen 403/404 1970 in Auftrag gegeben, wobei 403 die Endwagen, und 404 die Mittelwagen waren. Dank der neuartigen Neigetechnik war ein schnelleres Fahren in den Kurven möglich. Der Volksmund verlieh den drei Triebzügen sehr schnell die humorvolle Bezeichnung „Donald Duck". Da sie nur eine Luxusklasse boten, mussten sie 1979 mit Einführung der 2. Klasse aus dem IC-Dienst ausscheiden.
Zwischen 1982 und 1993 kamen die drei Garnituren als Lufthansa Airport Express zum Einsatz. Sie verbanden die Flughäfen von Frankfurt, Köln-Bonn und Düsseldorf miteinander. Sie wurden zu diesem Zweck weiß-gelb lackiert.

Unzertrennlich wie Tick, Trick und Track. Bild: Wolfgang Bügel

Baureihe 52^{18-20}

Die Eroberung von Gebieten mit anderen klimatischen Bedingungen stellte die Hersteller von Lokomotiven im Zweiten Weltkrieg vor neue Herausforderungen. Eine davon war, Maschinen zu bauen, die auch in Regionen einsatzbereit waren, wo Wassermangel herrschte, zum Beispiel die weiten Steppengebiete im Süden der Sowjetunion. Die technische Lösung bei der Baureihe 52 war ein Kondenstender zur Abdampfrückgewinnung. Der Abdampf strömte über einen Ölabscheider in den Kondenstender. Dort kühlten Axialventilatoren und Kühlelemente den Dampf auf 90° C ab, so dass er sich als Wasser niederschlug. Das wurde wieder in den Kessel zurückgeführt. Entfernungen von 1.200 km konnten so überbrückt werden.

Porträtfoto der Kondenslok 52 1853, die für wasserarme Gebiete gebaut war.
Bild: Archiv Bellingrodt/Sammlung Knipping

TYPEN-SCHILD

Hersteller: Henschel
Lieferung/Indienststellung: 1942–1951
Spurweite: Normalspur
Achsfolge: 1'E h2
Länge über Puffer: 22,9 m
Gewicht: 84,0 t
Treibraddurchmesser: 1.600 mm
Höchstgeschwindigkeit: 80 km/h
Leistung: 1.195 kW
Stückzahl: 178

TYPEN-SCHILD

Hersteller: Atchinson Topeka
Lieferung/Indienststellung: 1938–1944
Spurweite: Normalspur
Achsfolge: 2'D2'
Länge über Puffer: 36,8 m
Gewicht: 231,0 t
Treibraddurchmesser: 2.030 mm
Höchstgeschwindigkeit: 160 km/h
Leistung: 4.500 kW
Stückzahl: 65

Reihe 2900

Die Atchison, Topeka & Santa Fe Railway, kurz Santa Fe, verband Chicago mit Kalifornien und hatte mit der Überquerung der Rocky Mountains eine der schwierigsten Streckenführungen der Vereinigten Staaten zu bewältigen. Schlüsselstellen waren der Raton Pass und der Cajon Pass. Zu diesem Zweck brauchte sie leistungsfähige Lokomotiven. 1944 machte es der Krieg nötig, den Bau von Dieselloks zugunsten der Class 2900 zurückzustellen. Für die lange Strecke wurden riesige, achtachsige Tender beschafft. Die 2900er schafften Geschwindigkeiten bis 160 km/h und waren die schwersten Einrahmen-Dampfloks der Welt.

2900er mit verlängertem Schornsteinaufsatz. Bild: Sammlung Udo Paulitz

Baureihe 04 (02^{1})

Diese Baureihe, die lediglich aus zwei Baumustern besteht, war ein Versuch. Die Reichsbahn wollte neue Wege beschreiten, um die Leistungsfähigkeit ihrer Lokomotiven zu erhöhen, den Verbrauch aber zu senken. Die 04 waren Mitteldrucklokomotiven, das heißt im Vergleich zu herkömmlichen Loks war der Kesseldruck auf 25 bar erhöht worden. Ihr Äußeres wurde von der erfolgreichen Baureihe 03 übernommen. Die Umsetzung der Planungen übernahm die Firma Krupp. Sie testete auch bei den Kesseln: Einer war aus Kupfer-Mangan-Stahl, der andere aus Chrom-Molybdän-Stahl, den heute viele von ihren Werkzeugen zuhause kennen. Diese Variante bewährte sich hervorragend, während die andere 1939 nach einer Kesselexplosion zerstört wurde. Daraufhin wurden beide abgestellt.

Die Baureihe 04 wurde wegen ihrer unerwartet hohen Leistungsfähigkeit in den Büchern der Deutschen Reichsbahn 1935 „geadelt" und zur Baureihe 02^{1} umgezeichnet. Bild: Sammlung Knipping

TYPEN-SCHILD

Hersteller: Krupp
Lieferung/Indienststellung: 1932
Spurweite: Normalspur
Achsfolge: 2'C1' h4v
Länge über Puffer: 23,9 m
Gewicht: 106,0 t
Treibraddurchmesser: 2.000 mm
Höchstgeschwindigkeit: 130 km/h
Leistung: 1.700 kW
Stückzahl: 2

Einer von fünf gebauten ET 27. Bild: Helmut Säuberlich

Baureihe ET 27

Besonders im Nahverkehr und im S-Bahn-Betrieb bestand in den 1960er-Jahren großer Bedarf an leistungsfähigen Triebwagen. Die fünf Exemplare des ET 27 (später im EDV-Zeitalter Baureihe 427) erfüllten diese Aufgabe im Großraum Stuttgart. Abgesehen vom Mittelwagen waren alle Achsen angetrieben, um die nötigen Beschleunigungswerte zu erzielen, auf die es im Nahverkehr mit seinen vielen Haltestellen ankam. 1986 wurden die Fahrzeuge aus dem Verkehr gezogen, weil sie inzwischen einen sehr hohen Reparaturbedarf zu verzeichnen hatten.

TYPEN-SCHILD

Hersteller: AEG, BBC
Lieferung/Indienststellung: 1964
Spurweite: Normalspur
Achsfolge: Bo'Bo'+2'2'+Bo'Bo'
Länge über Puffer: 73 m
Gewicht: 134,0 t
Treibraddurchmesser: 900 mm
Höchstgeschwindigkeit: 120 km/h
Leistung: 1.834 kW
Stückzahl: 5

TYPEN-SCHILD

Hersteller: AEG, BBC
Lieferung/Indienststellung: 1952
Spurweite: Normalspur
Achsfolge: Bo'Bo'+2'2'+Bo'Bo'
Länge über Puffer: 80,3 m
Gewicht: 148,0 t
Treibraddurchmesser: 1.100 mm
Höchstgeschwindigkeit: 120 km/h
Leistung: 1.760 kW
Stückzahl: 24

Baureihe ET 30/ ET 56 ("Eierkopf")

Der „Eierkopf“. Bild: Albert Schöppner

Diese beiden Baureihen bildeten die „Elektrofraktion“ der sogenannten „Eierköpfe“. Die DB baute die ersten aus kriegsbeschädigten VT 92 wieder auf – den Begriff Reko hätte man dafür in der Adenauer-Zeit sicher nicht gern gehört. Die Nahverkehrsstrecken von Stuttgart und Nürnberg sollten die stromlinienförmigen „Eierköpfe” bekommen. Während die Variante ET 56 mit einer Höchstgeschwindigkeit von 90 km/h für den Nahverkehr bestimmt war, wurde der ET 30 auf 120 km/h gebracht und für den Fernverkehr gebaut. Der Rost wurde Mitte der 1980er ihr Schicksal.

TYPEN-SCHILD

rsteller: AEG
eferung/Indienststellung: 1927
urweite: Normalspur
hsfolge: 1'Co+Co1'
nge über Puffer: 20 m
wicht: 138,5 t
ibraddurchmesser: 1.400 mm
chstgeschwindigkeit: 70 km/h
stung: 2.418 kW
ckzahl: 6

Baureihe E 95

Mit dieser Baureihe holte sich die Reichsbahn ihre längsten und teuersten Elektroloks ins Boot. Die Maschinen hatten zwei Drehgestelle mit je drei Treibachsen und einer Laufachse. Sie hatten einen Tatzlagerantrieb. Im Dauerbetrieb waren ihr 50 km/h möglich, die Höchstgeschwindigkeit lag bei 70 km/h. Die 95er wurden in Schlesien stationiert und dienten dort vor schwersten Kohlenzügen. Die Sowjets krallten sich die Loks als Kriegsbeute, wussten aber nicht viel mit ihnen anzufangen. In den 1950er-Jahren, als in der DDR wieder unter Strom gefahren wurde, konnte man die E 95 zurückkaufen. 1970 wurde die letzte Lok ausgemustert.

Ein echtes Schwergewicht war die E 95. Bild: AEG/Sammlung Dr. Brian Rampp

SVT 137 „Hamburg"

Wumag in Görlitz baute diese zweiteiligen Dieseltriebwagen für den Schnellverkehr ab 1935. Die beiden Motoren mit je 302 kW stammten von Maybach, der elektrische Teil wurde von AEG und SSW geliefert. Die beiden Zugteile wurden auf einem Jakobsdrehgestell verbunden. An den Enden konnte man dank Scharfenbergkupplungen und Vielfachsteuerungen zusätzliche Garnituren mitlaufen lassen. Die Reisegeschwindigkeit lag bei bis zu 133 km/h. Bei der DB verliebene Exemplare wurden 1958 ausgemustert. In der DDR blieben sie bis Mitte der 1970er. In der Tschechoslowakei trugen die SVTs den Schnellverkehr der ČSD bis 1966 mit.

Der Schnellverkehr-Triebwagen SVT 137 Bauart „Hamburg".
Bilder: Hermann Maey/Sammlung Knipping

TYPEN-SCHILD

Hersteller: Henschel
Lieferung/Indienststellung: 1935–1936
Spurweite: Normalspur
Achsfolge: B'(2)'(2)'B'
Länge über Puffer: 44 m
Gewicht: 91,3 t
Treibraddurchmesser: 900 mm
Höchstgeschwindigkeit: 160 km/h
Leistung: 604 kW
Stückzahl: 13

Baureihe VT 08^5

Nach dem Zweiten Weltkrieg begann die DB mit der Modernisierung ihres Rollmaterials. Für den nichtelektrischen Fernverkehr wurden Dieseltriebwagen der Baureihe VT 08^5 beschafft, die mit ihrem überlegenen Beschleunigungsverhalten und ihrer guten Einsatzfähigkeit auf schlechteren Fahrwegen die alten Dampfloks ausstachen. Bis zur Fertigstellung des VT 115 trug der VT 085 den 1957 einsetzenden internationalen TEE-Verkehr. Die bisher allein vorhandene 2. Klasse wurde zur 1. umdeklariert, weil der TEE nur diese eine anbot. Bis 1971 wurden sie zu VT 12^6 umgebaut.

VT 08^5 der DB aus den Fünfzigern. Bild: Sammlung GeraMond

TYPEN-SCHILD

Hersteller: Donauwörth, Rathgeber
Lieferung/Indienststellung: 1952–1954
Spurweite: Normalspur
Achsfolge: B'2'+2'2'+2'2'
Länge über Puffer: 77 m
Gewicht: 121,0 t
Treibraddurchmesser: 930 mm
Höchstgeschwindigkeit: 140 km/h
Leistung: 736 kW
Stückzahl: 20

Baureihe ET 169

Auf dem Bild sieht man keinen Stromabnehmer, dennoch ist der ET 169 ein Elektrotriebwagen. Er wurde für die Berliner S-Bahn gebaut, die mit Stromschiene arbeitet. Ab 1922 wurden 56 Trieb- und 117 Beiwagen beschafft. Ab 1956 wurden 15 Triebzüge modernisiert. Die Fahrzeuge waren bei der Berliner S-Bahn unter Regie der DR bis 1962 im Dienst. Einige Triebwagen wurden 1966 für die U-Bahn umgebaut, wo sie zum Teil bis 1993 im Dienst standen.

TYPEN-SCHILD

Hersteller: DR
Lieferung/Indienststellung: 1922-1924
Spurweite: Normalspur
Achsfolge: Bo'2'+2+2+2+2'Bo'
Länge über Puffer: 71 m
Gewicht: 130,4 t
Treibraddurchmesser: 1.000 mm
Höchstgeschwindigkeit: 80 km/h
Leistung: 832 kW
Stückzahl: 22

Elektrotriebwagen Bauart „Bernau". Bild: Sammlung Alfred B. Gottwaldt

Triebwagen 410 (IC-Experimental)

Ab Herbst 1982 arbeitete man bei der DB fieberhaft an der Entwicklung einer neuen Generation von Triebzügen, die für den Hochgeschwindigkeitsverkehr vorgesehen waren. Dieses Exemplar war der Prototyp. Für eineinhalb Jahre war es nach seiner 406,9 km/h schnellen Fahrt das schnellste Schienenfahrzeug der Welt. Der IC-Experimental fährt nicht im Plandienst.

TYPEN-SCHILD

Hersteller: AEG, Krauss-Maffei
Lieferung/Indienststellung: 1985
Spurweite: Normalspur
Achsfolge: Bo'Bo'
Länge über Puffer: 113 m
Gewicht: 299,1 t
Treibraddurchmesser: 1.000 mm
Höchstgeschwindigkeit: 406,9 km/h
Leistung: 7.280 kW
Stückzahl: 1

1987 bei Wernfeld am Main. Bild: Albert Schöppner

Baureihe 280

Für den Vorortverkehr ließ die Deutsche Reichsbahn der DDR 1973/74 Triebzüge bauen, die bis 1978 ausgiebig getestet wurden. Doch außer einer kürzeren Phase des Einsatzes auf der Strecke Leipzig–Wurzen wurden diese Fahrzeuge nicht im Einsatz gesehen. Sie endeten als – Lagerräume.

TYPEN-SCHILD

Hersteller: LEW Hennigsdorf
Lieferung/Indienststellung: 1973
Spurweite: Normalspur
Achsfolge: 4(Bo'Bo')
Länge über Puffer: 97 m
Gewicht: 192,0 t
Treibraddurchmesser: 850 mm
Höchstgeschwindigkeit: 120 km/h
Leistung: 3.040 kW
Stückzahl: 2

280 007-6 auf dem Leipziger Hauptbahnhof 1976. Bild: Wolfgang Fiegenbaum

Baureihe VT 11^5

TYPEN-SCHILD

Hersteller: MAN, LHB, Wegmann
Lieferung/Indienststellung: 1957
Spurweite: Normalspur
Achsfolge: B'2+5(2'2)'+2'B
Länge über Puffer: 130 m
Gewicht: 214,0 t
Treibraddurchmesser: 1.400 mm
Höchstgeschwindigkeit: 140 km/h
Leistung: 1.620 kW
Stückzahl: 19

Für viele war der VT 11^5 nichts anderes als schlicht der TEE. Bild: Sammlung Andreas Knipping

Für den internationalen TEE, der 1957 gestartet wurde, beschaffte die DB 19 Exemplare des VT 11^5 mit seiner charakteristischen Front, dazu Mittelwagen. Der Triebwagen besaß zwei Zwölfzylinder-Dieselmotoren, die den Zug auf Spitzengeschwindigkeiten von 140 km/h bringen konnten.
Der Trend zur Lok Ende der 1960er-Jahre zog sie vom TEE zu den Intercity-Zügen ab, worauf sie dann zwei Jahrzehnte als „Alpen-See-Express" Urlauber in den Süden brachten. 1988 wurden sie aus dem Regelbetrieb genommen.

Baureihe VT 10^5

1953 wurden diese beiden Glieder-Triebzüge auf der Münchner Verkehrsausstellung erstmals vorgestellt. Ihr stromlinienförmiges Äußeres, das auf die Entwicklungsarbeit von Kruckenberg zurückging, machten sie attraktiv, doch im Betrieb kam es zu häufigen Problemen, weshalb sie bereits 1960 ausgemustert werden mussten.

TYPEN-SCHILD

Hersteller: Linke-Hoffmann-Busch
Lieferung/Indienststellung: 1954
Spurweite: Normalspur
Achsfolge: B'1'1'1'1'1'1'B'
Länge über Puffer: 96,7 m
Gewicht: 104,0 t
Treibraddurchmesser: 1.400 mm
Höchstgeschwindigkeit: 120 km/h
Leistung: 118 kW
Stückzahl: 2

VT 10^5. Bild: Helmut Säuberlich

Class T1

TYPEN-SCHILD

Hersteller: Baldwin
Lieferung/Indienststellung: 1945–47
Spurweite: Normalspur
Achsfolge: 2'BB2'
Länge über Puffer: 37,4 m
Gewicht: 226,0 t
Treibraddurchmesser: 1.778 mm
Höchstgeschwindigkeit: 193 km/h
Leistung: 4.817 kW
Stückzahl: 52

Das Styling der Lok stammt von Raymond Loewy. Bild: Sammlung Degener

Lange waren sie nicht auf Schienen zu sehen, die Stromliniendampfloks der Class T1. Zwei Loks wurden 1942 geliefert, 50 weitere 1945/46. Die Idee, zwei unabhängige Triebwerksgruppen nach Mallet-Bauart anzutreiben (dieses Konstruktionsprinzip wurde als Duplex-Bauart bekannt), war nicht dumm. Doch die Triebwerke gerieten gern ins Schleudern und die Maschinen waren teuer im Unterhalt. So wurde die T1 schon um 1949 durch Diesellokomotiven ersetzt.

Baureihe VT 12^{14}

Zur Ergänzung ihrer Dieseltriebwagen für den Schnellverkehr erhielt die DR aus Ungarn 1953 drei Fahrzeuge mit zwei Zwölfzylinder-Motoren. Mit bis zu 125 km/h verbanden sie Ostberlin mit Leipzig, Rostock und Dresden, dann auch Brest-Litowsk und Budapest. Nach dem Unfall eines in die ČSD verkauften Baumusters stellte die DR ein Exemplar zur Verfügung, die beiden anderen wurden 1969 und 1972 abgestellt.

TYPEN-SCHILD

Hersteller: Ganz & Cie, Budapest
Lieferung/Indienststellung: 1954
Spurweite: Normalspur
Achsfolge: (1B)2'+2'2'+2'2'+2'(B1)
Länge über Puffer: 96 m
Gewicht: 198,0 t
Treibraddurchmesser: 2.300 mm
Höchstgeschwindigkeit: 125 km/h
Leistung: 662 kW
Stückzahl: 3

VT 12^{14} Bild: Dürlich/Sammlung Schütze

Baureihe VT 12^{5}

Stromlinie für den kleineren Geldbeutel bot sich der 1953 in Dienst gestellte VT 12^{5} an. Sie verbanden zunächst Köln und Dortmund, doch bereits nach einem Jahr kamen sie nach Hamburg und fanden ihr Revier in Schleswig-Holstein und Niedersachsen. 1982 kamen sie nach Braunschweig.

TYPEN-SCHILD

Hersteller: MAN, Donauwörth
Lieferung/Indienststellung: 1953–57
Spurweite: Normalspur
Achsfolge: B'2'+2'2'+2'2'
Länge über Puffer: 77,8 m
Gewicht: 121,0 t
Treibraddurchmesser: 1.950 mm
Höchstgeschwindigkeit: 140 km/h
Leistung: 736 kW
Stückzahl: 12

„Zweitklassig“: der VT 12^{5}. Bild: Archiv GeraMond

Baureihe SVT 137 „Leipzig“

Mitte der 1930er-Jahre erweiterte die Reichsbahn ihren Fuhrpark im Schnellverkehr durch vier Dieseltriebwagen der Bauart Leipzig. Ziel war Schlesien. Mit 205 km/h Spitze war er der schnellste Triebwagen der Reichsbahn. Die zwei Zwölfzylindermotoren leisteten je 442 kW.

TYPEN-SCHILD

Hersteller: Linke-Hofmann, Breslau
Lieferung/Indienststellung: 1935–36
Spurweite: Normalspur
Achsfolge: 2'Bo'2'
Länge über Puffer: 60 m
Gewicht: 124,0 t
Treibraddurchmesser: 2.000 mm
Höchstgeschwindigkeit: 160 km/h
Leistung: 883 kW
Stückzahl: 4

Schnell: der SVT 137 Bauart „Leipzig“. Bild: Sammlung Günther Dietz

Die Stärksten

Um schwere Güter mit hohem Tempo – womöglich auch noch auf Steigungen – befördern zu können, mussten die Lokomotiven immer leistungsfähiger werden. Die stärksten „Lasttiere“ werden in diesem Kapitel vorgestellt…

Die Class 25 NC der Südafrikanischen Eisenbahn ist stärker und leistungsfähiger als fast alle nicht-amerikanischen Dampfloks.
Foto: Stefan Hohnloser

Kraftpakete für schwere Lasten

Dampflokomotive und Eisenbahn – über lange Zeit standen diese Begriffe für Reisen und die Beförderung von Gütern. Mit der zum Ende des 18. Jahrhunderts mächtig aufblühenden Industrialisierung wurde der Ruf der Betriebe nach einer Energiequelle immer dringlicher, die nicht nur Maschinen antreiben, sondern auch zum Transport von Gütern eingesetzt werden konnte. Das war vor allem in den zahlreichen englischen Bergwerken der Fall, wo sich zwar schon seit Jahren stationäre Dampfmaschinen im Einsatz befanden, die Abfuhr der Kohle aber noch von Pferden bewältigt werden musste. Dabei wurde die Belastungsgrenze der tierischen Arbeitskraft bei weitem überschritten. Findige Mechaniker und Tüftler stellten daher die ersten fahrbaren Dampfmaschinen auf die Räder, um mit ihnen die geförderte Kohle zu den Bestimmungsorten abtransportieren zu können. Natürlich waren dies für heutige Begriffe geradezu primitive, kleine Maschinen mit einer sehr geringen Zugkraft. Aber bereits bei dem legendären Lokomotivrennen von Rainhill von 1829 besagten die Wettbewerbsbedingungen, dass die Lokomotiven einen Zug von mindestens 20 t mit wenigstens 16 km/h ziehen mussten. Das entsprach bei Stephensons Siegerlokomotive „Rocket" einer Leistung von ganzen 10 PS. Und 40 PS leistete der vom gleichen Hersteller gebaute „Adler", Deutschlands erste Lokomotive. 1837 entstanden jenseits des Atlantik gleich mehrere 2'B-Lokomotiven mit zwei angetriebenen Achsen, die schon über 2.000 kg Zugkraft am Haken entwickelten und für die Güterbeförderung geradezu ideal waren.

Die Leistungen dieser Maschinen genügten den gestiegenen Anforderungen schon bald nicht mehr. Während für die Personenbeförderung vielerorts die zwar schnellen, aber wenig zukräftigen Crampton-Lokomotiven mit nur einer angetriebenen Achse eingesetzt wurden, mussten die im Güterzugdienst verwendeten Maschinen gänzlich anders beschaffen sein. Da hier die Leistung im Vordergrund stand, war es erforderlich, den Lokomotiven ein hohes Gewicht zu geben und sie mit mehreren angetriebenen Achsen und kleineren Rädern auszustatten. Um das Jahr 1860 war man in der Lage, Fahrzeuge dieser Art mit einer Zugkraft von bis zu 4.500 kg zu bauen. Noch größere Leistungen erbrachten Güterzuglokomotiven, die für den Einsatz im Gebirge konstruiert waren. So dürfte die 1851 gebaute Semmeringlok „Bavaria" noch um einiges stärker gewesen sein.

Starke Loks in Deutschland

Bei den deutschen Länderbahnen setzten sich zu Beginn der 1870er-Jahre dreifach gekuppelte Güterzuglokomotiven durch. Vorreiter waren die Preußischen Staatsbahnen, die solche als G 3 bzw. G 4 bezeichnete, etwa 500 PS starken Dampfloks in

In den USA tragen schwere Dieselloks die Hauptlast des Verkehrs. Zwei Loks des Typs F 40 PH haben hier den „Vermonter" am Haken.

Bild: Michael Hubrich

großen Stückzahlen beschafften. Als die Zuglasten weiter anstiegen, folgten Vierkuppler der Reihen G 7 und G 8, die in großen Serien über Jahre gebaut wurden und bis zu 1.260 PS leisteten. Noch stärker waren die 1'E-Maschinen der Reihe G 12 und besonders die württembergische K mit der Achsfolge 1'F, deren Leistung schon fast die 2000-PS-Marke erreichte. Auch bei den Schnellzugmaschinen war ein beständiger Leistungszuwachs zu vermelden. Die preußische S 6 als die stärkste Variante der um die Jahrhundertwende sehr verbreiteten Achsfolge 2'B kam auf 923 PS und die berühmten Vierzylinder-Verbundmaschinen S 101 der Bauart 2' C h4v auf 1.440 PS. Die damalige Spitzenstellung belegte die badische Pazific-Lokomotive IV h mit 1.850 PS. Die stärksten Dampflokomotiven des Einheitsbauprogramms der Deutschen Reichsbahn war bei den Schnellzugloks die 3.500 PS starke 2' D 2'-Baureihe 06, die gleichzeitig als die schwerste deutsche Lokomotive gilt. Bei den Güterzugmaschinen ist es zweifelsohne die Baureihe 45 mit der Achsfolge 1'E1', deren Kessel rund 3.000 PS erzeugen konnte. Noch deutlich mehr Leistung brachten Elektrolokomotiven. Bei wesentlich geringeren Abmessungen kamen einige Lokomotiven aus der Länderbahnzeit bereits auf maximal rund 1.300 PS. Einiges mehr noch konnten die Schnell- und Güterzugloks der Reichsbahnära aus ihren Motoren herauskitzeln. Allen voran die 1939 erstmals gebaute Schnellzuglok E 19, die 5.500 PS erzeugen konnte, gefolgt von der E 18 mit knapp 4.200 PS. Auch die schwere Güterzuglok E 94 brauchte sich bei 4.500 PS nicht zu verstecken.
Diese Leistungen wurden von den entsprechenden Nachkriegsmodellen natürlich noch um einiges übertroffen. Bereits die in großer Serie gebaute Elektrolok der Einheitsreihe E 10 (110) konnte mit 5.200 PS aufwarten, gefolgt von der sechsachsigen E 03 (103) mit 9.600 PS. Modernere Maschinen der Reihen 101 und 152 sind 8.700 PS stark und den Maximalwert von 11.000 PS hält nach wie vor der ICE 3. Sicher wird das nicht schon das Ende der Fahnenstange sein.

US-Dampfloks waren echte Kraftpakete: Class J, Y-6, A. Bild: Sammlung Degener

Die stärksten Loks weltweit

An dieser Stelle ist zuallererst die USA, das Land der unbegrenzten Möglichkeiten und Baugrößen zu nennen. Die dort entstandenen Dampfschienengiganten übertrafen nicht nur an Gewicht und Größe, sondern auch an Leistung alles bisher Bekannte. Schon die schweren Einrahmen-Güterzugloks mit der Achsfolge 1'E2' entwickelten Zugkräfte von bis zu 50.000 kg am Haken. Hinzu kamen bei manchen Modellen noch Booster-Hilfsantriebe, die für weitere 6–7.000 kg gut waren. Noch stärker geraten waren die riesigen Malletlokomotiven. Hier schoss die (1'D)D 2' des Typs M 4 der Duluth, Missabe & Iron Range Railways – noch knapp vor dem bekannteren „Big Boy" – den Vogel ab. 63.500 kg Zugkraft entwickelte das für den Erzverkehr gebaute, fast 40 Meter lange Ungetüm. Es konnte Züge mit bis zu 17.500 t Gewicht in der Ebene bei einer Maximalgeschwindigkeit von 48 km/h in Bewegung halten. Dies waren die schwersten, jemals planmäßig von Dampfloks beförderten Züge. Die 1918 von ALCo für die Virginian Railways gebaute Mallet-Compound-Maschine Nr. 802 mit der Achsfolge (1'E)E 1' soll sogar noch stärker gewesen sein.
Bei solchen Werten taten sich selbst Elektrolokomotiven schwer, diese zu übertreffen. 1934 brachte es die berühmte GG 1 der Pennsylvania Railroads auf eher magere 32.000 kg und mindestens zwei dieselelektrische GP-Einheiten mussten sich schon zusammentun, um leistungsmäßig mit einem dieser Dampflokriesen gleichzuziehen. Das traf auf die dreiteilige, auf der Erzbahn nach Narvik eingesetzte elektrische Güterzuglokomotive der Reihe Dm + Dm 3 der Schwedischen Staatsbahn (SJ) allerdings nicht zu. Die über
35 m lange Maschine entwickelte 95.000 kg am Haken. Obwohl vom Baujahr schon etwas älter, dürfte sie weltweit immer noch zu den stärksten Schienengiganten zählen.

Ein ICE 1 fährt über den markanten Viadukt von Altenbeken.
Bild: Malte Werning

TYPEN-SCHILD

Hersteller: AEG, Siemens, Henschel u.a.
Lieferung/Indienststellung: 1989
Spurweite: Normalspur
Achsfolge: Bo'Bo'
Länge über Puffer: 410 m
Gewicht: 132,0 t (Triebkopf)
Treibraddurchmesser: 1.030 mm
Höchstgeschwindigkeit: 280 km/h
Leistung: 9.600 kW
Stückzahl: 60

Baureihe 401 (ICE 1)

Um Geschwindigkeiten von bis zu 280 km/h erreichen zu können, müssen die ICEs der ersten Generation neben der möglichst aerodynamischen und gewichtssparenden Bauweise auch über entsprechende Leistungsreserven verfügen: Daher sind alle ICE 1-Züge mit zwei Triebköpfen ausgestattet, die jeweils eine Leistung von 4.800 kW erzeugen. Dabei kommen hochmoderne asynchrone Drehstrommotoren zum Einsatz, und das Antriebssteuergerät „SIBAS 32" ermöglicht eine optimierte Zugkraftausnutzung.

ICE 1 auf der Strecke zwischen München und Augsburg bei Haspelmoor.
Bild: Joachim Hund

Baureihe 403 (ICE 3)

Aufgrund zahlreicher Optimierungen, unter anderem dem über den ganzen Zug verteilten Unterfluranttrieb, kann beim ICE der dritten Generation bei geringerer Traktionsleistung (8.000 gegenüber 9.600 kW) eine gegenüber dem ICE 1 um 50 km/h höhere Maximalgeschwindigkeit erzielt werden (330 anstatt 280 km/h). Dabei wird jede Antriebsachse über einen fremdbelüfteten Drehstrom-Asynchronmotor betrieben, der jeweils eine Leistung von 500 kW aufbringt.

Oberes Bild: Der ICE-3 überquert die Fulda. Bild: W. Klee

TYPEN-SCHILD

Hersteller: Siemens Bombardier
Lieferung/Indienststellung: 2000
Spurweite: Normalspur
Achsfolge: 2(Bo'Bo'+2'2') +2'2'+Bo'Bo'+ 2'2'+Bo'Bo'
Länge über Puffer: 200 m
Gewicht: 409,0 t
Treibraddurchmesser: 920 mm
Höchstgeschwindigkeit: 330 km/h
Leistung: 8.000 kW
Stückzahl: 50

ICE-3 auf der Neubaustrecke Köln – Rhein/Main. Bild: G. Wagner

Die 103 222 gelangte zum Forschungs- und Technologiezentrum München und wurde als Dienstfahrzeug in 750 003 umgezeichnet (Stuttgart, 5. Mai 2002). Bild: Michael Dostal

TYPEN-SCHILD

Hersteller: AEG, Siemens, Henschel u.a.
Lieferung/Indienststellung: 1970
Spurweite: Normalspur
Achsfolge: Co'Co'
Länge über Puffer: 19,5 m
Gewicht: 114,0 t
Treibraddurchmesser: 1.250 mm
Höchstgeschwindigkeit: 200 km/h
Leistung: 7.440 kW
Stückzahl: 145

Baureihe 103^1

Die Loks der Baureihe 103 waren die Ersten, die bis zu einer Höchstgeschwindigkeit von 200 km/h eingesetzt werden konnten. Brachte es die Vorserienbaureihe 103^0 bereits auf eine beachtliche Stundenleistung von 6.200 kW, beeindruckte die 103^1 mit einer Leistung von rund 7.500 kW. In Verbindung mit neukonstruierten Transformatoren, die eine Dauerleistung von 6.250 kVA aufbrachten, war das Einsatzgebiet des damaligen DB-Flaggschiffs entsprechend breit. Mit ihrem Einsatz für den schweren Intercity- und TEE-Verkehr mutete die DB diesen Lokomotiven jedoch zu viel zu. Die mit Leichtbau-Fahrmotoren ausgestatteten Loks wurden dadurch dauerhaft überstrapaziert und verschleißten vorzeitig.

Rot lackierte 103 in Stuttgart am 23. Mai 1995. Bild: Michael Dostal

Baureihe 120

TYPEN-SCHILD

Hersteller: BBC, Henschel, Krupp u.a.
Lieferung/Indienststellung: 1987
Spurweite: Normalspur
Achsfolge: Bo'Bo'
Länge über Puffer: 19,2 m
Gewicht: 83,0 t
Treibraddurchmesser: 1.400 mm
Höchstgeschwindigkeit: 200 km/h
Leistung: 5.600 kW
Stückzahl: 60

120 118 in orientroter Lackierung am 2. April 2001 in Stuttgart. Bild: Michael Dostal

Nachdem die Baureihe 103 von ihrem unsachgemäßen Einsatz vor überschweren IC-Zügen erlöst worden war, kam dort ein neues Zugpferd zum Einsatz, das den Anforderungen vollauf genügte. Mit der Baureihe 120, die eine Stundenleistung von 5.600 kW erreicht, gibt es keine größeren Verschleißerscheinungen mehr. Grund dafür sind sicherlich nicht zuletzt die völlig neuartigen asynchronen und sehr verschleißarmen Drehstrommotoren, die auch in moderneren Baureihen wie dem ICE zum Einsatz kommen. Weitere Neuerungen sind die sogenannten „Gate-Turn-Off"-Thyristor-Stromrichter, die teils sogar mit Wasserkühlung betrieben werden, sodass auf Synthetik-Kühlmittel wie Öl weitgehend verzichtet werden kann.

120er werden überwiegend im IC- und IR-Dienst eingesetzt (Stuttgart Hbf, 17. Juni 2002). Bild: Michael Dostal

Eine Kantonslok der Baureihe Ae 6/6 befördert am 21. Juni 1989 den Huckepackzug 42732 (Chiasso – Rielasingen [D]) auf dem Teilstück Erstfeld – Etzwilen.
Bild: Dietmar Beckmann

TYPEN-SCHILD

Hersteller: SLM Winterthur, BBC Baden, MFO Zürich
Lieferung/Indienststellung: 1952
Spurweite: Normalspur
Achsfolge: Co'Co'
Länge über Puffer: 18,4 m
Gewicht: 128,0 t
Treibraddurchmesser: k.A.
Höchstgeschwindigkeit: 125 km/h
Leistung: 4.300 kW
Stückzahl: 120

Baureihe Ae 6/6

Die Lokomotiven der Baureihe Ae 6/6 gehörten nicht ohne Grund für lange Zeit zu den bekanntesten und beliebtesten Lokomotiven der SBB. Dem Kraftpaket mit 4.300 kW (5.830 PS) bereitete auch der schwere Reisezugdienst am Gotthard keine nennenswerten Probleme. Sie konnte eine Anhängelast von 600 t bei einer Steigung von 26 Promille mit 75 km/h befördern und leistete durchschnittlich rund 850 km pro Tag. Die sechs Fahrmotoren brachten es auf je 736 kW bei einer Geschwindigkeit von 70 km/h, mit einer daraus resultierenden Stundenzugkraft von 221 kN. Als Besonderheit besaß die mit dem charakteristischen „Schnäuzchen" verzierte Lok eine elektropneumatische Schleuderbremse, mit der schleudernde Achsen wieder stabilisiert werden konnten.

"Kandonslok" Ae 6/6 wurde auch vor Güter zügen eingesetzt.

Bild: Christian Wenger

Diese Lok wurde 1989 in Dienst gestellt. Bild: Markus Henschel

TYPEN-SCHILD

Hersteller: MaK, Krupp, ABB
Lieferung/Indienststellung: 1989
Spurweite: Normalspur
Achsfolge: Co'Co'
Länge über Puffer: 20 m
Gewicht: 117,0 t
Treibraddurchmesser: 1.016 mm
Höchstgeschwindigkeit: 160 km/h
Leistung: 2.650 kW
Stückzahl: 3

Baureihe 240 (DE 1024)

Im Gegensatz zu den Bahnverwaltungen im Ausland hatte sich die DB dazu entschieden, ihre Großdieselloks statt mit Elektromotoren und Generator mit hydraulischer Kraftübertragung zu betreiben. Freilich kamen auch dieselelektrische Loks gelegentlich als Leihgabe zum Einsatz (z.B. DE 2500 von Henschel). Mehr Erfolg war der völlig neuartigen dieselelektrischen DE 1024 beschieden. Das Kraftpaket ist in der Lage, eine Zugladung von 3.080 t bei einer Steigung von 11 Promille anzufahren! Dabei kommt ein entsprechend starker Zwölfzylinder-Motor (Typ MaK 12 M 282) mit 2.650 kW Dauerleistung zum Einsatz, mit einer beachtlichen Anfahrzugkraft von rund 400 kN.

Am 27. August 1992 eilt die 240 001 mit dem Schnellzug München – Zürich durch Harbatshofen bei Oberstaufen. Foto: Christian Steinhauser

Baureihe 10

Ihrem auffälligen Äußeren verdanken die beiden Dampflokomotiven der Baureihe 10 den Spitznamen „schwarzer Schwan“. Tatsächlich hatte die DB sich bei dem Design ihrer letzten Schnellzugdampflok besondere Mühe gegeben. Obwohl der Name es vermuten lässt, waren die „Schwäne“ aber alles andere als leichtfüßig, brachten sie doch eine Achslast von 22 t auf das Gleis! Dadurch war das Einsatzgebiet des Dampflok-Flaggschiffs doch sehr begrenzt und dämpfte auch die anfängliche Euphorie bezüglich der Möglichkeiten des modernen Dampflokbaus. Bei ihrer Fertigstellung hatten die wesentliche praktikableren und flexibleren Elektro- und Dieselloks der Baureihen E 10 und V 200 diesen eleganten, 1.839 kW starken Maschinen bereits den Rang abgelaufen.

Die 10 001 wird fit gemacht für den nächsten Einsatz 1962 in Bebra. Bild: Albert Schöppner

TYPEN-SCHILD

Hersteller: Krupp
Lieferung/Indienststellung: 1957
Spurweite: Normalspur
Achsfolge: 2'C1' h3
Länge über Puffer: 26,5 m
Gewicht: 118,0 t
Treibraddurchmesser: 2.000 mm
Höchstgeschwindigkeit: 140 km/h
Leistung: 1.839 kW
Stückzahl: 2

Im Oktober 1965 traf 10 001 eine 01^{10} auf dem Hauptbahnhof von Gießen. Bild: T. Horn

Am 3. Oktober 2002 bespannt die 01 118 der Historischen Eisenbahn Frankfurt (HEF) den Personenzug von Koblenz nach Limburg, hier bei der Ausfahrt aus Bad Ems.
Bild: Dieter Lindenblatt

Rechts: Porträtaufnahme.
Bild: Sammlung Andreas Knipping

Baureihe 01

Die 01 mag nicht die tatsächlich erste Lokomotive der DRG gewesen sein, sie war aber zweifellos eine sehr starke Dampflokomotive. Die von R. P. Wagner konstruierte Einheitsdampflok in Pazifik-Bauweise brachte es auf ein für die damalige Zeit beachtliche Leistung von 1.650 kW. Sie besaß einen mächtigen Dampfkessel mit einer Rohrlänge von nahezu 6 Metern (5.800 mm). Die in den ersten Modellen eingebaute Kupferbüchse wurde in späteren Modellen durch eine aus Stahl ersetzt. Nachdem sie auf Versuchsfahrten ausgiebig getestet worden war, wurde sie von Anfang an im Schnellzugdienst eingesetzt. Ein Wermutstropfen war allerdings, dass der nicht immer optimale arbeitende Kessel die Dampfleistung nicht wirklich optimal auf das Triebwerk übertrug, was zu Leistungseinbußen führte. Nach dem Zweiten Weltkrieg wurde dieser Mangel dann behoben: die DB und die DR spendierten einigen der verbliebenen Lokomotiven der Baureihe 01 neue Kessel mit Verbrennungskammer oder schweißten die alten Nietkessel zumindest vollständig zu, was zu einer erheblichen Leistungssteigerung führte.

TYPEN-SCHILD

Hersteller: AEG, Henschel, Krupp u.a.
Lieferung/Indienststellung: 1925–1938
Spurweite: Normalspur
Achsfolge: 2′C1′ h2
Länge über Puffer: 23 m
Gewicht: 111,0 t
Treibraddurchmesser: 2.000 mm
Höchstgeschwindigkeit: 130 km/h
Leistung: 1.650 kW
Stückzahl: 231

01 110 mit Wagner-Windleitblechen.
Bild: Carl Bellingrodt/Sammlung Andreas Knipping

TYPEN-SCHILD

Hersteller: Lokomotivfabrik Lugansk
Lieferung/Indienststellung: 1966–1975
Spurweite: Normalspur
Achsfolge: Co'Co'
Länge über Puffer: 17,5 m
Gewicht: 116,0 t
Treibraddurchmesser: 1.050 mm
Höchstgeschwindigkeit: 140 km/h
Leistung: 1.470 kW
Stückzahl: 378

Die dieselelektrische, sechsachsige Baureihe V 200 (DR 120) stellte eine bedeutende Innovation dar und verdrängte zahlreiche ältere Dampfloks von den Schienen.
Bild oben: Sammlung Markus Hehl, Bild links: B. O. Sydow

Baureihe V 200 („Taigatrommeln")

Die Baureihe V 200 wurde in der DDR gebaut und basierte auf der sowjetischen Bauart M62. Es handelt sich um die erste Großdiesellok der DR. Im Zeitraum von 1966 bis 1975 wurden 378 Exemplare dieser schweren Güterzüge produziert. 1995 wurde fast der gesamte Bestand von der DB ausgemustert, wobei sieben Exemplare für museale Zwecke erhalten geblieben sind. Während einige dieser „Taigatrommeln" noch von Privatbahnen eingesetzt werden, sind einige Exemplare auch ins Ausland, unter anderem nach Litauen und Nordkorea exportiert worden. Auch bei den Werkbahnen des SDAG Wismut und dem Braunkohlekombinat Geiseltal wurden sie zeitweise verwendet. Bautechnisch sehr ähnliche Modelle, die ebenfalls auf der M62 basieren, werden in Polen (Baureihe ST44) und Tschechien (781) eingesetzt. Da die ersten Loks noch keine Schalldämpfer besaßen, erzeugten sie früher einen ohrenbetäubenden Lärm, was ihnen den Namen „Wumme" oder auch „Taigatrommeln" einbrachte. Trotzdem wurde sie aufgrund ihrer Robustheit und einfachen Bauart vom Personal und in den Werkstätten sehr geschätzt. Die von der DB später übernommenen Exemplare wurden in Baureihe 220 umbenannt.

Die hundertste. Bild: Hans Joachim Kirsche

Baureihe E 10 (110)

Die E 10 in ihrer ganzen Schönheit kurz nach der Indienststellung.
Bild: Sammlung Heinrich Stangl

Bei der auch als „Kasten-E 10“ bezeichnete Baureihe E 10[1] handelte es sich um eine in den Nachkriegsjahren produzierte Elektrolokomotive. Technisch zwar irrelevant, aber optisch auffällig ist der Unterschied zu der „Bügelfalten“-E 10. Wichtiger für den Einsatz war natürlich die Leistungsfähigkeit dieser Lokomotive: Eine Stundenleistung des neu entwickelten Motors von 3.700 kW bei einer Anfahrzugkraft von 275 kN prädestinierte sie für den schweren Güterzugdienst im Mittelgebirge. Des Weiteren zog die E 10 auch den „neuen Rheingold“ mit bis zu 160 km/h sowie den „Rheinpfeil“. Die E 10 war vor allem in den 1960er-Jahren die wichtigste Schnellzuglokomotive der DB.

TYPEN-SCHILD

Hersteller: AEG, BBC, Krupp
Lieferung/Indienststellung: 1952
Spurweite: Normalspur
Achsfolge: Bo'Bo'
Länge über Puffer: 16,1 m
Gewicht: 83,0 t
Treibraddurchmesser: 1.350
Höchstgeschwindigkeit: 130 km/h
Leistung: 3.800 kW
Stückzahl: 5

Die E 10 verkörpert die klassische Bauart mit vier angetriebenen Achsen in zwei Drehgestellen.
Bild: Sammlung Heinrich Stangl

Baureihe 101

Die Baureihe 101 ereilte ein ähnliches Schicksal wie die früher in der DDR gebaute Baureihe 25: Ursprünglich als Universallok (sowohl für den schnellen Reisezugdienst als auch den schweren Güterzugverkehr) konzipiert, werden sie heute „nur“ für den hochwertigen Reisezugdienst eingesetzt. Bei dieser modernen Baureihe sind aktuellste technische Erkenntnisse eingeflossen, wie beispielsweise der neuartige asynchrone Drehstromantrieb und integrierter Gesamtantrieb. Auch um die Umwelt hat man sich Gedanken gemacht: Das Kühlmittel Polyol-Ester für den am Rahmen befestigten Transformator ist biologisch abbaubar.

TYPEN-SCHILD

Hersteller: Adtranz
Lieferung/Indienststellung: 1997–1999
Spurweite: Normalspur
Achsfolge: Bo'Bo'
Länge über Puffer: 18,9 m
Gewicht: 86,0 t
Treibraddurchmesser: 1.250 mm
Höchstgeschwindigkeit: 220 km/h
Leistung: 6.400 kW
Stückzahl: 145

Die Lokomotiven ab 101 004 waren die Ersten die in Verkehrsrot abgeliefert wurden (Berlin-Lichtenberg, 10.September 2000). Bild: Michael Dostal

Die 112 unterscheidet sich äußerlich von den heutigen 114 durch kleine, einfache Frontscheinwerfer (Dresden Hbf, 11. März 1998).
Bild: Michael Dostal

Baureihe 112

Bei der ab 1970 gebauten 112 handelt es sich um eine 4.220 kW starke Ellok, die im ganzen Bundesgebiet fährt. Allerdings hatte man sich gegen den modernen Drehstromantrieb zugunsten des ausgereiften und bewährten Wechselstromantriebs entschieden. Ein Grund für die trotzdem recht weite Verbreitung ist sicherlich auch der im Vergleich zur Baureihe 120 wesentlich günstigere Preis gewesen.

TYPEN-SCHILD

Hersteller: Maffei,SSW
Lieferung/Indienststellung: 1970
Spurweite: Normalspur
Achsfolge: Bo'Bo'
Länge über Puffer: 16,4 m
Gewicht: 82,0 t
Treibraddurchmesser: 1.250 mm
Höchstgeschwindigkeit: 160 km/h
Leistung: 4.220 kW
Stückzahl: 90

Baureihe 151

Anfang der 1970er-Jahre stiegen die Anforderungen an den Güterzugverkehr beträchtlich: Die Fahrzeuge mussten nicht nur schwere Lasten ziehen, sondern diese auch noch möglichst schnell befördern. Sogenannte „Eilgüterzüge“ mussten in der Lage sein, 1.200 t bei 5 Promille Steigung mit 100 km/h zu befördern. Schnellgüterzüge mussten 1.000 t bei der selben Steigung sogar mit 120 km/h befördern können. Um diesen enormen Anforderungen gerecht zu werden, wurde die Baureihe 151 produziert. Die Motoren weisen eine Leistung von 6.300 kW auf und haben eine Anfahrzugkraft von 441 kN. Selbstredend musste bei solchen Ladungen auch die Bremsleistung entsprechend erhöht werden: Um der Forderung nach einer Verdreifachung der Bremsleistung nachzukommen, wirkt neben der Druckluft- auch eine elektrische Widerstands-

Die 151 166 durchfährt am 2. Juni 2001 den Regensburger Hauptbahnhof. Bild: Michael Dostal

TYPEN-SCHILD

Hersteller: Krupp, AEG
Lieferung/Indienststellung: 1973–1977
Spurweite: Normalspur
Achsfolge: Co'Co'
Länge über Puffer: 19,5 m
Gewicht: 118,0 t
Treibraddurchmesser: 1.250 mm
Höchstgeschwindigkeit: 120 km/h
Leistung: 5.982 kW
Stückzahl: 165

Eine 152er bei Stuttgart-Ebitzweg am 30. Mai 2001.
Bild: Michael Dostal

Baureihe 152

Die 152 wurde ähnlich wie die 101 als „Universallok“ konzipiert, ein Konzept, dass sich durch die Aufteilung des DB-Triebfahrzeugparks erübrigte. Allerdings haben die„EuroSprinter ES 01“ noch andere Vorzüge: Wegen des Vierstromsystems sind sie auch in Ländern wie Belgien, Frankreich und Italien problemlos einsetzbar. 1993 wurde zudem auf einer Zulassungsfahrt mit 310 km/h, also mehr als die doppelte Höchstgeschwindigkeit, ein neuer Rekord für deutsche Loks erreicht.

TYPEN-SCHILD

Hersteller: Siemens, Krauss-Maffei
Lieferung/Indienststellung: 1996–2001
Spurweite: Normalspur
Achsfolge: Bo'Bo'
Länge über Puffer: 19,5 m
Gewicht: 86,0 t
Treibraddurchmesser: 1.250 mm
Höchstgeschwindigkeit: 140 km/h
Leistung: 6.388 kW
Stückzahl: 170

Baureihe 182

Ursprünglich wollte die DB Cargo ihren Güterzugverkehr nach Österreich mit der Baureihe 152 abwickeln. Da diese Loks jedoch nicht den österreichischen Richtlinien entsprachen, wurden 25 Exemplare der aerodynamisch gestalteten ÖBB 1116 bestellt und als Baureihe 182 eingereiht. Bis auf wenige Änderungen (unter anderem explosionsgeschützte Oberspannungswandler) sind die 1116 und die 182 völlig identisch. Daher werden ausgerechnet einige der elegantesten und schnellsten Loks des DB-Parks für den schweren Güterzugverkehr in Deutschland eingesetzt.

TYPEN-SCHILD

Hersteller: Kraus-Maffei, Siemens
Lieferung/Indienststellung: 1996–2001
Spurweite: Normalspur
Achsfolge: Bo'Bo'
Länge über Puffer: 19,2 m
Gewicht: 86,0 t
Treibraddurchmesser: 1.150 mm
Höchstgeschwindigkeit: 230 km/h
Leistung: 6.400 kW
Stückzahl: 25

182 mit schwerem Güterzug im Bahnhof München Ost am 8. Juni 2002. Bild: Christian Völk

TYPEN-SCHILD

Hersteller: Henschel, Krupp, AEG
Lieferung/Indienststellung: 1980
Spurweite: Normalspur
Achsfolge: Bo'Bo'
Länge über Puffer: 19,2 m
Gewicht: 83,0 t
Treibraddurchmesser: 1.250 mm
Höchstgeschwindigkeit: 230 km/h
Leistung: 5.600 kW
Stückzahl: 5

Baureihe 752

Bei der Baureihe 752 handelt es sich um die Vorserienmaschine der überaus erfolgreichen, beispielsweise vor IC-Zügen eingesetzten Baureihe 120. Mit der 752 wurden die damals völlig neuartigen Drehstrommotoren ausgiebigen Tests unterzogen. In den technischen Eigenschaften unterscheidet sich die Vorserienbaureihe kaum von der Serienbaureihe, abgesehen von der höheren Maximalgeschwindigkeit (230 km/h für die Baureihe 752 und 200 km/h für die Baureihe 120). Von dieser Testlokomotive wurden lediglich fünf Exemplare gebaut, im Jahr 2008 war lediglich die 752 004 im Einsatz.

Bei den Elektroloks der Baureihe 752 handelt es sich um die Vorserienmaschinen der Baureihe 120.
Bild: Christian Völk

Baureihe 02

Nicht nur Unerfahrenheit, sondern auch Missstimmigkeiten konnten zur Herstellung missglückter oder ungeeigneter Lokomotiven führen. So waren die Vertreter der norddeutschen Schule des Lokomotivbaus zwar von der einfacher gestalteten Zwillingsmaschine überzeugt, fertigten aber aus diplomatischen Gründen für süddeutsche Vertreter des Lokomotivausschusses eine lieblos konstruierte Vierzylinder-Verbund-Variante der bewährten Baureihe 01 an. Abgesehen vom Triebwerk war die 02 mit der 01 praktisch identisch und brachte nur geringe Vorteile in Sachen Zugkraft und Wirtschaftlichkeit, dafür aber einer erheblich höheren Unterhaltungsaufwand. Daraufhin wurden die „absichtlichen Fehlgriffe" wieder in die Baureihe 01 umgebaut.

Die glücklose Verbundversion der 01.
Bild: Werner Hubert/Sammlung Andreas Knipping

TYPEN-SCHILD

Hersteller: Henschel, Maffei
Lieferung/Indienststellung: 1926
Spurweite: Normalspur
Achsfolge: 2'C1' h4v
Länge über Puffer: 23,7 m
Gewicht: 113,0 t
Treibraddurchmesser: 1.600 mm
Höchstgeschwindigkeit: 120 km/h
Leistung: 1.690 kW
Stückzahl: 10

Wegen der fehlenden Euro-Folien verkehrte die 1044 018 eine Woche lang im „nackten" Zustand, hier in Salzburg am 26. Oktober 2000.
Bild: Markus Inderst

Baureihe 1044

Da sich die 1043 so gut bewährt hatte, wurde die Nachfolger-Baureihe 1044 als Thyristor-Lok entwickelt, die vor allem eine um 30 % höhere Zugkraft aufweisen sollte. Für den mechanischen Teil war vor allem BBC verantwortlich, für den elektrischen Teil unter anderem Siemens. Mit einer Leistung von 5.400 kW und einer Anfahrzugkraft von 327 kN konnte sie dieser Erwartung auch gerecht werden.

TYPEN-SCHILD

Hersteller: BBC, ELIN, Siemens, SGP
Lieferung/Indienststellung: 1974–1992
Spurweite: Normalspur
Achsfolge: Bo'Bo'
Länge über Puffer: 16 m
Gewicht: 84,0 t
Treibraddurchmesser: k.A.
Höchstgeschwindigkeit: 160 km/h
Leistung: 5.400 kW
Stückzahl: 217

Class 87

Die von der British Rail in Auftrag gegebene Class 87 ist eine Weiterentwicklung der Reihe 86 und sollte die erhöhten Anforderungen auf der damals seit kurzem elektrifizierten West-Coast-Hauptstrecke erfüllen. Sie wird dort vor allem für Intercityzüge eingesetzt und wurde später vom ursprünglichen Blau in das Rot der Virgin Trains umlackiert. Bemerkenswert sind auch die außergewöhnlichen Pantographen bei einigen Modellen.

TYPEN-SCHILD

Hersteller: BREL Crewe Works
Lieferung/Indienststellung: 1973
Spurweite: Normalspur
Achsfolge: Bo'Bo'
Länge über Puffer: 17,8 m
Gewicht: 85,0 t
Treibraddurchmesser: 1.149 mm
Höchstgeschwindigkeit: 175 km/h
Leistung: 3.730 kW
Stückzahl: 36

Class 87 im Plandienst. Bild: Sammlung Udo Paulitz

Class WCM1

Die indische Mehrzweck-Lokomotive der Class WCM1 wurde vor allem auf der damals neuelektrifizierten Calcutta-Strecke für den schnellen Reisezugverkehr eingesetzt. Sie ist der spanischen Reihe 277 auffallend ähnlich, da wichtige Bauteile identisch sind. Seit den 1990er-Jahren sind alle Exemplare dieser Lokomotiven (Zugkraft 306 kN) ausgemustert worden.

TYPEN-SCHILD

Hersteller: Vulcan Foundry
Lieferung/Indienststellung: 1954
Spurweite: Breitspur (Indien)
Achsfolge: Co'Co'
Länge über Puffer: k.A.
Gewicht: 124,0 t
Treibraddurchmesser: k.A.
Höchstgeschwindigkeit: 120 km/h
Leistung: 2.365 kW
Stückzahl: k.A.

Die Class WCM1 aus dem Jahr 1954.
Bild: Sammlung Udo Paulitz

Reihe CC7100

Bei ihrem Erscheinen galten die von Alstom konstruierten, hervorragenden Loks der Reihe Cc7100 als revolutionär. Sie waren die ersten Schnellzuglokomotiven Frankreichs und wurden vorzugsweise auf der Strecke Paris – Lyon – Méditerranée eingesetzt. Sogar im Jahr 2000 wurden sie noch vor Güterzügen eingesetzt.

TYPEN-SCHILD

Hersteller: Alstom, CEM, Fives Lille
Lieferung/Indienststellung: 1952
Spurweite: Normalspur
Achsfolge: C'C'
Länge über Puffer: 18,9 m
Gewicht: 107,0 t
Treibraddurchmesser: k.A.
Höchstgeschwindigkeit: 140 km/h
Leistung: 3.490 kW
Stückzahl: 58

Eine CC7100 fährt durch Savoyen. Bild: Sammlung Udo Paulitz

Semmering-Erlebniszug Zauberberg mit Nostalgielok 1010.003 auf dem Kalte-Rinne-Viadukt. Bild: Markus Inderst

Baureihe 1010

Die Baureihe 1010 der ÖBB verrichtete als überaus zuverlässige Güterzuglokomotive fast ein halbes Jahrhundert lang ihren Dienst zwischen Wien, Salzburg, Innsbruck und Bregenz. Eine ihrer letzten Aufgaben war die Überführung des LKW-Schwerlastverkehrs über die steilen Alpenpässe und die Vorarlbergstrecke. Bei einer Anfahrzugkraft von 275 kN und 4.000 kW Leistung war sie diesen Aufgaben gut gewachsen.

TYPEN-SCHILD

Hersteller: ABES, BBC
Lieferung/Indienststellung: 1955
Spurweite: Normalspur
Achsfolge: Co'Co'
Länge über Puffer: 17,8 m
Gewicht: 106,0 t
Treibraddurchmesser: k.A.
Höchstgeschwindigkeit: 130 km/h
Leistung: 4.000 kW
Stückzahl: 20

Baureihe 103^0

Bei der Baureihe 103^0 handelte es sich um die Vorserienlokomotive der bewährten Baureihe 103. Bei ihrem Erscheinen sorgte die völlig neukonstruierte Lokomotive vor allem durch ihre bis dahin unerreichte Leistung für Furore. Sie war bereits aerodynamisch geformt, hatte allerdings eine geringere Leistung als die spätere 103.

Prototyp der Baureihe 103. Bild: Archiv GeraMond

TYPEN-SCHILD

Hersteller: AEG, Siemens, Henschel
Lieferung/Indienststellung: 1965
Spurweite: Normalspur
Achsfolge: Co'Co'
Länge über Puffer: 19,5 m
Gewicht: 114,0 t
Treibraddurchmesser: 1.250 mm
Höchstgeschwindigkeit: 200 km/h
Leistung: 6.420 kW
Stückzahl: 4

Baureihe 109

Als die DDR 1955 mit der Elektrifizierung zwischen Halle (Saale) und Köthen begann, benötigte sie bessere Maschinen als die vorhandenen Baureihen E 04, E 44 und E 94. Da die Lizenznahme der E 10 aus dem Westen nicht zustande kam, wurde die unter Mithilfe von Prof. Dr. H. P. Budig konstruierte Baureihe 109 hergestellt, die sich bis in die 1970er-Jahre hinein bewährte. Sie besaß eine Leistung von 2.920 kW und eine Anfahrzugkraft von 216 kN.

TYPEN-SCHILD

Hersteller: VEB Lokomotivenbau
Lieferung/Indienststellung: 1961
Spurweite: Normalspur
Achsfolge: Bo'Bo'
Länge über Puffer: 16,2 m
Gewicht: 82,5 t
Treibraddurchmesser: 1.350 mm
Höchstgeschwindigkeit: 120 km/h
Leistung: 2.920 kW
Stückzahl: 96

109-2 der WAB, ex 109 013 der DR im Mai 2004. Bild: Uwe Miethe

Baureihe 110/113 „Bügelfalte“

113 267 trägt hier noch die zweifarbige, rot/beige Lackierung für TEE- und IC-Züge. Die Lok rangiert am 8. August 1997 in München Hbf. Bild: Michael Dostal

Die aufgrund ihres Aussehens als „Bügelfalte“ bezeichneten Baureihen 110 und 113 wurden im Rahmen des Elektrifizierungsprogramms der DB, das in den 1950er-Jahren begonnen hatte, produziert. Die 3.700 kW starken Maschinen wurden ab 2000 vor allem im Turnus- und Sonderzugverkehr eingesetzt.

TYPEN-SCHILD

Hersteller: Maffei,SSW, Krupp, u.a.
Lieferung/Indienststellung: 1962
Spurweite: Normalspur
Achsfolge: Bo'Bo'
Länge über Puffer: 16,7 m
Gewicht: 84,0 t
Treibraddurchmesser: 1.250 mm
Höchstgeschwindigkeit: 140 km/h
Leistung: 3.700 kW
Stückzahl: 37

Baureihe 111

111: Nachfolgerin der Baureihe 110. Bild: Michael Dostal

Die zunächst als Nachfolgebaureihe der 110 konzipierte 111 wird heute vor allem als Ersatz für Altbau-Elloks und den Regionalverkehr eingesetzt. In technischer Hinsicht unterscheidet sich die 111 kaum von der 110, allerdings sind neuere Modelle mit Einholmstromabnehmern des Typs SBS 65 ausgestattet. Die vier Motoren bringen eine Gesamtleistung von 3.620 kW auf.

TYPEN-SCHILD

Hersteller: AEG, BBC, Henschel
Lieferung/Indienststellung: 1974
Spurweite: Normalspur
Achsfolge: Bo'Bo'
Länge über Puffer: 16,7 m
Gewicht: 83,0 t
Treibraddurchmesser: 1.000 mm
Höchstgeschwindigkeit: 160 km/h
Leistung: 3.620 kW
Stückzahl: 227

Baureihe 143

143 mit dem ursprünglichen, bordeauxroten Anstrich mit weißer Absetzlinie. Bild: Michael Dostal

Das LEW Henningdorf hatte mit der Baureihe 143 eine sehr zuverlässige Konstruktion hergestellt, die später von der DB Regio vorwiegend vor Doppelstockwagen eingesetzt wurde. Sie erhielten als erste Elloks serienmäßig den DR Einholmstromabnehmer.

TYPEN-SCHILD

Hersteller: LEW Henningdorf
Lieferung/Indienststellung: 1984-90
Spurweite: Normalspur
Achsfolge: Bo'Bo'
Länge über Puffer: 16 m
Gewicht: 82,0 t
Treibraddurchmesser: 1.250 mm
Höchstgeschwindigkeit: 160 km/h
Leistung: 3.720 kW
Stückzahl: 776

V 140 001 (V 16 101)

Als Meilenstein in der Diesellok-Geschichte gilt die V 140 001. Als erste Großdiesellok der Welt verfügte sie über eine hydraulische Kraftübertragung und war wegweisend für die Entwicklungen der Nachkriegszeit. 1937 wurde diese Innovation sogar auf der Pariser Weltausstellung präsentiert.

TYPEN-SCHILD

Hersteller: Krauss-Maffei, MAN
Lieferung/Indienststellung: 1935
Spurweite: Normalspur
Achsfolge: 1'C1'
Länge über Puffer: 14,4 m
Gewicht: 75,0 t
Treibraddurchmesser: 1.400 mm
Höchstgeschwindigkeit: 100 km/h
Leistung: 1.030 kW
Stückzahl: 1

V 140 001.
Bild: Sammlung Markus Hehl

V 300 001 (230 001)

Die V 300 001 wurde von Krauss-Maffei für die DB gebaut. Sie wurde für den schweren Reise- und Güterzugdienst eingesetzt, wo sie sich hervorragend bewährte.

TYPEN-SCHILD

Hersteller: Krauss-Maffei
Lieferung/Indienststellung: 1957
Spurweite: Normalspur mm
Achsfolge: C'C'
Länge über Puffer: 20 m
Gewicht: 104,0 t
Treibraddurchmesser: 950 mm
Höchstgeschwindigkeit: 140 km/h
Leistung: 1.100 kW
Stückzahl: 1

Prototyp V 300 001 um 1960 in Villingen. Die Lackierung ist von Krauss-Maffei. Bild: Sammlung Markus Hehl

TYPEN-SCHILD

Hersteller: MAN, LHB, Wegmann
Lieferung/Indienststellung: 1957
Spurweite: Normalspur
Achsfolge: B'2+5(2'2')+2'B
Länge über Puffer: 13 m
Gewicht: 211,0 t
Treibraddurchmesser: 970 mm
Höchstgeschwindigkeit: 140 km/h
Leistung: 2.058 kW
Stückzahl: 19

Der Verbrennungstriebwagen war ein echtes Kind des Wirtschaftswunders.
Bild: Archiv GeraNova

VT 11^{5} (DB 601/602)

Auch der legendäre TEE-Triebwagen („Trans Europ Express") überzeugte unter anderem durch seine Leistung von mehr als 2.000 kW, die durch die Maybach oder auch Daimler-Benz-Motoren erbracht wurden. Vier Triebköpfe wurden sogar auf Gasturbinenantrieb umgebaut und fortan als Baureihe 602 geführt. In den 70ern und 80ern erfreute der TEE vor allem im Touristikverkehr, unter anderem als „Alpen-See-Express"

Baureihe 229 (ex 119)

Um endlich auf Dampfloks verzichten zu können, ließ die DR die Baureihe 119 produzieren. Zwar waren die DR-Lokomotiven der Baureihe 229 mit ihren 2.760 kW starken Motoren ziemlich leistungsfähig, ihre sehr große Störanfälligkeit aufgrund von fehlerhaften Achsgetrieben und Dieselmotoren machte diesen Vorteil jedoch wieder zunichte.

TYPEN-SCHILD

- Hersteller: Lokfabrik „23. August"
- Lieferung/Indienststellung: 1977
- Spurweite: Normalspur
- Achsfolge: C'C'
- Länge über Puffer: 19,5 m
- Gewicht: 96,0 t
- Treibraddurchmesser: 1.000 mm
- Höchstgeschwindigkeit: 140 km/h
- Leistung: 2.760 kW
- Stückzahl: 4

Die von der DB Netz eingesetzten 229 haben alle den gelben Anstrich mit blauen Zierelementen. Bild: Dr. B. Domagalski

DDR-Diesellok der 1960er-Jahre: Baureihe 228. Bild: Heilmann

228^5, 228$^{6-8}$ (ex 118)

Da die V 180 sich im mittelschweren Reise- und Güterzugdienst bewährte, mit ihren 20 t Achslast für viele Strecken aber zu schwer war, wurde eine leichtere Version, die V 180 201 (Baureihe 118) entwickelt. Sie hatte eine Leistung zwischen 1.472 und 1.766 kW.

TYPEN-SCHILD

- Hersteller: Lokomotivbau Karl Marx
- Lieferung/Indienststellung: 1963
- Spurweite: Normalspur
- Achsfolge: B'B'
- Länge über Puffer: 19 m
- Gewicht: 80,0 t
- Treibraddurchmesser: 1.000 mm
- Höchstgeschwindigkeit: 120 km/h
- Leistung: 1.766 kW
- Stückzahl: k.A.

675/975 (ex 175^0/175$^{3-5}$)

Die Triebwagen der Baureihe VT 18.16 waren die „Prestigefahrzeuge" der DR. Sie hatten 1.472 kW Gesamtleistung und fuhren zwischen Berlin und dem schönen Malmö.

TYPEN-SCHILD

- Hersteller: VEB Waggonbau Görlitz
- Lieferung/Indienststellung: 1963
- Spurweite: Normalspur
- Achsfolge: B'2'+2'2'+2'2'+2'B'
- Länge über Puffer: 144 m
- Gewicht: 297,0 t
- Treibraddurchmesser: 950 mm
- Höchstgeschwindigkeit: 160 km/h
- Leistung: 1.472 kW
- Stückzahl: 8

Baureihe 675/975. Bild: VEB Waggonbau Görlitz

Die 218^{8} können als Abschlepploks für den ICE mit einer Notkupplung ausgestattet werden. Bild: Michael Dostal

Baureihe 218

Die dieselhydraulischen Lokomotiven der Baureihe 218 sind auch heute noch eine wichtige Stütze auf nichtelektrifizierten Hauptstrecken. Dabei kommen je nach Modell verschiedene Motortypen zum Einsatz, mit zwölf oder 16 Zylindern. die Leistung variiert von 1.840 bis 2.060 kW.

TYPEN-SCHILD

- Hersteller: Henschel, Kauss-Maffei
- Lieferung/Indienststellung: 1971
- Spurweite: Normalspur
- Achsfolge: B'B'
- Länge über Puffer: 16,4 m
- Gewicht: 78,5 t
- Treibraddurchmesser: 1.000 mm
- Höchstgeschwindigkeit: 140 km/h
- Leistung: 1.840 kW
- Stückzahl: 339

BR Am 4/4 (V 200)

Bei der Schweizer Baureihe Am 4/4 handelt es sich um ehemalige V 200-Maschinen der DB, die in der Schweiz jedoch auf wenig Gegenliebe stießen und als „aufgemöbelter Schrott“ bezeichnet wurden. Tatsächlich bereiteten die kräftigen Maschinen mehr Ärger als Freude.

TYPEN-SCHILD

- Hersteller: Krauss-Maffei, MaK
- Lieferung/Indienststellung: 1988–89
- Spurweite: Normalspur
- Achsfolge: B'B'
- Länge über Puffer: 18,4 m
- Gewicht: 80,0 t
- Treibraddurchmesser: 970 mm
- Höchstgeschwindigkeit: 140 km/h
- Leistung: 1.093 kW
- Stückzahl: 7

Acht Jahre lang standen die gebraucht gekauften ex DB V 200 als Am 4/4 in der Schweiz bei der SBB im Einsatz. Bild: Joel Bessard

Die im Rangierbahnhof Limmattal eingesetzte Gotthardlok Am 6/6. Bild: Foto-Service SBB

BR Am 6/6

Im Gegensatz zur Am 4/4 konnte die Am 6/6 durchaus überzeugen. Die 1.440 kW starken Kraftpakete waren in der Lage, einen 700 t-Zug über eine 26 Promille-Rampe zu ziehen.

TYPEN-SCHILD

- Hersteller: SLM Winterthur, BBC
- Lieferung/Indienststellung: 1976
- Spurweite: Normalspur mm
- Achsfolge: Co'Co'
- Länge über Puffer: 17,4 m
- Gewicht: 111,0 t
- Treibraddurchmesser: mm
- Höchstgeschwindigkeit: 85 km/h
- Leistung: 1.440 kW
- Stückzahl: 6

2048 (ÖBB/ex 211)

Mit der Einführung des neuen Sommerfahrplans im Jahr 1991 sah sich die ÖBB gezwungen, deutlich mehr Laufkilometer mit dem nahezu gleichen Bestand an Tricbfahrzcugen zu bewältigen. Daher beschaffte sich die ÖBB von der DB 34 brauchbare V 100, die sie als Reihe 2048 bezeichneten.

TYPEN-SCHILD

Hersteller: ÖBB
Lieferung/Indienststellung: 1991
Spurweite: Normalspur
Achsfolge: B'B'
Länge über Puffer: 12 m
Gewicht: 62,0 t
Treibraddurchmesser: k.A.
Höchstgeschwindigkeit: 100 km/h
Leistung: 1.500 kW
Stückzahl: 34

Hinter der remotorisierten 2048.009 verbirgt sich die ehemalige DB 211 359, hier im September 1995 in Hohenau. Bild: Dr. Petrovitsch

D 75 BB/ D 100 BB

Die weitgehend baugleichen Dieselloks D 75 BB und D 100 BB waren die ersten Drehgestelllokomotiven von Gmeinder. Als Besonderheit gab es auch explosionsgeschützte Ausführungen dieser zwischen 745 und 1.500 kW starken Lokomotive.

D 75 BB-Lok von Gmeinder der Südwestdeutschen Verkehrs AG (SWEG). Bild: Christian Völk

TYPEN-SCHILD

Hersteller: Gmeinder
Lieferung/Indienststellung: 1984
Spurweite: Schmalspur (760 mm)
Achsfolge: B'B'
Länge über Puffer: 12 m
Gewicht: 80,0 t
Treibraddurchmesser: 760 mm
Höchstgeschwindigkeit: 80 km/h
Leistung: 1.500 kW
Stückzahl: 5

Baureihe 45

Die Baureihe 45 war mit einer Leistung von 1.810 kW eine der stärksten Dampfloks in Deutschland, deren Leistung allerdings zum großen Teil auf Prestigbedürfnissen beruhte.

TYPEN-SCHILD

Hersteller: Henschel
Lieferung/Indienststellung: 1937
Spurweite: Normalspur
Achsfolge: 1'E1' h3'
Länge über Puffer: 25 m
Gewicht: 208,3 t
Treibraddurchmesser: 1.600 mm
Höchstgeschwindigkeit: 90 km/h
Leistung: 1.810 kW
Stückzahl: k.A.

Starke deutsche Güterlok. Bild: Archiv Carl Bellingrodt/Sammlung Andreas Knipping

Die Schnellsten

Schneller, größer, weiter – derlei Bestrebungen sind nicht erst ein Phänomen unserer modernen und schnelllebigen Zeit: Der Geschwindigkeitsrausch packte bereits die Konstrukteure der ersten Lokomotiven, und der bald aufkommende Konkurrenzkampf um die Gunst der Fahrgäste tat sein übriges …

Zukunftsweisend, sowohl im Design als auch in den Fahreigenschaften: Siemens-Triebzug „Velaro" gehört zu den Schnellsten der Schnellen. Bild: Siemens AG

Hochgeschwindigkeiten

Es begann mit der „Rocket"

Eine möglichst hohe Geschwindigkeit zu erreichen gehört zu den wichtigsten Eigenschaften der Eisenbahn. Das war schon immer so gewesen und daher kein Attribut unserer immer schnelllebiger werdenden Zeit. Denn jede Erfindung auf dem Gebiet des Verkehrs ist nicht zuletzt aus dem Willen zu verkürzter Reisezeit entwickelt worden. Nicht anders war es bei den Erbauern der ersten Dampflokomotiven, die alles daransetzten, schneller als die Pferdekutschen zu sein. Als über die Auswahl der für die Bahnstrecke von Liverpool nach Manchester benötigten Lokomotiven entschieden werden sollte, gab es das erste Wettrennen zwischen den noch in den Kinderschuhen steckenden Dampfmaschinen. Aus diesem im Jahr 1829 in Rainhill stattfindenden Wettbewerb ging Stephensons Konstruktion als klarer Sieger hervor. Diese als „Rocket" bekannt gewordene Lokomotive erreichte immerhin schon eine Höchstgeschwindigkeit von knapp 50 km/h. Dank beständig fortentwickelter Technik wurden die Dampfloks größer und erreichten immer höhere Geschwindigkeiten. Schnellfahrten von mehr als 140 km/h und planmäßige Geschwindigkeiten von 120 km/h, vor allem bei den hochrädrigen Crampton-Loks, waren mittlerweile keine Seltenheit mehr. Im Jahr 1893 setzte jenseits des Atlantik die Rekordfahrt der Lok 999 der New York Central-Railways mit 181 km/h einen vorläufigen Höhepunkt.

Konkurrenz durch neue Antriebe

Am 27. Oktober kündigte sich für die Dampflok ein ernsthafter Mitbewerber an. An diesem Tage erreichte auf der Strecke Marienfelde – Zossen ein von der AEG gebauter elektrischer Versuchstriebwagen, dessen Motoren aus einer dreipoigen Drehstromoberleitung gespeist wurden, die

Der TGV Atlantique – mit einem modifizierten Exemplar dieses Typs erreichte man 1990 einen Geschwindigkeitsweltrekord. Bild: Sprang

Rekordlok 05 002, durch ein Hakenkreuz verunstaltet. Bild: Bellingrodt/Slg. T. Wunschel

Die Rekordlok von Siemens mit charakteristischem Stromabnehmer
Bild: Siemens Forum

sensationelle Geschwindigkeit von 210,2 km/h. Wegen verschiedener technischer Schwierigkeiten ließ sich diese herausragende Leistung im praktischen Betrieb vorerst noch nicht umsetzen. Nebenbei war der Innovationssprung von planmäßigen „100" einfach zu groß. Die Dampftraktion musste sich mit eher mageren, durch die bayerische S 2/6 im Jahr 1907 erreichten 154,5 km/h begnügen. Am 21. Juni 1931 machte der deutsche Luftschiffbauer Franz Kruckenberg von sich reden, als er mit seinem propellergetriebenen

Das Flaggschiff der DB, der ICE 3 bei einem Halt im Bf Köln im Februar 2008
Bild: Uwe Miethe

Schienenzeppelin mit 230,2 km/h einen neuen absoluten Geschwindigkeitsweltrekord für Schienenfahrzeuge aufstellte, der 24 Jahre lang Bestand haben sollte. Eine praktische Verwendbarkeit dieser originellen Lösung ergab sich wiederum nicht. Diese spektakulären Erfolge ließen die Verfechter der Dampfloktechnik nicht untätig. Mit immer leistungsstärkeren, vor allem aber stromlinienverkleideten Maschinen versuchte man im In- und Ausland der 1930er-Jahre, in den Bereich der magischen Traumgrenze von 200 km/h zu gelangen. Am 11. Mai 1936 war es bei der Deutschen Reichsbahn der Lok 05 002 eher zufällig gelungen, mit 200,4 km/h einen neuen Weltrekord für Dampflokomotiven aufzustellen. Das ließ die traditionsbewussten Briten nicht ruhen, bis sie am 3. Juli 1938 mit der Lok „Mallard" mit 201,2 km/h das „Blaue Band der Schiene" zurückerobern konnten. Damit waren zugleich die technischen Entwicklungsmöglichkeiten der Dampflokomotive an ihr Maximum gestoßen, auch wenn später die berühmte amerikanische „Big Engine" des Typs S 1 240 km/h erreicht haben soll.

Die E-Lok geht in Führung

Nach Kriegsende waren es vor allem die Franzosen, die sich sehr intensiv mit Rekordversuchen auf der Schiene beschäftigten. Ihnen sind besonders viele spektakuläre Geschwindigkeitsrekorde zu verdanken. Am 29. März 1955 brachte es die vierachsige, für diesen Zweck modifizierte Elektrolok BB 9004 auf 331 km/h – das sind immerhin 92 Meter pro Sekunde! Stromabnehmer und Oberbau wurden hierbei aber über Gebühr beansprucht und zeigten Verformungen. So ist die Rekordfahrt des französischen Hochgeschwindigkeitszuges TGV vom 26. Februar 1981 insofern bemerkenswert, dass die erreichte Maximalgeschwindigkeit von 380 km/h ohne Einbußen an Sicherheit erzielt werden konnte. Am 1. Mai 1988 erreichte in Deutschland der Intercity-Experimental (ICE) eine Geschwindigkeit von 406,9 km/h und stellte damit einen neuen Rekord auf. Die Freude war aber nur von kurzer Dauer, denn seither gelang es der französischen Bahngesellschaft SNCF, diese Marke mehrmals zu überschreiten. Derzeit liegt diese bei 574,79, die am 3. April 2007 von dem speziell für diese Versuchsfahrt zusammengestellten Hochgeschwindigkeitszug V 150 gefahren wurde. Der Rekord für Diesellokomotiven wird von dem russischen Hersteller der Lok TEP 80 mit 271 km/h beansprucht.

Viel wichtiger als diese meist unter Sonderbedingungen erzielten hohen Geschwindigkeiten sind für den „normalen" Reisenden die im regulären Alltagsbetrieb erreichten Fahrzeiten. Wegbereiter für möglichst schnelle fahrplanmäßige Verbindungen zwischen den wichtigen Orten eines Landes waren die Schnellzüge. Flächendeckenden Netze gab es bereits im 19. Jahrhundert, auf denen die Züge im Schnitt mit 100 bis 120 km/h verkehrten. Derzeit betragen die planmäßig in Deutschland gefahrenen Höchstgeschwindigkeiten auf den ICE-Neubaustrecken 300 km/h. In Japan hingegen befindet sich seit dem Jahr 2005 der „Fastech 360 S" in der Erprobung, mit dem 360 km/h im Dauerbetrieb gefahren werden soll. Ein Ende dieser auch dem Fahrgast zugute kommenden Entwicklung ist noch nicht abzusehen.

Auf Rekordfahrt: der V 150 auf der Strecke Paris – Straßburg. Bild: Jean-Marc Frybourg

Bild oben rechts: Dieses Foto zeigt den V 150 beim Erreichen der Spitzengeschwindigkeit von 574,9 km/h. Bild: Alain Stoll

TYPEN-SCHILD

Hersteller: Alstom
Lieferung/Indienststellung: 2007
Spurweite: Normalspur
Achsfolge: Bo'Bo'+2'B'B'2+Bo'Bo'
Länge über Puffer: 100 m
Gewicht: 234,0 t
Treibraddurchmesser: 1.092 mm
Höchstgeschwindigkeit: 574,9 km/h
Leistung: 19.800 kW
Stückzahl: 1

V 150

Bereits die Bezeichnung „V 150“ gibt das Geschwindigkeitsziel des von Alstom gebauten Hochgeschwindkeitszuges an: 150 m/s sollten mindestens erreicht werden, was einer extremen Geschwindigkeit von umgerechnet 540 km/h entspricht. Der 234 t schwere Zug bestand aus zwei modifizierten TGV-POS-4402-Triebwagen und drei Mittelwagen. Durch zusätzliche Synchronmotoren, die die AGV-Drehgestelle antreiben, konnte die Leistung von 9.300 kW auf gewaltige 19.800 kW erhöht werden. Am 3. April 2007 war es soweit: Auf der Neubaustrecke Paris-Straßburg beschleunigt der V 150 unter den Augen zahlreicher Schaulustiger auf 574,9 km/h, übertrifft das selbstgesetzte Ziel um mehr als 30 km/h und damit den früheren Weltrekord des TGV Atlantique (553 km/h)! Dieser bis heute unübertroffene Weltrekord lag damit nur knapp unter dem für Schienenfahrzeuge überhaupt, nämlich dem der Magnetschwebebahn JR-Maglev MLX01 (581 km/h). Der schnellste ICE, der ICExperimental fällt mit „mageren“ 406 km/h schon weit ab in puncto Geschwindigkeit. Die Ergebnisse auf dieser Versuchsfahrt des V150 sollen dem für 2009 geplanten neuen AGV-Zug zugute kommen.

Nach der Rekordfahrt: Ein Teil des modifizierten TGV-Zuges wird in der Nähe des Eiffelturms abgestellt.

Bild: Gonioul

TYPEN-SCHILD

Hersteller: Alstom
Lieferung/Indienststellung: 1990
Spurweite: Normalspur
Achsfolge: Bo'Bo+9(2')+Bo'Bo'
Länge über Puffer: 200 m
Gewicht: 427,0 t
Treibraddurchmesser: 920 mm
Höchstgeschwindigkeit: 300–515 km/h
Leistung: 8.000–12.000 kW
Stückzahl: 465

Der TGV 91 im Bahnhof Marseille St. Charles im September 1998. Für die Strecke Paris – Marseille brauchte dieser frühe TGV gerade einmal drei Stunden
Bild: Tibert Keller

TGV

Der französische TGV symbolisiert bereits seit längerem „den" Hochgeschwindigkeitszug überhaupt. Zur TGV-Familie der Firma Alstom gehören u.a. der TGV Sud-Est, Atlantique, Duplex, Réseau und POS, die allesamt rekordverdächtige Höchstgeschwindigkeiten erreichen. Auch die Weltrekordfahrt des V 150 wurde mit modifizierten TGV-Triebwagen durchgeführt. Bei allen Typen werden zwei Triebköpfe, Jakobs-Drehgestelle und verschleißfreie Widerstandsbremsen eingesetzt. Während beim TGV Sud-Est noch klassische Gleichstrom-Motoren zum Einsatz kommen, verwenden alle anderen Modelle synchronen oder asynchronen Drehstrom- antrieb. Im Planverkehr wird auf dafür ausgelegten Strecken mit bis zu 320 km/h gefahren. Viele TGV, wie beispielsweise der PBKA (siehe „TGV Thalys PBKA") werden auch im Ausland eingesetzt, erreichen dort jedoch meist nur ein geringeres Tempo aufgrund der geringeren Stromspannung. Trotz der sehr hohen Geschwindigkeiten hat sich der TGV erfreulicherweise als sicheres Verkehrsmittel erwiesen – bisher gab es noch keine Zug-Unfälle mit Todesfolge.

Ein Frühlingstag im Mai 2004: Der TGV 86 fährt auf der Rampe von Ancey im Herzen des schönen Burgunds dem Scheiteltunnel entgegen. Bild: Michael Beitelsmann

Heute steht der Triebkopf des ICE-V als Denkmal vor dem Forschungszentrum Minden (Westfalen). Bild: C. Müller

TYPEN-SCHILD

Hersteller: AEG, Henschel, Kraus-Maffei u.a.
Lieferung/Indienststellung: 1985
Spurweite: Normalspur
Achsfolge: Bo'Bo'
Länge über Puffer: 113 m
Gewicht: 299,1 t
Treibraddurchmesser: 1.000 mm
Höchstgeschwindigkeit: 406,9 km/h
Leistung: 7.280 kW
Stückzahl: 1

Baureihe 410 (IC-Experimental)

Da die DB der Magnetschwebebahntechnik skeptisch gegenüber stand, erprobte sie lieber neue Höchstgeschwindigkeiten auf Rad-/Schiene-Systemen. Eigens dazu wurde die Baueihe 410 gebaut. Auf Probefahrten wurden mehrmals neue Rekorde aufgestellt: Auf der Strecke Gütersloh – Hamm erzielte der Zug am 26.11.1985 eine Geschwindigkeit von 317 km/h und stellte damit einen Rekord für deutsche Züge und einen Weltrekord für Drehstromfahrzeuge auf. Es war das erste Mal, dass ein Zug in Deutschland Fahrgäste mit über 300 km/h beförderte. Am 1.5.1988 schließlich stellte der Zug mit 406,9 km/h einen in Deutschland bis heute unübertroffenen Rekord auf, der für rund ein Jahr auch Weltrekord war.

Am 5. Juli 1987 ist der IC-Experimental bei Porta Westfalica zu Messfahrten unterwegs. Bild: Dietmar Beckmann

Shinkansen 300 X (955)

Im Auftrag der JR-Central wurde der Testzug 300 X im Januar 2005 fertig gestellt. Die Brems- und Steuerungssysteme sind mit denen der Baureihe 300 identisch, jedoch werden die Achsen durch 500 kW starke Motoren angetrieben. Durch gleichzeitige Reduzierung des Leergewichts pro Wagen um 10 Prozent können daher außergewöhnlich hohe Geschwindigkeiten erreicht werden. Mit dem im Juli 1996 erreichten Geschwindigkeitsrekord von 443 km/h ist der 300 X auch heute noch der schnellste Zug Japans und auch einer der schnellsten überhaupt.

Hier befindet der 300 X auf einer Fahrt zwischen Hamamatsu und Toyohashi. Bild: JR Central

TYPEN-SCHILD

Hersteller: Nippon Saryo, Kinki Sharyo
Lieferung/Indienststellung: 1995
Spurweite: Normalspur
Achsfolge: 2'2'+14(Bo'Bo')+2'2'
Länge über Puffer: 410,8 m
Gewicht: 483,0 t
Treibraddurchmesser: 900 mm
Höchstgeschwindigkeit: 443 km/h
Leistung: 12.000 kW
Stückzahl: 1

Shinkansen Fastech 360 S

Der 360 S ist die neueste Generation der Shinkansen-Schnellzüge. Seitliche, der Lärmreduzierung dienende Verkleidungen reichen bis knapp über die Schienen. Die angegebene Höchstgeschwindigkeit beträgt 405 km/h, planmäßig sollen ab 2011 360 km/h erreicht werden. 2006 fuhr der Zug auf einer Testfahrt mit 368 km/h, hatte aber 2005 schon 398 km/h erreicht. Um der Problematik langer Bremswege zu begegnen, haben sich die Ingenieure etwas Besonderes einfallen lassen: Bei Gefahr fahren katzenohrenähnliche Platten aus, die eine Luftnotbremsung einleiten.

TYPEN-SCHILD

Hersteller: Nippon Saryo, Kinki Sharyo
Lieferung/Indienststellung: 2011
Spurweite: Normalspur
Achsfolge: 2'2'+14(Bo'Bo')+2'2'
Länge über Puffer: 401,8 m
Gewicht: 390,0 t
Treibraddurchmesser: 900 mm
Höchstgeschwindigkeit: 405 km/h
Leistung: 8.580 kW
Stückzahl: 1

Der Fastech 360 S im typisch futuristischen Design. Bild: Koyuscha AG

Durch sein „Enteschnabel-Design" unverkennbar: der AVE S-102. Bild: Talgo

TYPEN-SCHILD

Hersteller: Patentes Talgo SA, Bombardier
Lieferung/Indienststellung: 2001–2004
Spurweite: Normalspur
Achsfolge: 2'(A1)'+(1A)'(A1)
Länge über Puffer: 200 m
Gewicht: 322,0 t
Treibraddurchmesser: 1.250 mm
Höchstgeschwindigkeit: 365 km/h
Leistung: 8.000 kW
Stückzahl: 16

AVE S-102

Äußerlich erkennt man den AVE S-102, in Spanien unter dem Namen „Pato" (Ente) bekannt, an seinem charakteristischen „Entenschnabel"-Design, das die aerodynamischen Eigenschaften des Zugs verbessern und vor allem auch dem gefürchteten Tunnelknall-Effekt vorbeugen soll. Im Prinzip handelt es sich um einen Standard-Talgo, bei dem die Achsen modifiziert sind und dadurch eine Höchstgeschwindigkeit von 350 km/h erreicht werden kann. Auf einer Zulassungsfahrt am 26.6.2004 wurde eine Geschwindigkeit von 365 km/h erreicht und damit ein neuer Rekord für Spanien aufgestellt. Nach anfänglichen Problemen mit dem Zugsicherungssystem ist die betriebsmäßige Höchstgeschwindigkeit auf 300 km/h erhöht worden.

Ein „Pato"-Zug fährt durch die karge Landschaft bei Madrid. Bild: Patier / Renfe

TGV POS/EST

Der französische Elektrotriebwagen TGV POS/EST wird auch in Teilen Deutschlands eingesetzt, dabei steht die Bezeichnung „POS" für den Bereich Paris-Ostfrankreich-Süddeutschland. Hierzulande fährt der POS Karlsruhe, Stuttgart, Augsburg und München an. Mit einer überaus hohen Leistung von 9.600 kW, verteilt auf zwei Triebköpfe, erreicht der POS eine planmäßige Höchstgeschwindigkeit von 350 km/h. In Deutschland kann der Triebwagen seine Höchstgeschwindigkeit allerdings nicht ausfahren, da die Elektrifizierung im Gegensatz zu 25 kV in Frankreich in Deutschland nur 15 kV beträgt. Die TGV POS-Triebwagen wurden auch in modifizierter Form auf der Weltrekordfahrt am 3.4.2007 eingesetzt, wo mit dem Spezialtriebwagen „V 150" mehr als 570 km/h erreicht wurden (siehe „V 150").

TYPEN-SCHILD

Hersteller: Alstom
Lieferung/Indienststellung: 2005
Spurweite: Normalspur
Achsfolge: Bo'Bo'+9(2')+Bo'Bo'
Länge über Puffer: 200 m
Gewicht: 427,0 t
Treibraddurchmesser: 920 mm
Höchstgeschwindigkeit: 350 km/h
Leistung: 9.600 kW
Stückzahl: 19

Oben: Der TGV POS ist eine Kombination von neuem Triebwagen und alten Wagengarnituren.

Unten: Auf der Neubaustrecke Nürnberg-Ingolstadt. Bilder: SNCF, Bigbug21

TYPEN-SCHILD

Hersteller: Alstom, Jeumond-Schneider
Lieferung/Indienststellung: 1953
Spurweite: Normalspur
Achsfolge: Bo'Bo' (BB 9004)/C'C' (CC 7107)
Länge über Puffer: 17 m
Gewicht: 86,0 t
Treibraddurchmesser: 1.200 mm
Höchstgeschwindigkeit: 326–331,2 km/h
Leistung: 2.980 kW bzw. 3490 kW (CC 7107)
Stückzahl: 2

Überschritten bereits in den 50er-Jahren die 300 km/h-Grenze: die beiden Rekord-Elloks BB 9004 und CC 7107. Bild: R. Viellard

CC 7107/BB 9004

Nach dem Zweiten. Weltkrieg begründete Frankreich seinen Ruf als Land der schnellen Züge: Am 28./29.4.1955 führte die SNCF Schnellfahrten mit der BB 9004 und CC 7107 durch, bei denen 331 bzw. 326 km/h erreicht wurden. Die Fahrten waren nicht ganz ungefährlich: An beiden Loks schmolzen und zerbrachen die Schleifleisten der Stromabnehmer unter den extremen Belastungen, und bei der BB 9004 geriet die Lok bei der Bremsung sogar ins Schlingern. Um überhaupt die geplante Geschwindigkeit von über 320 km/h zu erreichen, waren die Loks im Vorfeld modifiziert und aerodynamisch optimiert worden: Die Übersetzung der Antriebsräder wurde verändert, Speichenräder gegen geschmiedete Radscheiben getauscht. Im Eisenbahnmuseum Cité du train in Mulhouse kann man sie besichtigen.

Die neue und die alte Weltrekordlok Seite an Seite. Bild: Tomas Mayer-Eppler

1216 („Taurus III")

Am 02. August 2006 erreichte die 6400 kW starke und etwa 3,7 Millionen Euro teure Lokomotive 1216 050 der Baureihe Siemens EuroSprinter ES64U4 im Rahmen einer offiziellen Weltrekordfahrt auf der Neubaustrecke Nürnberg – Ingolstadt eine Geschwindigkeit von 357 km/h und ist damit bis heute die unangefochten schnellste Lokomotive der Welt. Während die meisten anderen Lokomotiven und Triebwagen für Versuchsfahrten speziell präpariert wurden, war dies bei dem „Taurus III" nicht der Fall, lediglich die Fahrspannung war erhöht und das Zugsicherungssystem deaktiviert worden. Nach rund 50 Jahren hat damit der Taurus III die beiden französischen Rekordlokomotiven BB 9004 und CC 7107 vom Hochgeschwindigkeits-Thron gestoßen.

TYPEN-SCHILD

Hersteller: Siemens
Lieferung/Indienststellung: 2006–2008
Spurweite: Normalspur
Achsfolge: Bo'Bo'
Länge über Puffer: 19,5 m
Gewicht: 87,0 t
Treibraddurchmesser: 1.100 mm
Höchstgeschwindigkeit: 357 km/h
Leistung: 6.400 kW
Stückzahl: 50

Oben: Stolz trägt die Lok den Schriftzug „Vmax 357".

Unten: auf der Fahrt zum neuen Lokomotiven-Weltrekord. Bilder: Siemens AG

Baureihe 403 (ICE 3)

Im Gegensatz zur Baureihe 406 wird die Reihe 403 nicht im Ausland (außer Schweiz) eingesetzt. Wie der 406 hat auch der 403 einen verteilten Unterflurantrieb, d.h. er wird ohne Triebköpfe angetrieben und kann dadurch größere Steigungen bewältigen als die Vorgangermodelle. Eine weitere Besonderheit im Design des ICE 3 ist die „Lounge", wo Fahrgäste dem Lokführer durch eine Glastür über die Schulter schauen und auf die voraus liegende Strecke sehen können. In puncto Leistung ist die Baureihe 403 mit der 406 identisch, allerdings nicht in der Geschwindigkeit.

Im Glanze des Abendlichts: der ICE 403 034 im Abstellbereich München-Laim. Bild: Uwe Miethe

Baureihe 406 (ICE 3)

Bereits optisch fällt einem Betrachter das im Gegensatz zu früheren ICEs modernere Design des ICE 3 auf. Auch die wesentliche Neuerung, der verteilte Antrieb, ist bereits von außen erkennbar. Nahezu die gesamte Elektronik ist über den Zug verteilt, wodurch auf einen Triebkopf verzichtet werden konnte. Mit einer Spitzengeschwindigkeit von 330 km/h ist der ICE 3 der schnellste planmäßig fahrende Zug Deutschlands. Auf einer Testfahrt konnten 368 km/h erreicht werden. Die Baureihe 406 ist „mehrsystemfähig", wodurch der deutsche Flitzer auch unter anderen Stromsystemen fahren kann.

Der ICE 3 „Schwäbisch Hall" bei der Abfahrt aus Mannheim Hbf im November 2005. Bild: Uwe Miethe

AGV

Der als Nachfolger des TGV geplante AGV-Triebwagen soll einige technische Neuerungen bieten: Unter anderen soll der Energieverbrauch durch Gewichtsreduktion um 15 % geringer als bei Konkurrenzprodukten sein, der Geräuschpegel wird deutlich reduziert sein und die Vibrationsreduzierung kommt dem Kofort der Fahrgäste zugute. Bei dem bis zu 14-teiligen Zug wird ähnlich dem ICE 3 der moderne Unterflurantrieb zum einsatz kommen. Mit 360 km/h wird die Plangeschwindigkeit 40 km/h über den TGV-Zügen liegen.

Oben: Bei dem brandneuen, rund 100 Millionen Euro teuren AGV-Triebwagen von Alstom wurde das Design an einen Kampfjet angelehnt.
Unten: Der Prototyp soll eine planmäßige Geschwindigkeit von bis zu 360 km/h erreichen. Bilder: Alstom

TYPEN-SCHILD

Hersteller: Alstom
Lieferung/Indienststellung: 2009
Spurweite: Normalspur
Achsfolge: Bo'Bo+9x(2')+Bo'Bo'
Länge über Puffer: 250 m
Gewicht: 270,0–510,0 t
Treibraddurchmesser: 950 mm
Höchstgeschwindigkeit: 360 km/h
Leistung: 6.000–12.000 kW
Stückzahl: k.A.

TGV Thalys PBKA

Der Thalys PBKA („Paris – Brüssel-Köln – Amsterdam“) gehört der Thalys International, einer Tochter der SNCF. Die Bezeichnung „PBKA“ verrät, dass es sich um einen komplexen Mehrsystemzug handelt, wie dem ICE 3. Der Thalys kann sowohl im Rechts- als auch im Linksverkehr fahren und erreicht ein Höchsttempotvon 320 km/h, jedoch nur in Frankreich. In Belgien erreicht er wegen der geringeren Stromspannung (3 kV) lediglich 220 km/h. Für die Strecke Köln – Paris benötigt er 3 Std. 49 min., was einem Schnitt von 146 km/h entspricht.

Der Thayls PBKA von Alstom verkehrt auch außerhalb Frankreichs, unter anderem auch in Belgien und Deutschland. Bild: Sammlung GeraMond

TYPEN-SCHILD

Hersteller: Alstom
Lieferung/Indienststellung: 1993–1997
Spurweite: Normalspur
Achsfolge: Bo'Bo+9x(2')+Bo'Bo'
Länge über Puffer: 200 m
Gewicht: 424,0 t
Treibraddurchmesser: 920 mm
Höchstgeschwindigkeit: 320 km/h
Leistung: 8.800 kW
Stückzahl: 17

Tokaido N 700

Der N 700 ist ein Hochgeschwindigkeitszug mit Neigefähigkeit von bis zu 1°, wobei Kurven mit bis zu 270 km/h genommen werden können. Auf geraden Strecken werden maximal 300 km/h erreicht. Durch die enorme Leistungsfähigkeit (über 17.000 kW) kann er schneller beschleunigen als alle anderen Shinkansen-Züge: 270 km/h werden in drei Minuten erreicht. Aufgrund dieser Verbesserungen beträgt die Fahrzeit auf der Strecke Tokio – Osaka nur noch 2:45 Std. Der N 700 ersetzt die älteren Baureihen 300, 500 und 700.

Auf dem Foto ist der Prototyp des japanischen N700-Triebwagens zu sehen, auf der Strecke Tokio – Osaka. Bild: Kaoru Shimizu

TYPEN-SCHILD

Hersteller: Nippon Saryo, Kinki Sharyo
Lieferung/Indienststellung: 2005
Spurweite: Normalspur
Achsfolge: 2'2'+14(Bo'Bo')+2'2'
Länge über Puffer: 401,8 m
Gewicht: 488,0 t
Treibraddurchmesser: 900 mm
Höchstgeschwindigkeit: 300 km/h
Leistung: 17.080 kW
Stückzahl: 1

Der „Trans Marche Super Train" (TMST) der SNCF, auch „Eurostar" genannt, entstammt ebenfalls der TGV-Familie. Bild: Sammlung GeraMond

TYPEN-SCHILD

Hersteller: Eurostar Group Ltd, Alstom
Lieferung/Indienststellung: 1990–1994
Spurweite: Normalspur
Achsfolge: Bo'Bo'+Bo'5(2')+9(2')Bo'+Bo'Bo'
Länge über Puffer: 394 m
Gewicht: 752,4 t
Treibraddurchmesser: 920 mm
Höchstgeschwindigkeit: 334,7 km/h
Leistung: 12.200 kW
Stückzahl: 11

Eurostar

Der Eurostar der britischen Eurostar Group Ltd. ist ein von Alstom gebauter, auf dem TGV Atlantique basierender Zug, der u. a. durch den England und Frankreich verbindenden Eurotunnel fährt. Daher mussten besondere Sicherheitsvorkehrungen getroffen werden, insbesondere Brandschutzbestimmungen. Wie auch der TGV besteht ein Eurostar aus zwei an beiden Zugenden angebrachten Triebköpfen und erreicht bei Verwendung der Oberleitung eine Betriebsgeschwindigkeit von 300 km/h. Dabei kommen zwölf Motoren zum Einsatz, mit einer beachtlichen Gesamtleistung von 12.200 kW. Auf einer Testfahrt durch den Channel Tunnel Rail Link wurde im Juli 2003 mit 334,7 km/h ein neuer Rekord für Großbritannien aufgestellt.

Der GNER Eurostar auf der Fahrt nach Marholm. Bild: Slg. Phantasrail

Großes Bild: Steigungen bereiten ihr keine Probleme: Die 103 auf der Geislinger Steige.
Oben: Eine 103 passiert den Kölner Dom
Bilder: Helmut Säuberlich, Marcus Niedt

TYPEN-SCHILD

Hersteller: AEG, Siemens, Henschel
Lieferung/Indienststellung: 1970
Spurweite: Normalspur
Achsfolge: Co'Co'
Länge über Puffer: 19,5 m
Gewicht: 114,0 t
Treibraddurchmesser: 1.250 mm
Höchstgeschwindigkeit: 280 km/h
Leistung: 7.440 kW
Stückzahl: 145

Baureihe 103

Die Schnellzuglok 103 war der „Schienenstar" der 1970er- und 1980er-Jahre und mit 200 km/h die erste Schnellfahr-Ellok der DB. Obwohl ursprünglich für leichte Reisezüge vorgesehen, wurde die 103 ab 1979 stattdessen als Lok für überschwere IC-Züge eingesetzt. Mit einer enormen Dauerleistung von über 7.400 kW war das Flaggschiff der DB die damals stärkste einteilige Lokomotive der Welt. Zeitweise wurde einige Modelle mit veränderten Radsatzgetrieben eingesetzt, mit denen sie bedeutend höhere Geschwindigkeiten erreichten: Die 103 118 erreichte 265 km/h, die 103 003 und 103 222 erreichten gar 280 km/h. Die verstärkte Abnutzung (Risse an den Drehgestellrahmen oder defekte Fahrmotoren und Schaltwerke) und fehlende Wendezugsteuerung führten dazu, dass der Sechsachser im Laufe der Zeit nahezu vollständig ausrangiert und durch Loks der Reihe 101 ersetzt wurde. Lediglich im Bf München verrichtet heutzutage noch die 103 245 planmäßig ihren Dienst, daneben gibt es noch vereinzelte Denkmal- und Museumsloks.

Die 103 war eine der beliebtesten Loks der 1970er- und 80er-Jahre.

Bild: Uwe Miethe

Baureihe 401 (ICE 1)

Bei dem seit 1991 eingesetzten ICE 1 handelt es sich um den ersten serienmäßig gefertigten deutschen Hochgeschwindigkeitstriebwagen. Die Urversion des heutigen DB-Flaggschiffs besteht aus zwei Triebköpfen und bis zu zwölf Mittelwagen. Planmäßig fährt der ICE 1 mit bis zu 280 km/h und wird durch moderne Drehstrom-Asynchronmotoren angetrieben. Das Prinzip des asynchronen Drehstroms wurde bereits beim InterCityExperimental erprobt. Der Einsatz der 60 Maschinen ist bis 2020 geplant.

TYPEN-SCHILD

Hersteller: AEG, Siemens, Henschel u.a.
Lieferung/Indienststellung: 1989
Spurweite: Normalspur
Achsfolge: Bo'Bo'
Länge über Puffer: 410,7 m
Gewicht: 132,0 t
Treibraddurchmesser: 1.030 mm
Höchstgeschwindigkeit: 280 km/h
Leistung: 9.600 kW
Stückzahl: 60

Der ICE 1 zwischen Nürnberg und Würzburg im April 2005.
Bild: Uwe Miethe

TYPEN-SCHILD

Hersteller: Siemens/Adtranz u.a.
Lieferung/Indienststellung: 1996
Spurweite: Normalspur
Achsfolge: Bo'Bo'
Länge über Puffer: 410,8 m
Gewicht: 180,0 t
Treibraddurchmesser: 1.030 mm
Höchstgeschwindigkeit: 280 km/h
Leistung: 4.800 kW
Stückzahl: 44

Baureihe 402 (ICE 2)

402 war der Nachfolger der Baureihe 401 (ICE 1). Im Gegensatz zum ICE 1 er ein sogenannter „Halbzug", welcher sich aus einem Triebkopf, bis zu sechs Wagen und einem Steuerkopf zusammensetzt. Bei Bedarf können zwei „Halbzüge" zu einem „Vollzug" kombiniert werden und später wieder am Bahnhof in zwei „Flügelzüge" aufgeteilt werden. Gegenüber dem ICE 1 konnte durch weniger Anschweißteile, vereinfachten Druckschutz und leichtere Werkstoffe eine Gewichtsreduzierung von 5t bei den Mittelwagen erreicht werden.

Der zusammengesetzte Vollzug befährt 2005 den neu trassierten Abschnitt der Strecke Petershausen–München. Bild: Uwe Miethe

Ein ICE-TD wartet 2001 im winterlichen Zwickau auf neue Fahrgäste. Bild: Sammlung GeraMond

Der ICE-TD spart gegenüber seinen „starren" Vorgängern wertvolle Zeit in den Kurven. Bild: Armin Emde

TYPEN-SCHILD

Hersteller: Siemens Bombardier
Lieferung/Indienststellung: 1999
Spurweite: Normalspur
Achsfolge: 2'Bo'+Bo'2'+2'Bo'+Bo'2'
Länge über Puffer: 106,7 m
Gewicht: 232,0 t
Treibraddurchmesser: 970 mm
Höchstgeschwindigkeit: 222 km/h
Leistung: 1.700 kW
Stückzahl: 20

Baureihe 605 (ICE-TD)

Um auf nicht-elektrifizierten Strecken fahren zu können, wurde der mit Triebköpfen ausgestattete ICE TD („Tilting Diesel") gebaut, einem dieselbetriebenen ICE mit Neigetechnik. Durch diese Technik, bei der Neigungen von bis zu 8° erreicht werden, können kurvenreiche Strecken schneller befahren werden. Auf einer Versuchsfahrt im Jahr 2000 wurde eine Höchstgeschwindigkeit von 222 km/h erreicht, was den ICE TD zum schnellsten Dieseltriebwagen Deutschlands macht. Planmäßig verkehrt er mit bis 200 km/h, was für dieselbetriebene Züge sehr schnell ist.

Die PRR S1 war eine gewaltige Lokomotive. Bild: Slg. Ulf Degener

TYPEN-SCHILD

Hersteller: Pennsylvania Railroad
Lieferung/Indienststellung: 1939
Spurweite: Normalspur
Achsfolge: 3'BB3' h4
Länge über Puffer: 42,7 m
Gewicht: 223,0 t
Treibraddurchmesser: 2.134 mm
Höchstgeschwindigkeit: 193 km/h
Leistung: 5.884 kW
Stückzahl: 1

Class S 1 (PRR)

Die auch unter dem Namen „The Big Engine“ bekannte PRR S 1 war die mit Abstand größte einrahmige Dampflok der Welt. Sie war auch die einzige Lokomotive mit einer 6-4-4-6-Radanordnung und wurde am 31.1.1939 fertiggestellt. Nachdem sie in der New Yorker Weltausstellung präsentiert worden war, nahm sie ihren Dienst als Schnellzuglok auf der Hauptstrecke Chicago, Illinois–Crestline, Ohio auf. Die gigantische Maschine konnte 1.600 t mit 193 km/h befördern. Auf einer inoffiziellen Fahrt soll sie sogar 150 mph (240 km/h) erreicht haben. Problematisch waren die Radsätze, welche trotz der hohen Achslast leicht durchdrehten. Außerdem entgleiste die S 1 gerne in Kurven, was sie zunehmend unbeliebt machte. 1949 wurde sie verschrottet.

Fertigung der S1 in Altoona. Der kleine Kessel ist für eine B6-Rangierlok gedacht und gibt einen Eindruck von den Abmessugen der S1. Bild: Hellbus

Class A (Chicago, Milwaukee, St. Paul & Pacific)

Die Klasse A wurde 1935-37 von ALCO als schnelle Atlantic gebaut, um die neuen HIAWATHA-Fernschnellzüge mit den Reisegästen nach einem straffen Zeitplan zwischen Chicago und St. Paul-Minneapolis zu befördern. Die Züge waren 350 t schwer und mussten zum Teil nahezu 200 km/h schnell fahren, um die Fahrzeit einzuhalten. Zu der Zeit galten daher die HIAWATHA-Züge als die schnellsten der Welt, was bei der Klasse A unter anderem an den riesigen Laufrädern mit einem Durchmesser von über 2.100 mm lag. Später wurde die ölgefeuerte Class A, die durch gestiegene Zuggewichte nicht mehr solche Höchstgeschwindigkeiten erreichen konnte, durch stärkere kohlengefeuerte F 7 Hudsons ersetzt.

Kurz nach der Depression baute ALCo die Stromlinienlok Class A. Bild: Sammlung Ulf Degener

TYPEN-SCHILD

Hersteller: ALCo
Lieferung/Indienststellung: 1935
Spurweite: Normalspur
Achsfolge: 2'B1'
Länge über Puffer: 27 m
Gewicht: 131,6 t
Treibraddurchmesser: 2.134 mm
Höchstgeschwindigkeit: 193 km/h
Leistung: 3.240 kW
Stückzahl: 5

Die Class A erreichte eine Höchstgeschwindigkeit rund 200 km/h. Bild: Sammlung Ulf Degener

Im Oktober 1903 fuhren beide St. E. S.-Triebwagen – hier der von Siemens & Halske – 210 km/h schnell: Damals unumstrittener Weltrekord! rechts: Eine Detailansicht der Stromabnehmer

Bilder: Siemens Forum

AEG/Siemens & Halske (Wagen „A“, Wagen „S“)

Das von Siemens 1866 entdeckte dynamoelektrische Prinzip brachte eine neuerliche industrielle Revolution mit sich, die sich auch auf den Schienenverkehr auswirkte.
Knapp zwei Jahrzehnte nach der Einführung elektrischer Straßenbahnen führten Ingenieure Versuche mit Triebwagen von Siemens & Halske und AEG durch. Die Motoren dieser Triebwagen waren zu 250 PS Dauerleistung und 750 PS Spitzenleistung in der Lage. Nachdem ein erster Versuch bei 160 km/h wegen instabiler Schienen abgebrochen werden musste, war es am 28.10.1903 soweit: Auf der Militärstrecke Marienfelde–Zossen wurde vom AEG-Triebwagen „A“, nachdem die Schienen versteift und neue 5m-Drehgestelle eingesetzt worden waren, eine Geschwindigkeit von 210 km/h erreicht. Dies stellte einen unumstrittenen Weltrekord dar, so schnell hatte sich bis dahin kein Fahrzeug fortbewegt. Der Konkurrenztriebwagen „S“ von Siemens & Halske stand dem AEG-Triebwagen in Sachen Geschwindigkeit kaum nach: Bereits einige Tage zuvor, am 23.10.1903 hatte er auf derselben Strecke 206,7 km/h erreicht.

TYPEN-SCHILD

Hersteller: AEG/Siemens & Halske
Lieferung/Indienststellung: 1901
Spurweite: Normalspur
Achsfolge: Co'Co'
Länge über Puffer: 22,1 m
Gewicht: 60,0 t
Treibraddurchmesser: 1.000 mm
Höchstgeschwindigkeit: 210 km/h
Leistung: 3.360 kW
Stückzahl: 2

Die Triebwagen – hier der von AEG – erhielten nach ersten Versuchen, die bei 160 km/h endeten, für die Rekordfahrten neue Drehgestelle mit 5 m Achsstand und Seitenfederung.

Verabschiedung der 05 002 im Hbf Hamburg bei schlechtem Wetter
Bild: Archiv GeraMond

TYPEN-SCHILD

Hersteller: Borsig
Lieferung/Indienststellung: 1935–1937
Spurweite: Normalspur
Achsfolge: 2'C2' h3
Länge über Puffer: 26,2 m
Gewicht: 118,5 t
Treibraddurchmesser: 2.300 mm
Höchstgeschwindigkeit: 200,4 km/h
Leistung: 1.837 kW
Stückzahl: 3

Baureihe 05

Von der 05 wurden nur drei Stück gebaut. Die 2.400 kW starke 05 002 sorgte nach mehreren Versuchsfahrten, bei denen sie 190 km/h erreichte, für Aufsehen: Am 17.5.1936 überschritt sie mit einem 200 t-Testzug auf der Strecke Hamburg–Berlin nahe Friesack knapp die „magische" Grenze von 200 km/h und stellte damit einen neuen Weltrekord für Dampfloks auf. Dieser wurde zwar zwei Jahre später von der englischen A 4 „Mallard" knapp übertroffen, allerdings auf einer leicht abschüssigen Strecke. Zudem war die 05 insgesamt stärker als die A 4 und hätte auf einer weiteren Versuchsfahrt womöglich auch diesen Rekord wieder übertroffen. Mit ihren riesigen Treibrädern und der Stromlinienverkleidung setzte die 05 neue Maßstäbe im Dampflokomotivenbau.

Nach dem Umbau sah die 05 wie jede andere Dampflok aus. Bild: Sammlung Rampp

Class A 4 (LNER 4468 „Mallard")

Die von Sir Nigel Gresley entworfene A 4 „Mallard" (auf deutsch: „Stockente") war eine auf der A 3 basierende einrahmige Schnellzugdampflok, welche jedoch gegenüber der A 3 bauliche Veränderungen erfuhr: Sie wurde stromlinienförmig verkleidet, hatte einen höheren Kesseldruck und eine Verbrennungskammer. Vor allem aber konnte durch eine Kylchap-Saugzuganlage mit Doppelschornstein die Leistung von 1.650 kW auf mehr als 1.985 kW gesteigert werden. Mit dieser Ausstattung schaffte sie am 3.7.1938 bei einem Gewicht von 244 t eine Geschwindigkeit von 201,2 km/h und stellte damit den bis heute gültigen offiziellen Weltrekord für Dampflokomotiven auf. Sie hatte damit auch den bisherigen Rekord der 05 002 knapp überboten.

Oben: Auch die Union of South Africa war eine A 4-Lok. Bild: Chris McKenna
Unten: Dieses schöne Foto entstand im Bahnhof York, 49 Jahre nach der Rekordfahrt. Bild: R. Bastin

TYPEN-SCHILD

Hersteller: Doncaster Railway
Lieferung/Indienststellung: 1935
Spurweite: Normalspur
Achsfolge: 2'C 1' h3
Länge über Puffer: 21,6 m
Gewicht: 104,6 t
Treibraddurchmesser: 2.032 mm
Höchstgeschwindigkeit: 201,2 km/h
Leistung: 1.986 kW
Stückzahl: 34

oben: Der Schienenzeppelin in noch unverkleideter Rohbauform.
unten: Bei seinen Versuchsfahrten erhielt der Schienenzeppelin stets große Aufmerksamkeit. Bilder: Sammlung. Gottwaldt

TYPEN-SCHILD

Hersteller: Kruckenberg
Lieferung/Indienststellung: 1930
Spurweite: Normalspur
Achsfolge: AA
Länge über Puffer: 28,5 m
Gewicht: 20,3 t
Treibraddurchmesser: k.A.
Höchstgeschwindigkeit: 230 km/h
Leistung: 324 kW
Stückzahl: 1

Schienenzeppelin

Während in den 30er-Jahren reguläre Dampfloks wie die Baureihe 03 gerade einmal eine Geschwindigkeit von 130 km/h erreichten, fuhr der von Franz Kruckenberg entwickelte Schienenzeppelin in einer ganz anderen „Geschwindigkeitsliga“: Bereits 1929 errreichten propellerangetriebene Fahrzeuge ein Tempo von 175 km/h. Jetzt erzielte der futuristisch anmutende Schienenzeppelin am 21. Juni 1931 auf der Strecke Hamburg – Berlin eine Rekordgeschwindigkeit von 230 km/h – für damalige Verhältnisse schier unglaublich. Obwohl der Schienenzeppelin eine große Popularität in Deutschland genoss, ging er nicht in Serie, sondern wurde er doch 1939 verschrottet, da sich die Reichsbahn dem VT 877 zugewandt hatte.

Auch Carl Bellingrodt hat die 61 abgelichtet. Hier, im Juni 1936 ist sie erst seit einigen Tagen im Einsatz. Bild: Slg. Strüber

TYPEN-SCHILD

Hersteller: Henschel
Lieferung/Indienststellung: 1935–1939
Spurweite: Normalspur
Achsfolge: 2'C 1' h3
Länge über Puffer: 18,4–18,8 m
Gewicht: 128,8–146,2 t
Treibraddurchmesser: 2.300 mm
Höchstgeschwindigkeit: 187 km/h
Leistung: 1.070 kW
Stückzahl: 2

Baureihe 61

Als die neu aufkommenden Schnelltriebwagen populärer wurden, baute Henschel 1935 die Baureihe 61, um auch eine besonders leistungsfähige Lokomotive präsentieren zu können. Vor allem durch die großen Treibräder (2.300 mm), Stromlinienverkleidung und 1.070 kW Leistung erreichte sie die vorgesehene Maximalgeschwindigkeit von 175 km/h mühelos, auf einer Probefahrt sogar 187 km/h. Sie war nicht in der für Fernschnellverbindungen üblichen Schlepptender-, sondern in Tenderlok-Bauweise konstruiert worden. Die planmäßige Strecke Dresden–Berlin (176 km) wurde in nur 98 Minuten bewältigt, was einer Durchschnittsgeschwindigkeit von 103 km/h entspricht. Auch heute wird diese Zeit nicht durch schnelle-

Der Henschel-Wegmann-Zug brauchte von Berlin nach Dresden 98 Minuten.
Bild: Sammlung GeraMond

Großes Bild: Die 119 012 mit einem D-Zug auf der Fahrt nach München zwischen Fürth und Erlangen im Februar 1976
Rechts unten: Die E 19 01 in ihrer ursprünglichen Lackierung im Jahr 1979 im AW Freimann
Bilder: Gerd Nowak, Berndt von Mitzlaff

TYPEN-SCHILD

Hersteller: AEG, Siemens, Henschel
Lieferung/Indienststellung: 1939–1940
Spurweite: Normalspur
Achsfolge: 1'Do'1'
Länge über Puffer: 16,9 m
Gewicht: 113,0 t
Treibraddurchmesser: 1.600 mm
Höchstgeschwindigkeit: 200 km/h
Leistung: 3.720 kW
Stückzahl: 4

Die 119 011 wird im Juli 1973 einer Untersuchung im AW Freimann unterzogen. Bild: Hans van Engelen

Baureihe E 19 (119)

Im Rahmen der geplanten Verknüpfung des bayerischen und des mitteldeutschen Streckennetzes wurde die Entwicklung der E 19 Ende der 1930er-Jahre von der DR in Auftrag gegeben. Im Gegensatz zu ihrer Vorgängerin E 18 besaß die E 19 deutlich stärkere Motoren mit einer Dauerleistung von 3.720 kW, größere Laufräder (1.100 mm) und stabilere Antriebselemente. Auch optisch unterschieden sich beide Baureihen voneinander: Während die E 18 meist eine grüne oder kobaltblaue Lackierung aufwies, fiel die E 19 durch eine exklusive, weinrote Lackierung auf. Mit einer für die Zeit erstaunlichen Höchstgeschwindigkeit von 200 km/h auf Versuchsfahrten und 180 km/h bei bis zu 380 t Zuglast war die E 19 die stärkste Einrahmenlokomotive der Welt. Sogar Schnellfahrversuche mit bis zu 225 km/h wurden für die E 19 geplant, aber nie ausgeführt. Bis 1978 wurden diese „Edelhirsche" noch eingesetzt, allesamt beim Bw Nürnberg. Heutzutage kann man zwei der Nachwelt erhaltene Exemplare im Technikmuseum Berlin bewundern.

Als Besonderheit wurde die 18 201 anlässlich des 150-jährigen Jubiläums der Deutschen Eisenbahn 1985 in Nürnberg präsentiert.
Bilder: Sammlung. Hubrich

18 201

1960 benötigte die VES-M Halle im Rahmen der Entwicklung neuer Personenzugwagen, die über 160 km/h erreichen konnten. RAW Meiningen fertigte daraufhin die erste und einzige DR 18 201. Sie basierte auf der Henschel-Wegmann-Lokomotive 61 002, wobei zusätzlich Teile aus der missglückten Lokomotive H 45 024 und Neubaukessel der Reihe 22 verwendet wurden. Mit einer 1972 erreichten Spitzengeschwindigkeit von 182,4 km/h ist sie die bis heute schnellste betriebsfähige Dampflokomotive der Welt. Gleichzeitig hat sie mit einem Durchmesser von 2.300 mm das größte Treibrad, das an einer Lok mit dieser Achsfolge (2'C1'h3) je eingesetzt wurde. Noch bis in die 70er-Jahre war sie im Plandienst vor Schnellzügen im Einsatz. 2005 wurde ihr von dem Modellbahnhersteller Roco eine Sonderlackierung RAL 3003 (Rubinrot) spendiert, später aber wieder in ihre Ursprungsfarbe RAL 6020 (Chromoxidgrün) umlackiert. Um diese bedeutsame Lokomotive zu erhalten und zu pflegen, wurde im Anfang des Jahres 2006 die „Stiftung Dampflok 18 201" gegründet.

TYPEN-SCHILD

Hersteller: RAW Meiningen
Lieferung/Indienststellung: 1961
Spurweite: Normalspur
Achsfolge: 2'C1'h3
Länge über Puffer: 25 m
Gewicht: 113,6 t
Treibraddurchmesser: 2.300 mm
Höchstgeschwindigkeit: 182,4 km/h
Leistung: 1.170 kW
Stückzahl: 1

VT 877 („Fliegender Hamburger")

1932 wurde von der Firma WUMAG der erste dieselelektrische Schnelltriebwagen und Stromlinienzug der DR gebaut und setzte den Grundstein für den sich rasch ausbreitenden Schienenschnellverkehr. Ausgestattet war der „Fliegende Hamburger" mit zwei Maybach 12-Zylinder Motoren mit einer Leistung von insgesamt 604 kW, einer selbsttätigen Knorr-Einkammer-Druckluftbremse und einer Magnetschienenbremse. Dadurch konnte der Zug innerhalb von 800 m von der Höchstgeschwindigkeit zum Stehen gebracht werden. Am 19.12.1932 erreichte Zug auf der Strecke Berlin-Hamburg die Rekordgeschwindigkeit von 165 km/h. 1933 wurde der planmäßige Schnellverkehr auf selbiger Strecke aufgenommen und damit gleichzeitig die damals schnellste Zugverbindung der Welt: In nur 138 Minuten wurde die Strecke bewältigt, eine Zeit, welche erst wieder 1997 von einem ICE-Zug erreicht wurde. Im zweiten Weltkrieg kam der Wagen nicht zum Einsatz, wurde aber von 1949-1957 wieder eingesetzt. Heute ist lediglich ein Torso im Verkehrsmuseum Nürnberg erhalten geblieben.

Mehrere VT 877 in unterschiedlicher Lackierung. Bild: H. Scheiba

Der VT 877 wurde auch „Fliegender Hamburger" genannt. Bild: Sammlung Willy Reinshagen

Der SVT der Bauart „Köln" auf der Fahrt nach München. Bild: Sammlung Gottwaldt

TYPEN-SCHILD

- Hersteller: WUMAG
- Lieferung/Indienststellung: 1932–1935
- Spurweite: Normalspur
- Achsfolge: 2'Bo'2'
- Länge über Puffer: 41,9 m
- Gewicht: 93,8 t
- Treibraddurchmesser: 1.000 mm
- Höchstgeschwindigkeit: 160 km/h
- Leistung: 604 kW
- Stückzahl: 1

Auf einer Fahrzeugausstellung im Bahnhof Celle wird am 12. März 1983 die 202 003 in futuristischem Design ausgestellt Bild: Hubrich

TYPEN-SCHILD

Hersteller: Henschel, BBC
Lieferung/Indienststellung: 1982
Spurweite: Normalspur
Achsfolge: Bo'Bo'
Länge über Puffer: 19,8 m
Gewicht: 84,0 t
Treibraddurchmesser: 1.100 mm
Höchstgeschwindigkeit: 250 km/h
Leistung: 2.020 kW
Stückzahl: 1

202 003

Die ab 1970 gebaute, orangefarbene 202 003, auch unter der Bezeichnung DE 2500 bekannt, hatte ursprünglich ein Höchsttempo von lediglich 120 km/h, wobei der völlig neuentwickelte Drehstromantrieb mit Gleichrichter zum Einsatz kam. 1981 jedoch wurde die 202 003 auf umkoppelbare Antriebsmasse mit Stromlinienverkleidung umgebaut und war nun in der Lage, bei einer Leistung von 2.020 kW eine Höchstgeschwindigkeit von 250 km/h zu erreichen, was für eine dieselelektrische Lokomotive äußerst hoch ist und knapp unter dem Weltrekord des Talgo XXI liegt. Heute kann sie im Deutschen Technikmuseum in Berlin besichtigt werden, wobei auch wieder die zwischenzeitlich abgenommene Stromlinienverkleidung wieder angebracht wurde.

Auf diesem Bild ist die 202 003 auf dem Rollprüfstand in München zu sehen, wo Eisenbahnfahrzeuge bis zu 500 km/h beschleunigt werden. Bild: R.R. Rossberg

Baureihe 120^{1}

Nachdem die 120° sich im Plan- und Baudienst bewährt hatten, nahm die sie 1987 in München ihren regulären Betrieb auf. Sie war die weltweit erste Lok, die mit dem heute noch modernen Drehstromantrieb fuhr. Diese innovative Technik unterschied sich deutlich von der früherer Loks und ermöglichte aufgrund neuer, ölgekühlter Traktionsumrichter hohe Geschwindigkeiten. 1984 stellte sie mit 265 km/h auf der Strecke Donauwörth–Augsburg einen neuen Weltrekord für Drehstromfahrzeuge auf. Obwohl ursprünglich als Universallok geplant, wird diese Reihe heute vor allem vor IC-Züge, gelegentlich auch vor Güterzüge gespannt. Sie blieb ohne Nachfolger, diente aber als Vorbild für moderne Hochleistungsloks wie die 101 und ICEs.

Oben: 120 135 mit dem Eurocity 240 bei einem Zwischenhalt in Stendal Hbf. Bild: Uwe Miethe

Unten: Die 752 001 (ex 120 001). Bild: Sammlung Klee

TYPEN-SCHILD

Hersteller: BBC, Henschel, Krupp u.a.
Lieferung/Indienststellung: 1987
Spurweite: Normalspur
Achsfolge: Bo'Bo'
Länge über Puffer: 19,2 m
Gewicht: 83,2 t
Treibraddurchmesser: 1.400 mm
Höchstgeschwindigkeit: 265 km/h
Leistung: 5.600 kW
Stückzahl: 60

In Österreich wird die BR 182 unter der Bezeichnung 1116 geführt. Die 1116.912 der Mittelweserbahn GmbH befördert hier den ECCO Cargo „Nördlinger Ries". Bild: Uwe Miethe

TYPEN-SCHILD

Hersteller: Kraus-Maffei, Siemens
Lieferung/Indienststellung: 2001
Spurweite: Normalspur
Achsfolge: Bo'Bo'
Länge über Puffer: 19,2 m
Gewicht: 86,0 t
Treibraddurchmesser: 1.150 mm
Höchstgeschwindigkeit: 230 km/h
Leistung: 6.400 kW
Stückzahl: 25

Baureihe 182

Bei der Baureihe 182, auch „Taurus" genannt, handelt es sich um eine Güterzuglok. Zwar gilt der Name eigentlich nur für Züge der ÖBB (Österreichische Bundesbahnen), allerdings ist er ebenso bei deutschen Loks dieses Typs gebräuchlich geworden. Eingang in den Fahrzeugpark der DB fand der Taurus, weil die ÖBB keine Zulassung der Baureihe 152 erteilt hatte. Der Taurus ist mit einem Hochleistungsantrieb mit getrennter Bremswelle, hochgeschwindigkeitstauglichen Drehgestellen und aerodynamischer, glasfaserverstärktem Kopf ausgestattet. Obwohl der Taurus dadurch eine beachtliche Höchstgeschwindigkeit erreicht, wird er von der DB AG nur als Güterzuglok eingesetzt.

Die 182 009 mit ihrem Güterzug im Mai 2002 auf der Strecke Ulm – Augsburg
Bild: Uwe Miethe

Bereit zur Schnellfahrt: E 10 300 mit Messwagen am 22. Mai 1968 in Bamberg. Bild: Sammlung Dr. Brian Rampp

TYPEN-SCHILD

Hersteller: AEG, Henschel, Krupp u.a.
Lieferung/Indienststellung: 1963
Spurweite: Normalspur
Achsfolge: Bo'Bo'
Länge über Puffer: 16,5 m
Gewicht: 88,8 t
Treibraddurchmesser: 1.250 mm
Höchstgeschwindigkeit: 200 km/h
Leistung: 3.700 kW
Stückzahl: 2

Baureihe E 10 (110)

Die Versuchs-Loks Nr. 299 und 300 erreichten am 22. Mai. bzw. 28.10.1963 auf der Strecke Forchheim – Bamberg erstmals 200 km/h. Sie fuhren zeitweise mit dem damals neuentwickelten Einholm-Stromabnehmer. Wichtig war die vollgefederte Lagerung der Motoren im Drehgestell, damit diese auch bei hohem Tempo frei schwingen konnten. Für die 299 hatte Henschel Gestelle mit „Verzweigerantrieb" entwickelt, bei der 300 wurde zusätzlich zum von Siemens-Schuckert entwickelten Gummiring-Kardanantrieb eine elektronische Stufensteuerung mit Temporegelung verwendet. Die 299 steht heute in Braunschweig und die 300 gehört zum Bestand des Bf Köln-Deutz.

Die E 10 120 in Würzburg Hbf. Bild: Willy. Reinshagen

TYPEN-SCHILD

Hersteller: Stanier, Crewe Works
Lieferung/Indienststellung: 1937
Spurweite: Normalspur
Achsfolge: 2'C1' h4v
Länge über Puffer: 22,5 m
Gewicht: 108,0 t
Treibraddurchmesser: 2.057 mm
Höchstgeschwindigkeit: 183,5 km/h
Leistung: 2.450 kW
Stückzahl: 38

Ein Exemplar mit Windleitblechen in Crewe am 1. Juni 2003.
Bild: Phil Scott

Duchess Class

Bei der 1937 gebauten Duchess Class handelt es sich mit um die leistungsfähigsten Dampflokomotiven, die je in England liefen. Sie hatte eine Leistung von 2.450 kW und einen Treibraddurchmesser von 2.057 mm. Auf einer abenteuerlichen Probefahrt erreichte die Lok 183,5 km/h, allerdings erst nach einer sehr langen Beschleunigungsphase. In den letzten Vorkriegsjahren wurden einige Maschinen mit einer Stromlinienverkleidung versehen und als „Princess Coronation Class“ bezeichnet, wobei die Leistungsfähigkeit jedoch gleich blieb. Drei Duchess-Class-Loks sind erhalten geblieben: Duchess of Hamilton, Duchess of Sutherland und City of Birmingham, wobei letztere im ThinkTank-Museum in Birmingham besichtigt werden kann.

Die Duchess of Hamilton mit der Nummer 6229. Bild: Tived Shambo

Reihe 12

Die stromlinienverkleidete 12 war in den 30er-Jahren die schnellste Lokomotive Belgiens. Bild: NYC/Sammlung H.K. Vollrath

Bei den 1938 gebauten Loks der belgischen Reihe 12 handelte es sich um schnelle Stromliniendampflokomotiven mit Innentriebwerk, die sich auf dem damals neusten Stand der Technik befanden. Sie waren mit Heißdampfkesseln, Feuerbüchs-Siederohren und Bremsen an allen Rädern ausgestattet. Mit der am 12. Juni 1939 erreichten Geschwindigkeit von 165 km/h war sie die schnellste Lokomotive Belgiens. Sie war zudem die letzte Lokomotive, die in der Achsanordnung 2'B1' gebaut wurde.

Eine etwas eigenwillige Formgebung besaß die Reihe 12 von 1938 mit Innentriebwerk. Bild: Sammlung Dr. Brian. Rampp

TYPEN-SCHILD

Hersteller: Fa. Cockerill, Seraing
Lieferung/Indienststellung: 1938/39
Spurweite: Normalspur
Achsfolge: 2'B1'
Länge über Puffer: 17 m
Gewicht: 89,5 t
Treibraddurchmesser: 2.100 mm
Höchstgeschwindigkeit: 165 km/h
Leistung: k.A.
Stückzahl: 6

Bayerische S 2/6

Die bayerische S 2/6 mit der Nummer 3201, hier in einer vom Fotografen sorgfältig inszenierten Seitenansicht.

Bild: DB-Museum Nürnberg

TYPEN-SCHILD

Hersteller: Maffei
Lieferung/Indienststellung: 1906
Spurweite: Normalspur
Achsfolge: 2'B2' h4v
Länge über Puffer: 21,1 m
Gewicht: 83,4 t
Treibraddurchmesser: 2.200 mm
Höchstgeschwindigkeit: 154,2 km/h
Leistung: 1.620 kW
Stückzahl: 1

Die S 2/6 wurde von den Königlich Bayerischen Staats-Eisenbahnen als Prototyp für Versuchsfahrten in Auftrag gegeben. Sie basierte weitgehend auf der Badischen II d und die Triebwerke wurden fast vollständig von der pfälzischen P 4 übernommen. Obwohl die Lok unverkleidet war, wurde insgesamt Wert auf geringen Luftwiderstand gelegt: Der Schornstein hatte Windschneiden, vor den Zylindern war eine gewölbte Verkleidung angebracht und die Rauchkammertür war kegelförmig gestaltet. Am 2. Juli 1907 erreichte Lokführer Johann Zuschanko mit der S 2/6 auf der Strecke München – Augsburg eine Rekordgeschwindigkeit von 154,2 km. Bis 1936 war sie die schnellste Dampflok Deutschlands und kann heute im Verkehrmuseum Nürnberg bewundert werden.

Die S 2/6 hat auch nach 100 Jahren nichts von ihrem Ruhm verloren.

Bild: Deutsches Museum München

Baureihe 610

Das in Italien bereits seit den 1980er-Jahren erfolgreich eingesetzte Neigetechnik-System („Pendolino“) weckte auch das Interesse der DB, die auf normalen Strecken höhere Geschwindigkeiten erzielen wollte. Nach überzeugenden Testfahrten mit dem Pendolino in Deutschland wurde die mit der FIAT-Neigetechnik ausgestattete Baureihe 610 gebaut. Mit einer Motorleistung von 2.485 kW und einem Treibradurchmesser von 890 mm erreicht diese Baureihe 160 km/h, was für einen Dieseltriebwagen recht hoch ist.

Zwei Triebwagengenerationen im Hauptbahnhof Hof, der 610 003 (rechts) und der 612 056. Bild: Uwe Miethe

TYPEN-SCHILD

- Hersteller: AEG, Düwag, Siemens
- Lieferung/Indienststellung: 1992–1993
- Spurweite: Normalspur
- Achsfolge: 2'(A1)'+(1A)'(A1)
- Länge über Puffer: 51,7 m
- Gewicht: 52,0 t
- Treibraddurchmesser: 890 mm
- Höchstgeschwindigkeit: 160 km/h
- Leistung: 2.485 kW
- Stückzahl: 20

Eine 610 in Marktredwitz, März 2004. Bild: Uwe Miethe

Im Vergleich zur 01^{10} bot die 03^{10} in technischer Hinsicht wenig Neues. Bild: Sammlung Andreas. Knipping

TYPEN-SCHILD

Hersteller: Borsig, Krupp, Kraus-Maffei
Lieferung/Indienststellung: 1940–1941
Spurweite: Normalspur
Achsfolge: 2'C 1' h3
Länge über Puffer: 23,9 m
Gewicht: 103,2 t
Treibraddurchmesser: 2.000 mm
Höchstgeschwindigkeit: 140–150 km/h
Leistung: 1.320 kW
Stückzahl: 60

Baureihe 03^{10}

Ähnlich wie bei der 01 wurde ab 1939 auch der zweizylindrigen 03 eine dreizylindrige Bauvariante 03^{10} zur Seite gestellt. Sie waren in der Lage, eine Zuglast von 360 t bei 4 Promille Steigung mit 100 km/h zu befördern. Auf ebener Strecke und mit leichter Beladung war eine Höchstgeschwindigkeit von 150 km/h möglich und das, obwohl die 03^{10} eine im Vergleich zur 03 geringere Gesamtleistung hatte (1.320 statt 1.600 kW). Aufgrund der zu Beginn des Zweiten Weltkrieges umgestellten Produktion auf Kriegsgüter wurden nur 60 Exemplare gebaut. Sie blieben auch nach dem Zweiten Weltkrieg für längere Zeit im Einsatz und wurden teils von der Bundesbahn, teils von der DR übernommen.

Die Reichbahn entschied sich wie auch bei der 01 zu einer Neuauflage der 03 mit drei Zylindern und Stromlinienverkleidung. Bild: Sammlung. Andreas Knipping

TYPEN-SCHILD

Hersteller: AEG, Krupp
Lieferung/Indienststellung: 1935–1940
Spurweite: Normalspur
Achsfolge: 1'Do'1'
Länge über Puffer: 16,9 m
Gewicht: 108,5 t
Treibraddurchmesser: 1.600 mm
Höchstgeschwindigkeit: 150 km/h
Leistung: 3.040 kW
Stückzahl: 55

Die 18 054 der DB im Jahr 1983 in blauer Lackierung. Bild: Martin Weltner

Baureihe E 18

Die in den Jahren 1935–40 gebaute E 18 gehörte zu den schnellsten je von der DRG gebauten Elloks, deren Höchstgeschwindigkeit von 150 km/h bei einer Leistung von 3.040 kW nur noch von dem Nachfolgermodell E 19 übertroffen wurde. Sie wurde ursprünglich in stählernem Blaugrau ausgeliefert, nach dem Weltkrieg sowohl von der DR als auch der DB jedoch umlackiert (blau / grün in der DDR, einige Exemplare bei der DB in Rot). Sie waren in der Lage 360 t bei 20 Promille Steigung mit immer noch 75 km/h zu befördern. Acht Exemplare wurden auch in Österreich unter der Bezeichnung E 18^2 eingesetzt. Insgesamt sind noch sechs Exemplare erhalten geblieben und u. a. im Verkehrsmuseum Nürnberg zu besichtigen.

Eine in puncto Schärfe und Belichtung äußerst gelungene Aufnahme der E 18 15 in Hirschberg/Schlesien von Carl Bellingrodt. Bild: Sammlung Brinker

Baureihe 01^{10}

Die DRG ließ ab 1939 die auf der 01 basierende Dampflok-Baureihe 01^{10} fertigen, da die 01er und 03er bei der Beförderung von rund 350 t auf Rampen mit bis zu 5 ‰ Steigung überfordert waren. Außerdem wurde eine damals moderne Stromlinienverkleidung angebracht, um den Luftwiderstand zu verringern. So war die dreizylindrige Baureihe im Gegensatz zur zweizylindrigen 01 zu Geschwindigkeiten von bis zu 150 km/h in der Lage. Nach dem Zweiten Weltkrieg wurden die Loks mit neuen haltbaren Hochleistungskesseln ausgestattet und zum Teil auf Ölhauptfeuerung umgebaut. Erst in dieser Form erreichte die 01^{10} ihre volle Leistungsfähigkeit und war bis weit in die 60er-Jahre im schweren Schnellzugdienst unverzichtbar. Heute sind noch einige betriebsfähige Exemplare erhalten, wie die 01 1066 der Ulmer Eisenbahnfreunde.

TYPEN-SCHILD

Hersteller: Schwarzkopff
Lieferung/Indienststellung: 1939–1940
Spurweite: Normalspur
Achsfolge: 2'C1' h3
Länge über Puffer: 24 m
Gewicht: 110,0–111,0 t
Treibraddurchmesser: 2.000 mm
Höchstgeschwindigkeit: 140 km/h
Leistung: 1.725–1.815 kW
Stückzahl: 54

Eisenbahner verpassen der 01 1089 den letzten Schliff. Bild: Rbd Halle/Slg. Rampp

Die 01 1075 im Jahr 1965 mit einem Eilzug in Diepholz.
Bild: Hans von Engelen

Baureihe 01

Die von der DRG gebauten 01er waren mit die ersten in Serie gebauten Einheitsdampflokomotiven. Sie wurden für den schnellen Reisezugverkehr eingesetzt und erreichten eine Höchstgeschwindigkeit von 120 km/h, und, nachdem die Laufräder vergrößert worden waren, 130 km/h. Bis in die 30er-Jahre verkehrten die 01er dann auf den relativ wenigen Strecken, die 20 t Achslast aushielten, später wurde ihr Bereich ausgeweitet. Von 1950–1957 wurden einige Exemplare rekonstruiert und mit Verbrenungskammer-Hinterkesseln ausgestattet, wobei durch die resultierende Erhöhung der Strahlungsheizfläche die Leistung erhöht werden konnte. Die Baureihe 01 war in Westdeutschland bis 1973 im Einsatz, in der DDR sogar noch bis in die 1980er, wo sie dann schließlich durch die sowjetische Baureihe 132 ersetzt wurde.

TYPEN-SCHILD

Hersteller: AEG, Henschel, Krupp u.a.
Lieferung/Indienststellung: 1925–1938
Spurweite: Normalspur
Achsfolge: 2'C1' h2
Länge über Puffer: 23,9 m
Gewicht: 111,3 t
Treibraddurchmesser: 2.000 mm
Höchstgeschwindigkeit: 120–130 km/h
Leistung: 1.648 kW
Stückzahl: 231

Oben: Die 01 210 des Bw Hof mit Neubaukessel.
Bild: Krantz

Unten: Eine von Carl Bellingrodt 1937 fotografierte 01.
Bild: Sammlung Gottwaldt/Brinker

Velaro RUS

Im Jahr 2006 hatten Siemens und die Russischen Staatsbahnen einen Vertrag über die Lieferung von acht Hochgeschwindigkeitszügen des Typs „Velaro RUS“ ab 2009 geschlossen. Diese Züge müssen auch den klimatischen Bedingungen Russlands gewachsen sein (vor allem im harten Winter) und wurden daher so konstruiert, dass die Technik bis zu einer extremen Außentemperatur von -40 °C noch betriebsfähig bleibt. Zudem mussten die Triebwagen der russischen Breitspur (1.520 mm) angepasst werden. Geplant ist vorerst eine Höchstgeschwindigkeit von 250 km/h, die bei verbesserter Infrastruktur auf 330 km/h erhöht werden soll. Sie sollen auf der Hauptstrecke Moskau – St. Peterburg eingesetzt werden.

Die Farben sind die gleichen, aber die Front des Velaro soll in Russland aufgrund der größeren Spurbreite anders aussehen. Bild: Siemens

TYPEN-SCHILD

Hersteller: Siemens
Lieferung/Indienststellung: 2009
Spurweite: Breitspur (1.520 mm)
Achsfolge: 2(Bo'Bo'+2'2')+2(2'2'+Bo'Bo')
Länge über Puffer: 250 m
Gewicht: 667,0 t
Treibraddurchmesser: 920 mm
Höchstgeschwindigkeit: 250 km/h
Leistung: 8.000 kW
Stückzahl: 8

TYPEN-SCHILD

Hersteller: Borsig, Krupp, Kraus-Ma
Lieferung/Indienststellung: 1930
Spurweite: Normalspur
Achsfolge: 2'C1' h2
Länge über Puffer: 23,9 m
Gewicht: 104 t
Treibraddurchmesser: 2.000 mm
Höchstgeschwindigkeit: 130 km/h
Leistung: 1.450 kW
Stückzahl: 298

Die Baureihe 03, wie sie sich in den 1930er-Jahren mit den großen Windleitblechen präsentierte. Bild: Werner Hubert

Baureihe 03

Weil das Gewicht der 01 für viele Hauptbahnen zu schwer war, wurde die 03 als kleinere Version der 01 entwickelt. Kessel und Zylinder waren verkleinert und die Achslast betrug nur noch 18 t. Wegen des niedrigeren Gewichtes erreichte die 03 trotz der geringeren Leistung von rund 1.450 kW erreichte die 03 ähnliche Geschwindigkeiten wie die 01 (120-130 km/h). Die Loks der Baureihe 03 verrichteten in Westdeutschland noch bis 1972 ihren Dienst.

Baureihe 18^3

Übertraf 1956 die S 2/6 in punkto Geschwindigkeit: Die 18^3 der Deutschen Bundesbahn. Bild: Sammlung Udo Paulitz

Da sich herausstellte, dass Loks der Gattung IV f im Betrieb auf der Rheintalbahnstrecke wegen der kleinen Treibräder überlastet waren, beauftragte die Großherzoglich Badische Staatsbahn Maffei zum Bau von 20 Lokomotiven der Reihe IV h (Reihe 18^3). Mit 2.100 mm Durchmesser hatten die 18^3 die größten je in Pacifics serienmäßig eingesetzten Treibräder. Auch hatten sie den größten bis dahin in Deutschland eingesetzten dreischüssigen Kessel. Zunächst auf 110 km/h begrenzt, erreichte sie 1956 162 km/h und war damit schneller als die bayerische S 2/6.

TYPEN-SCHILD

Hersteller: Maffei
Lieferung/Indienststellung: 1918–1920
Spurweite: Normalspur
Achsfolge: 2'C1' h4v
Länge über Puffer: 23 m
Gewicht: 97,0 t
Treibraddurchmesser: 2.100 mm
Höchstgeschwindigkeit: 162 km/h
Leistung: 1.360 kW
Stückzahl: 20

18 314

Die 18 314 wurde ab 1970 unter der Bezeichnung 02 0314 geführt. Bild: Sammlung Schütze

Bei der 18 314 handelt es sich um ein Exemplar der Badischen IV h, die nach dem Zweiten Weltkrieg rekonstruiert wurde. In Zwickau erhielt sie einen neuen Verbrennungskammerkessel des Typs 39 E, eine wirkungsvollere Riggenbach-Gegendruckbremse und einen grünen Anstrich mit weißen Zierstreifen. Ihre Höchstgeschwindigkeit wurde auf 150 km/h erhöht, wobei sie auf einer Probefahrt sogar 160 km/h erreichte. Am 31.12.1971 wurde sie ausgemustert und ist heute noch im Auto- und Technikmuseum Sinsheim zu besichtigen.

TYPEN-SCHILD

Hersteller: Maffei
Lieferung/Indienststellung: 1960
Spurweite: Normalspur
Achsfolge: 2'C1' h4v
Länge über Puffer: 23,6 m
Gewicht: 105,0 t
Treibraddurchmesser: 2.100 mm
Höchstgeschwindigkeit: 160 km/h
Leistung: 1.294 kW
Stückzahl: 1

Die Baureihe 753 wurde für Versuchszwecke eingesetzt.
Bild: Malte Werning

Baureihe 753

Anfang der 1960er-Jahre beauftragte die DB die Firma Krupp zur Produktion der Baureihe 753 mit 16-Zylinder-Motoren, aus der später die Baureihe 217 entsprang. Die mit einem zusätzlichen Hilfsmotor versehenen Loks hatten ein Höchsttempo von 140 km/h und bewährten sich gut.

TYPEN-SCHILD

Hersteller	AEG, Siemens, Krupp
Lieferung/Indienststellung	1965
Spurweite	Normalspur
Achsfolge	B'B'
Länge über Puffer	16,4 m
Gewicht	79,0 t
Treibraddurchmesser	1.000 mm
Höchstgeschwindigkeit	160 km/h
Leistung	1.840 kW
Stückzahl	15

Talgo XXI

Der Talgo XXI. Bild: Talgo

Der Talgo XXI erreichte 2002 auf der Strecke Madrid-Barcelona 256,8 km/h und lief damit dem HST 125 als zweitschnellster Dieselzug den Rang ab. Bemerkenswert sind auch die Triebköpfe, die mit einem neuartigen umspurbaren Fahrwerk ausgestattet sind.

TYPEN-SCHILD

Hersteller	Patentes Talgo
Lieferung/Indienststellung	2002
Spurweite	N- u. Breitspur (1.668 mm)
Achsfolge	1'Bo'
Länge über Puffer	21 m
Gewicht	44,0 t
Treibraddurchmesser	1.100 mm
Höchstgeschwindigkeit	256,8 km/h
Leistung	1.500–2.000 kW
Stückzahl	2

BR 675/975

Diese Reihe wurde ab 1963 produziert und 2003 ausgemustert. Ihr Höchsttempo betrug 160 km/h (als Vierteiler). Bei ihr handelte es sich um einen hochwertigen dieselhydraulischen Schnelltriebzug, mit dem die DDR ihr Prestige auf internationalen Strecken zu erhöhen beabsichtigte.

TYPEN-SCHILD

Hersteller	VEB Wagenbau Görlitz
Lieferung/Indienststellung	1963
Spurweite	Normalspur
Achsfolge	B'2'+2'2'+2'2'+2'B'
Länge über Puffer	144 m
Gewicht	297,0 t
Treibraddurchmesser	950 mm
Höchstgeschwindigkeit	160 km/h
Leistung	1.472 kW
Stückzahl	8

Die Baureihe 675/975, alte Bezeichnung VT 18^{16}.
Bild: F. Heilmann

Baureihe 240

1989 baute die Maschinenfabrik Kiel drei sechsachsige Dieselloks für schweren Güterverkehr. Von der DB wurden sie nur auf Mietbasis eingesetzt, später dann an die Hafen und Güterverkehr Köln AG verkauft. Grund war vor allem das seit der Wiedervereinigung herrschende Überangebot an den ähnlich leistungsfähigen DR-Loks der Baureihe 232. In Köln verrichtet nur noch eine 240 ihren Dienst.

TYPEN-SCHILD

Hersteller: MaK, Krupp, Siemens
Lieferung/Indienststellung: 1989
Spurweite: Normalspur
Achsfolge: Co'Co'
Länge über Puffer: 20 m
Gewicht: 117,0 t
Treibraddurchmesser: 1.016 mm
Höchstgeschwindigkeit: 160 km/h
Leistung: 2.650 kW
Stückzahl: 3

Bei der DB trugen die Dieselloks vom Typ DE 1024 eine Lackierung in Weiß, Rot und Blau. Bild: Sammlung Markus Hehl

Baureihe 202 001

Das erste und einzige Exemplar wurde in den 70ern von Henschel gebaut. Es handelt sich um die erste dieselelektrische Lokomotive Deutschlands, die eine Alternative zum von der DB bevorzugten dieselhydraulischen Antrieb darstellten. Ihre Höchstgeschwindigkeit betrug 140 km/h.

202 001 blieb ein Einzelstück. Bild: Sammlung Markus. Hehl

TYPEN-SCHILD

Hersteller: Henschel, BBC
Lieferung/Indienststellung: 1970
Spurweite: Normalspur
Achsfolge: Bo'Bo'
Länge über Puffer: 18 m
Gewicht: 83,2 t
Treibraddurchmesser: 1.100 mm
Höchstgeschwindigkeit: 140 km/h
Leistung: 1.400 kW
Stückzahl: 1

Pearson FT 9 Single

Das markanteste Merkmal dieser Lokomotive war das riesige Treibrad (2.743 mm!). Ihre enormen Abmessungen erklärten sich auch daraus, dass sie für damalige Breitspurschienen (2.100 mm) eingesetzt wurde.

TYPEN-SCHILD

Hersteller: Rothwell
Lieferung/Indienststellung: 1854
Spurweite: Breitspur (2.100 mm)
Achsfolge: 2'A2'
Länge über Puffer: 9,3 m
Gewicht: 50,8 t
Treibraddurchmesser: 2.743 mm
Höchstgeschwindigkeit: 130 km/h
Leistung: 860 kW
Stückzahl: 1

Pearson FT 9 Single. Bild: Sammlung Udo Paulitz

221 A (PLM)

Damit eilige Geschäftsleute in nur einem Tag zwischen Paris und Lyon pendeln konnten, beschloss die PLM Mitte der 1930er-Jahre, die alte Serie 2900 aufzurüsten. Die neue Lok trug die Bezeichnung 221 A und erreichte eine Geschwindigkeit von 140 km/h. Auf einer Fahrt wurde als Höchstgeschwindigkeit sogar 156 km/h gemessen, was für die damalige Zeit sehr schnell war. Die 512 km lange Strecke Paris – Lyon legte der Zug in nur fünf Stunden zurück. In gewisser Hinsicht kann er als Vorläufer des TGV betrachtet werden.

TYPEN-SCHILD

Hersteller: PLM
Lieferung/Indienststellung: 1935
Spurweite: Normalspur
Achsfolge: 2'B1 h4v
Länge über Puffer: 21 m
Gewicht: 75,8 t
Treibraddurchmesser: 2.000 mm
Höchstgeschwindigkeit: 156 km/h
Leistung: 1.250 kW
Stückzahl: 1

Paris – Lyon in fünf Stunden: der 221 A. Bild: Sammlung Udo Paulitz

GWC Class 2 B („City of Truro")

Zu Beginn des 20. Jahrhunderts steigerten sich in England die beiden Kontrahenten Great Western Railway und South Western Railway in einen regelrechten Geschwindigkeitsrausch hinein, um die Gunst der Fahrgäste jeweils für sich zu gewinnen. Auf einer besonders werbewirksamen Goldtransportfahrt erreichte die Schnelldampflok City Class 2 B der GWR im Mai 1905 164,6 km/h auf der Strecke Plymouth–London. Die City-Baureihe wurde nach alter Lokbautradition mit doppeltem Rahmen, auf dem Umlauf montierten Federn und innenliegenden Zylindern gebaut. Heute kann diese formschöne Lokomotive im Great Western Museum in Swindon besichtigt werden.

TYPEN-SCHILD

Hersteller: Swindon Works
Lieferung/Indienststellung: 1903
Spurweite: Breitspur
Achsfolge: 2'B n2
Länge über Puffer: 17,1 m
Gewicht: 94,0 t
Treibraddurchmesser: 2.045 mm
Höchstgeschwindigkeit: 164 km/h
Leistung: 1.050 kW
Stückzahl: 1

Schöner Zug in schöner Landschaft: die elegante „City of Truro" auf einer Sonderfahrt im idyllischen Südwesten Englands. Bild: R. Bastin

999 (NYC & Hudson River Railroad)

Die Nr. 999 der New York Central & Hudson River Railroad drei Tage nach der Rekordfahrt 1893. Bild: Sammlung Udo Paulitz

Den Grundstein für den Ruhm des Empire State Express legte eine besonders ausgestattete, aber ansonsten typisch amerikanische Dampf lokomotive mit der Nummer 999. Um den Konkurrenten Pennsylvania Railroad im Vorfeld der Weltausstellung in Chicago 1893 zu schlagen, wurde mit dieser Lok eine öffentlichkeitswirksame Rekordfahrt durchgeführt: Ziel war, die „magische" 100 mph-Grenze zu überschreiten, was auch gelang: Am 10. Mai 1893 erreichte die 999 einen Weltrekord mit 195,5 km/h zwischen Batavia und Buffalo.

TYPEN-SCHILD

Hersteller: West Albany
Lieferung/Indienststellung: 1893
Spurweite: Normalspur
Achsfolge: 2'B n2
Länge über Puffer: 17,6 m
Gewicht: 92,5 t
Treibraddurchmesser: 2.184 mm
Höchstgeschwindigkeit: 195 km/h
Leistung: 1.600 kW
Stückzahl: 1

SAR 16 E

Eine der wenigen Schnellzugdampflokomotiven in Afrika war die von der deutschen Firma Henschel & Sohn gebaute SAR 16 E („SAR" steht für „South African Railways"). Dabei handelte es sich interessanterweise um eine Schmalspur-Dampflokomotive mit einem für diese Verhältnisse ungewöhnlich großen Treibrad-Durchmesser von 1.829 mm. Die Rostfläche war so groß, dass zwei Heizer vonnöten waren, um diese Lok zu beschicken. Auf einer Testfahrt erreichte sie 1935 112 km/h, und ein Depotchef Südafrikas berichtete, wie unter Missachtung der Geschwindigkeitsvorschriften sogar 148 km/h erreicht wurden.

TYPEN-SCHILD

Hersteller: Henschel
Lieferung/Indienststellung: 1935
Spurweite: Normalspur
Achsfolge: 2'C1' h2
Länge über Puffer: 21 m
Gewicht: 169,0 t
Treibraddurchmesser: 1.829 mm
Höchstgeschwindigkeit: 148 km/h
Leistung: 1.600 kW
Stückzahl: 6

Die 16E 858 „Baconfield". Bild: Sammlung Udo Paulitz

TEP 80

Die wenig bekannte russische Diesellok vom Typ TEP 80 beansprucht inoffiziell den Weltrekord für Dieselloks mit einer Höchstgeschwindigkeit von 271 km/h und überträfe damit sogar den HST und ICE-TD.

Errreicht eine Spitzengeschwindigkeit von 271 km/h: Die russische Diesellok TEP 80. Bild: Sammlung GeraMond

Die TEP 80 auf dem linken Bild befindet in einem etwas vernachlässigten Zustand. Bild: Sammlung GeraMond

TYPEN-SCHILD

Hersteller: k.A.
Lieferung/Indienststellung: 1985
Spurweite: Normalspur
Achsfolge: Bo'Bo'
Länge über Puffer: 16 m
Gewicht: k.A.
Treibraddurchmesser: 1.100 mm
Höchstgeschwindigkeit: 271 km/h
Leistung: k.A.
Stückzahl: 50

Baureihe 01^5

Da die Loks der BR 01 schon sehr verschlissen waren, wurden 35 Modelle in der DDR rekonstruiert, um wieder einsatzfähig zu sein. Die Reko-Loks bekamen die Bezeichnung 01^5. Zu den Rekonstruierungsmaßnahmen gehörten unter anderem ein leistungsfähigerer Kessel, durchgehende Domverkleidung und eine kegelige Rauchkammertür ohne Zentralverschluss. Durch diese Maßnahmen waren die Loks zu 130 km/h imstande. Sie kamen u.a. im Schnellzugverkehr zwischen Berlin-Ostbahnhof und dem Hamburg zum Einsatz.

Reko-Lokomotive 01 503 bei einem Halt in Hamburg-Altona. Bild: Ludwig Rotthowe

TYPEN-SCHILD

Hersteller: RAW Meiningen
Lieferung/Indienststellung: 1961
Spurweite: Normalspur
Achsfolge: 2'C1' h2
Länge über Puffer: 24,3 m
Gewicht: 111,0 t
Treibraddurchmesser: 2.000 mm
Höchstgeschwindigkeit: 130 km/h
Leistung: 1.650 kW
Stückzahl: 35

HST 125/ InterCity 125

Beim „High Speed Train“, werden die zwei Triebköpfe durch Dieselmotoren angetrieben, wobei zusätzliche Elektromotoren jeweils vier Achsen antreiben. Am 11. Juni 1973 erreichte er 230 km/h und übertraf damit den bisherigen Weltrekord für Dieselloks in Spanien (222 km/h). Als 1976 Plangeschwindigkeiten von über 200 km/h in Frankreich und Japan bereits Alltag waren, wurde einzig in England dieses Tempo mit Dieselzügen erreicht. 1987 wurde der Rekord für Dieselloks bei einer Testfahrt eines HST 125 mit 238,9 km/h nochmals erhöht.

TYPEN-SCHILD

Hersteller: British Rail Engineering Ltd.
Lieferung/Indienststellung: 1970
Spurweite: Normalspur
Achsfolge: Bo'Bo'+7(2'2')+Bo'Bo'
Länge über Puffer: 17,8 m
Gewicht: 69,5 t
Treibraddurchmesser: 1.100 mm
Höchstgeschwindigkeit: 238 km/h
Leistung: 3.310 kW
Stückzahl: 95

Dem dieselbetriebenen HST 125 war von Anfang ein Erfolg beschieden. Bild: R. Bastin

ETR 500

Bei dem zur italienischen Eurostar-Flotte gehörenden ETR 500 handelt es sich um den zur Zeit schnellsten Zug Italiens. Auf der neugebauten Strecke Turin-Novara-Mailand wurde am 25. Mai 2006 mit dem Versuchszug ETR-Y 500-2 eine Geschwindigkeit von 352 km/h erreicht. Im Gegensatz zu den Einholm-Stromabnehmern des ICE und TGV kommt beim ETR ein Vollscheren-Stromabnehmer zum Einsatz. Um das Flaggschiff der ETR-Reihe auch optisch hervorzuheben, sind die Züge mit einem „bianco verde“- bzw. „AV“-Design versehen, bei dem eine signalrote Kontrastfläche am Triebkopf zu sehen ist.

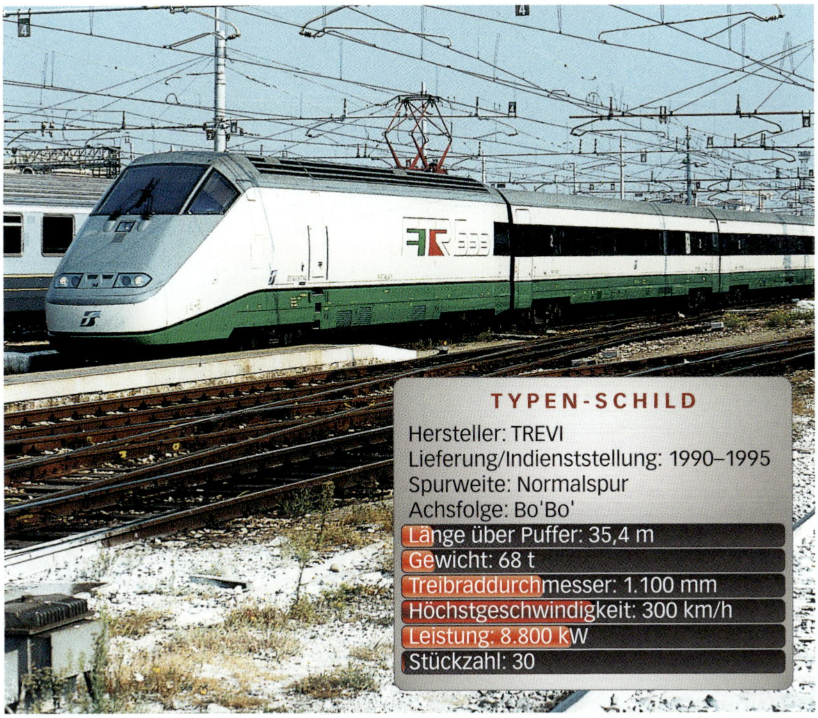

TYPEN-SCHILD

Hersteller: TREVI
Lieferung/Indienststellung: 1990–1995
Spurweite: Normalspur
Achsfolge: Bo'Bo'
Länge über Puffer: 35,4 m
Gewicht: 68 t
Treibraddurchmesser: 1.100 mm
Höchstgeschwindigkeit: 300 km/h
Leistung: 8.800 kW
Stückzahl: 30

ETR 500 in der Nähe von Imola im Juni 2005 in der alten grün-weißen Lackierung, seit 2008 ist er rot.
Bild: Schwan

Die Schwersten

Während es hierzulande vor allem vor dem Zweiten Weltkrieg zur Produktion von großen und schweren Maschinen kam, sprengten die USA als Land der „unbegrenzten Möglichkeiten" alle bis dahin gekannten Ausmaße: Die Obergrenze bildete letztendlich nur die maximal mögliche Achslast.

Bei Eis und Schnee passiert die 44 1093 – eine der schwersten Dampfloks in Deutschland – das Freibad in Stadtilm.
Bild: Michael Hubrich

Die Schwergewichte unter den Lokomotiven sind legendär

Aller Anfang ist leicht

Die aller ersten in England gebauten Lokomotiven waren ganz kleine Maschinen. Stephensons legendäre zweiachsige „Rocket“ brachte es auf ganze 4,3 t Gewicht – bei entsprechend geringen Zugkräften. Und die 14,3 t wiegende 1A1-Lokomotive „Adler“, die 1835 auf der ersten deutschen Eisenbahn zwischen Nürnberg und Fürth verkehrte, war ebenfalls nicht unbedingt als schwere Lokomotive zu bezeichnen. Mit 15 t war die erste 1937 in Deutschland hergestellte Lokomotive „Saxonia“ mit der Achsfolge B1 auch kaum schwerer.
Mit der raschen Zunahme der Beförderungsleistung reichten Gewichte, Baugröße und Zugkraft dieser Maschinen schon bald nicht mehr aus. Der rasante Fortschritt in der technischen Entwicklung eröffnete die Möglichkeiten, diesen Forderungen zu entsprechen. Während im Personenzugverkehr in erster Line eine hohe Geschwindigkeit und weniger die Zugkraft eine Rolle spielte, war dies im Güterzugdienst genau umgekehrt. Hier kam es darauf an, ein möglichst großes Lokomotivgewicht auf die Schienen zu übertragen und somit als Reibungsmasse zu nutzen. War dies im Flachland, wo anfangs die ersten Bahnen gebaut wurden, noch vergleichsweise einfach, bekamen Lokomotivkonstrukteure und Bahnbauer echte Probleme, als man begann, Eisenbahnstrecken im Bergland zu verlegen. So 1849, als die Württembergische Staatsbahn eine Lokomotive für die berüchtigte Geislinger Steige brauchte. Es entstanden fünf dreifach gekuppelte Maschinen der „Alb-Klasse“. Dieses waren mit 33,5 t Dienstgewicht die schwersten und stärksten Lokomotiven, zu dieser Zeit auf Europas Schienen verkehrten. Immerhin waren sie in der Lage, 120 t mit knapp 20 km/h über die 22,5 ‰-Rampe zu ziehen. Recht ähnlich war die Aufgabenstellung an die Lokomotiven für die 1854 eröffnete Semmeringbahn in Österreich. Siegerlok war die von Maffei in München gebaute „Bavaria“, eine Güterzuglokomotive mit 73 t Gewicht.

Deutsche Schienengiganten

Die Geislinger Steige war zur Dampflokzeit eine ständige Herausforderung an Lokomotiven und Personal. Zu ihrer Bewältigung wurden stets die stärksten Maschinen benötigt. 1917 schickte die Maschinenfabrik Esslingen die Klasse K in den Ring, eine 1'F-Lok mit 108 t Gewicht – wohlbemerkt ohne Tender. Übertroffen wurde die K von der bayerischen Gt 2 x 4/4-Malletlok, der späteren Reichsbahn-Baureihe 96, deren zweite überarbeitete Ausführung es auf 127,6 t brachte. Es war gleichzeitig die schwerste Tenderlok Europas. 1937 entstand die schwere Reichsbahn-Güterzuglok der Baureihe 45. 1'E1' h3 lauteten die Kennzeichen dieses Riesen bei 210,4 t Kampfgewicht. Mit 222 t noch deutlich schwerer waren die zwei Jahre später nur in zwei Exemplaren gebauten riesigen Stromlinien-Schnellzugloks der Baureihe 06 mit der Achsfolge 2'D2'. Dieses waren nicht nur die leistungsstärksten, sondern auch die schwersten deutschen Dampfloks, die je gebaut wurden.
Aber auch einige Elektrolokomotiven brauchten sich, was Gewicht und Leistung anbelangte, nicht zu verstecken. Allen voran die bereits 1927 gebaute E 95, eine schwere Güterzuglokomotive von fast 21 Metern Länge und 138,5 t Gewicht, gefolgt von der nur wenig kleineren E 94, die 127 t auf die Waage brachte. Aber auch die 128 t schwere, sechsachsige E 50 der Bundesbahn konnte sich sehen lassen. Im Vergleich zur „Alb-Klasse“ konnte sie 600 t Zuglast auf 25 Promille mit 75 km/h schleppen.

95 1027 im Jahr 1994 am Thüringer Haltepunkt Lippelsdorf. Die ehemalige preußische T 20 war eine Meisterin am Berg. Bild: Sammlung GeraMond

Amerika, das Land der schwersten Lokomotiven

In den Vereinigten Staaten von Amerika gab es richtig große Lokomotivgiganten, die alles Bekannte in den Schatten stellten. In diesem Land war ja alles um einiges größer, weiter und höher als in Europa. Da machten auch die Lokomotivgewichte keine Ausnahme. Grundlage für diese Maschinen der Superlative waren die

Ein echter Riese war der „Big Boy" der Class 4000. Er hatte zwei bewegliche Achsgruppen mit je vier Treibachsen und zwei Laufachsen.
Bild: Sammlung Degener

bei amerikanischen Bahngesellschaften geradezu üppigen Lichtraum- und Oberbauverhältnisse, die Achsdrücke bis zu 40 t, also fast das doppelte der europäischen Werte, ermöglichten. Mitte des 19. Jahrhunderts bewegten sich die in den USA gebauten Lokomotiven, wie am Beispiel einer 31 t schweren 4-4-0-Lok der Union Pacific des Jahres 1866 dokumentiert ist, noch durchaus in europäischen Gewichts- und Größenverhältnissen. Das sollte sich aber bald ändern. So brachte es die berühmte, mit einem Booster ausgerüstete Pacific-Schnellzuglok K-4-s der New York Central auf 145,4 t. Einschließlich des sechsachsigen Tenders kamen bei einer Gesamtlänge von 25,451 mm genau 225 t zusammen! Noch um einiges schwerer waren die Güterzugmaschinen, denn in den USA waren hauptsächlich Massengüter über zahlreiche lange, kontinuierlich starke Steigungen zu befördern. Selbst Einrahmenlokomotiven mit den Achsfolgen 1'E2' oder 2'F1' erreichten in Europa völlig unbekannte Gewichte bis zu 260 t. Hinzu kamen noch die riesigen Tender, die ein Fassungsvermögen von bis zu 30 t Kohle und 90 m^3 Wasser haben konnten. Waren es Mallet-Gelenklokomotiven, so stiegen die Gewichte fast ins Unermessliche.

Bei der Union Pacific fuhr ein Maschinchen herum, das sich „Big Boy" nannte, zwei Triebwerke und die Achsfolge (2'D)D2' hatte. Nun, diese Lokomotive hat so beiläufig 350,2 t gewogen. Das war fast das Dreifache der deutschen Baureihe 45! Hinzu kam noch der Tender, der allein ein Dienstgewicht von 198 t zu verzeichnen hatte. Dabei war das kein Einzelgänger, denn die Bahn besaß immerhin 25 Stück von diesen Schwergewichten. Und sie waren keine Ausnahme. Ein weiterer Gigant war die (1'C)C3'- Lok des Typs H 8 der Chesapeake & Ohio Railroads mit 349,9 t Gewicht und einem Achsdruck von 39,3 t. Und die „nur" 325,2 t schwere Z 5 der North Pacific Railways hatte eine Rostfläche von 16,9 m^3! Natürlich besaßen alle diese Loks mechanische Stoker-Feuerungen. Denn diese Riesenroste voll Kohlen zu schippen, ging wahrlich über Menschenkraft hinaus.
Alle diese Riesenloks sind heute Geschichte. Moderne Lokomotiven, Diesel- oder Elloks, bringen im Schnitt 100 bis 150 t auf die Waage. Davon ausgenommen sind natürlich die wesentlich schwereren Triebzüge, die aber wieder einer anderen Kategorie angehören.

Der als TEE bekannte VT 11^{5}
Bild: Albert Schöppner

Big Boy der Class 4000.
Bild: Sammlung Udo Paulitz

Class 4000 Big Boy

Die genaue Bezeichnung dieser Dampflok-Giganten lautet: Class 4000, die 25 von ALCo gebauten Einheiten trugen die Nummern 4000 bis 4025. Mit ihren Vierzylinder-Triebwerken konnten diese Lokomotiven Steilrampen bis 1:46 Neigung mit einem 4.000 t schweren Zug bewältigen. Der Einsatz einer zweiten Lok war dadurch nicht mehr nötig. Der Abschnitt über die Rocky Mountains, den die Union Pacific (UP) bediente, gehört immerhin zu den anspruchsvollsten der Welt. Die Achsanordnung des Big Boy war gut durchdacht. Allerdings bekam jedes der beiden Triebwerke eine zusätzliche Treibachse, was die Gesamtzahl auf acht brachte.
In der Ebene zog der Big Boy Lasten bis zu 25.000 t. Wenn er unter höchster Leistung fuhr, verbrauchte er in der Stunde zwischen 10 und 25 t Kohle und 45 m^3 Wasser. Dabei wurde eine Höchstgeschwindigkeit von immerhin 129 km/h erzielt. Die Zugleistung im Dauereinsatz lag bei über 6.290 PS, das entspricht 4.640 kW. Bei Versuchen wurden sogar Werte von bis zu 8.200 PS gemessen. Obwohl es Dampfloktypen gab, die etwas länger waren (z.B. die Prr S 1), hat der Big Boy den Ruf, die größte Dampflok der Welt zu sein. Für ihren gefahrlosen Einsatz wurde es nötig, an vielen Stellen den Oberbau zu verstärken und die Kurven umzubauen. Bis 1959 wurden sie mit großem Erfolg eingesetzt, doch dann mussten auch sie den aufkommenden Dieselloks weichen. Lediglich nicht einsatzfähige Denkmalloks sind von dieser berühmten Baureihe erhalten.

TYPEN-SCHILD

Hersteller: ALCo
Lieferung/Indienststellung: 1941–1944
Spurweite: Normalspur mm
Achsfolge: (2'D)D2' h4
Länge über Puffer: 40,48 m
Gewicht: 350,2 t
Treibraddurchmesser: 1.727 mm
Höchstgeschwindigkeit: 129 km/h
Leistung: 4,626 kW
Stückzahl: 25

Diese Aufnahme lässt die Achsfolge des Big Boy gut erkennen.
Bild: Sammlung Udo Paulitz

Von den 25 gebauten Big Boys ist heute keiner mehr betriebsfähig. Es gibt jedoch noch einige Denkmalloks in den Vereinigten Staaten. Bild: Thomas Estler

Class H-8

Die Chesapeake & Ohio Railroad und ihre kleinere Schwesterbahn Virginia Railway ließen von Lima ab 1941 zusammen 68 Maschinen der neuen Class H-8 bauen, wobei der Löwenanteil von 60 Stück auf die C & O entfiel. Sie waren die schwersten Sechskuppler der Welt mit Kesseln, deren Größe sogar noch die der meisten Achtkuppler übertraf. Die Bauart wurde in den USA als „Allegheny" bezeichnet, nach dem steigungsreichen Gebirgszug, den diese Maschinen zu überwinden hatten. Der Kuppelachsdruck der H-8 betrug 39,3 t, so hoch wie bei keiner anderen jemals gebauten Dampflok. Sie konnte Kohlenzüge von 160 Wagen ziehen. Das entsprach einem Gewicht von bis zu 12.000 t. Die Tender hatten Raum für 25 t Kohle und 94.635 Liter Wasser. Einige Baumuster wurden für den Einsatz vor Personenzügen fit gemacht, doch kam es dazu höchst selten. Gegen die aufkommenden Dieselloks hatten die H-8 fast keine Chance. Bereits 1952 wurden die ersten Maschinen abgestellt, 1956 wurde die letzte H-8 aus dem Dienst genommen. Zwei Loks sind erhalten: eine im John Ford Museum in Dearborn, die andere im B & O Museum in Baltimore.

Im September 1947 trafen sich zwei Giganten der Class H-8 s, der wohl stärksten US-Baureihe.
Bild: Tom Klinger Collection

H-8 s schleppten allein Züge mit mehr als 5.000 t über die Steigungen von Clifton Forge, VA nach Hinton, WV. „1604" steht heute im B&O Museum in Baltimore.
Bild: Tom Klinger Collection

TYPEN-SCHILD

Hersteller: Lima
Lieferung/Indienststellung: 1941–1948
Spurweite: Normalspur
Achsfolge: (1'C') C3' h4
Länge über Puffer: k.A.
Gewicht: 349,9 t
Treibraddurchmesser: 1.702 mm.
Höchstgeschwindigkeit: k.A.
Leistung: k.A.
Stückzahl: 68

Die Giganten der Baureihe M-4 wurden von der relativ kleinen Eisenbahngesellschaft Duluth, Missabe & Iron Range Railroad gebaut. Bild: Sammlung Udo Paulitz

TYPEN-SCHILD

Hersteller: Baldwin Locomotive Works
Lieferung/Indienststellung: 1943
Spurweite: Normalspur
Achsfolge: (1'D)D2' h4
Länge über Puffer: k.A.
Gewicht: 317,0 t
Treibraddurchmesser: 1.600 mm
Höchstgeschwindigkeit: 48 km/h
Leistung: k.A.
Stückzahl: 10

Class M-4

1943 ließ die Duluth, Missabe & Iron Range Railroad bei Baldwin zehn Baumuster einer Reihe bauen. 1941 waren dieser Class acht Maschinen der Class M-3 vorangegangen, man behandelte sie meist als Einheit. Die Achsfolge dieser beiden Serien war in den USA als „Yellowstone" bekannt, da die Northern Pacific Loks dieser Achsfolge kaufte und in der Gegend um den Yellowstone Nationalpark laufen ließ. Die M-4 der Duluth, Missabe & Iron Range waren jedoch stärker als die Modelle der NP. Das Konstruktionsprinzip beruhte auf zwei vierachsigen Gestellen, die nach der Mallet-Art in Form der Articulated angetrieben wurden. Jeweils eine Laufachse war an den beiden Lokenden angebracht. Die Loks der Class M-4 wurden vor allem zur Beförderung von Eisenerz aus den Bergen hinab zu den Großen Seen herangezogen. Die Züge bestanden aus bis zu 185 Wagen. Somit waren sie die schwersten Züge, die planmäßig von einer Dampflok gezogen wurden. Diese Züge erreichten bis zu 17.500 t. Die schweren Transporte bedingten eine recht niedrige Höchstgeschwindigkeit von lediglich 48 km/h.
Zwischen 1958 und 1963 wurden die M-4 durch Großdieselloks ersetzt. Drei Loks werden in Duluth, Proctor und Two Harbors erhalten.

Auf dem Bild sieht man Nr. 226 der von der Lokomotivfabrik Baldwin gebauten Class M-4, die im September 1955 in der Nähe von Proctor, Minnesota eine Ruhepause einlegt. Sehr schön sind die beiden vierachsigen Gestelle zu sehen.
Bild: Sammlung Udo Paulitz

Class AD 60

Die New South Wales Government Railway in Australien hat die Ehre, die schwerste Dampflok des Kontinents betrieben zu haben. Diese Lok hatte unglaubliche 16 Achsen, von denen acht angetrieben waren. Trotz ihres Gewichts hatte sie einen Achsdruck unter 16 t. So konnte sie auch auf Nebenstrecken gut eingesetzt werden. Diese Maschinen liefen bis 1972. Vier Exemplare wurden erhalten.

TYPEN-SCHILD

Hersteller: Beyer, Peacock & Co
Lieferung/Indienststellung: 1952–1957
Spurweite: Normalspur
Achsfolge: 2'D2'+ 2'D'2
Länge über Puffer: k.A.
Gewicht: 264,0 t
Treibraddurchmesser: 1.396 mm
Höchstgeschwindigkeit: k.A.
Leistung: k.A.
Stückzahl: 47

Bild: Sammlung Udo Paulitz

TYPEN-SCHILD

Hersteller: PRR Altoona Shops
Lieferung/Indienststellung: 1944–1945
Spurweite: Normalspur
Achsfolge: 2'BC2'
Länge über Puffer: 37 m
Gewicht: 381,0 t
Treibraddurchmesser: 1.763 mm
Höchstgeschwindigkeit: 90 km/h
Leistung: 5.696 kW
Stückzahl: 26

Class Q-2

Die Pennsylvania Railroad erlaubte sich mit den Loks der Class Q-2 den Luxus, hervorragende Maschinen zu bauen, die nach einer Einsatzzeit von nur sieben Jahren bereits wieder abgestellt wurden. Diese Güterzugloks waren die größten Einrahmen-Loks der Welt. Sie bewegten in der Ebene Züge mit über 14.000 t. Ihr einziger Nachteil waren die höheren Wartungskosten, die die „Pennsy" überzeugten, Dieselloks einzusetzen.

„6130" der Class Q hier im Zustand von 1947.

Bild: Sammlung Degener

Class AC 7

Die Southern Pacific war bekannt für ihre „umgedrehten"Loks, bei denen der Führerstand zur besseren Sicht nach vorn verlegt war. Die Strecke über die Sierra Nevada hatte viele Tunnels und war im Winter oft tief verschneit. Da kam es auf gute Sicht besonders an. Von allen Serien der Class AC besaß die Southern Pacific über 200 Stück. Mit fast 300 t gehören sie zu den schwersten amerikanischen Dampfloks.

AC-7 „4167" kämpft sich am verschneiten Donner Pass im Winter 1948/49 die Sierra Nevada hoch.
Bild: Tom Klinger Collection

TYPEN-SCHILD

Hersteller: Baldwin Locomotive Works
Lieferung/Indienststellung: 1936–1944
Spurweite: Normalspur
Achsfolge: (2'D)D1'
Länge über Puffer: k.A.
Gewicht: 298,0 t
Treibraddurchmesser: 1.613 mm
Höchstgeschwindigkeit: k.A.
Leistung: k.A.
Stückzahl: 200

Wegen der Rauchbelästigung drehte SP die Class AC-7 einfach um. „4176" im Juli 1946. Bild: Tom Klinger Collection

Class T1

TYPEN-SCHILD

Hersteller: Altoona, BLW
Lieferung/Indienststellung: 1942, 1945/46
Spurweite: Normalspur
Achsfolge: 2'BB2'
Länge über Puffer: 37 m
Gewicht: 257,0 t
Treibraddurchmesser: 2.032 mm
Höchstgeschwindigkeit: 160 km/h.
Leistung: 4.815 kW
Stückzahl: 52

Die Stromliniendampfloks der Class T1 waren gebaut worden, ohne dass die Zulassungsprüfung der Pennsylvania Railroad zufriedenstellend abgeschlossen worden wäre. Die Duplex-Bauart war recht anfällig, noch dazu trugen die Treibachsen lediglich 30% des Gewichts der T1. Das Ergebnis war eine unruhige bis gefährliche Fahrt. Die Triebwerke gerieten oft ins Schleudern. Diese Mängel brachten die optisch gelungene Lok bereits bis 1949 aufs Abstellgleis.

Sie war schön aber reparaturanfällig: Stromlinienlok T1.
Bild: Sammlung Udo Paulitz

Volldampf im Echo Canyon: Wenige Meilen vor dem Ende der Schlucht musste noch kräftig eingeheizt werden. Bild: Karl-Wilhelm Koch

Challenger

Die als Class 3950 bezeichnete US-amerikanische Baureihe war die wohl stärkste Dampflok, die jemals vor Schnellzügen im Plandienst zum Einsatz kam. Dabei wurden zum Teil mehr als 20 schwere Schnellzug-Stahlwagen an den Haken des Challengers gehängt. Überwiegend wurden diese Dampfgiganten allerdings vor schweren Güterzügen eingesetzt.
Ab 1945 wurden einige Loks auf Ölfeuerung umgebaut, die die Union Pacific dann vor Personenzügen in den Bundesstaaten Washington und Oregon einsetzte. 1958 wurde der letzte Challenger abgestellt. Challenger Nr. 3985 (siehe Abbildung rechts und im Vorwort zum Kapitel „Die Größten") ist heute die stärkste betriebsfähige Dampflok der Welt.

TYPEN-SCHILD

Hersteller: ALCo
Lieferung/Indienststellung: 1936–1944
Spurweite: Normalspur
Achsfolge: (2'C)C2'
Länge über Puffer: 37 m
Gewicht: 287,0 t
Treibraddurchmesser: 1.753 mm
Höchstgeschwindigkeit: 129 km/h
Leistung: 4.626 kW
Stückzahl: 105

Challenger 3985 ist die letzte Lok dieser Klasse in fahrbereitem Zustand. Bild: Karl-Wilhelm Koch

S-1

Wenn man den Aussagen von Augenzeugen trauen darf, dann war die S-1 die schnellste Dampflok der Welt: sie soll bis zu 240 km/h gefahren sein. Einen Beweis blieben die Amis der Welt jedoch schuldig. Jedenfalls war sie bei ihrer Vorstellung die größte Schnellzuglok der Welt. Auf der New Yorker Weltausstellung von 1939 wurde diese Duplex-Lok noch bewundert. Die Pennsylvania Railroad war mit ihr im Plandienst nicht zufrieden, weil sie zum Scheudern und in Kurven zu Entgleisungen neigte. So blieb ihr als Spielwiese nur die ziemlich gerade Strecke zwischen Chicago und Crestline, Ohio. Weil die PA dem Ärger ein Ende setzen wollte, wurde die Vierzylinderlok bereits 1949 verschrottet.

Die überaus große und schwergewichtige Dampflokomotive S-1 der Pennsylvania Railroad blieb ein Einzelstück.
Bild: Sammlung Udo Paulitz

TYPEN-SCHILD

Hersteller: Pennsylvania Railroad
Lieferung/Indienststellung: 1939
Spurweite: Normalspur
Achsfolge: 3'BB3' h4
Länge über Puffer: 42 m
Gewicht: 226,0 t
Treibraddurchmesser: 2.164 mm
Höchstgeschwindigkeit: 193 km/h
Leistung: 5.884 kW
Stückzahl: 1

Die Northern GS-4 „4449" der Southern Pacific glänzte 1984 wie neu. Bild: Sammlung Bruce Tiffany

Class GS-4

Lima baute für die Southern Pacific Railroad zehn ölgefeuerte Schnellzugloks, mit denen die gut ausgelasteten Strecken Los Angeles–San Francisco und von dort nach Ogden im US-Bundesstaat Utah bedient werden sollten. 20 schwere Personenwagen konnten mit den leistungsfähigen GS-4 mit bis zu 161 km/h über eine ebene Strecke gezogen werden. GS bedeutet soviel wie General Service. Das bedeutet, dass diese Baureihe eigentlich als Mehrzwecklok dienen sollte. Die teilweise Stromlinienverkleidung sorgte dafür, dass diese optisch ansprechende Lok allerdings überwiegend im Personenverkehr vor schnellen Zügen zum Einsatz kam.

TYPEN-SCHILD

Hersteller: Lima
Lieferung/Indienststellung: 1940–1941
Spurweite: Normalspur
Achsfolge: 2'D2' h2
Länge über Puffer: k.A.
Gewicht: 215,0 t
Treibraddurchmesser: 2.032 mm
Höchstgeschwindigkeit: 161 km/h
Leistung: k.A.
Stückzahl: 10

Class S-1b

Die Class S-1b war bei der New York Central Railroad sehr erfolgreich.
Bild: Sammlung Udo Paulitz

TYPEN-SCHILD

Hersteller: ALCo
Lieferung/Indienststellung: 1945–1946
Spurweite: Normalspur
Achsfolge: 2'C1' h2
Länge über Puffer: k.A.
Gewicht: 213,0 t
Treibraddurchmesser: 2.032 mm
Höchstgeschwindigkeit: 193 km/h
Leistung: k.A.
Stückzahl: k.A.

Die S-1b wurden von der New York Central Railroad auf der wichtigen US-amerikanischen Hauptstrecke von New York nach Chicago eingesetzt. Offizielle Messungen liegen nicht vor, denn sonst wäre es gut möglich, dass die S1 eine Höchstgeschwindigkeit von 227 km/h erreicht hätte. Das wäre Weltrekord! Mit dem „Twentieth Century Limited" zog sie einen der berühmtesten Schnellzüge der Welt. Die Schlepptender waren so dimensioniert, dass für die fast 1.500 km lange Strecke zwischen New York und Chicago nur ein einziges Mal frisch bekohlt werden musste. Das war ein willkommener Zeitgewinn.

Die „6022" mit ihren großen heruntergezogenen Windleitblechen im August 1948 vor einem Postzug.
Bild: Sammlung Udo Paulitz

Baureihe 45

Zwischen 1937 und 1941 lieferte Henschel 28 schwere Güterzugloks der Einheitsbaureihe 45 an die Reichsbahn. Bis auf eine gingen alle in den Besitz der DB über. Während einige bis 1953 ausgemustert werden mussten, gelangten 1950 fünf Loks bei Krupp in eine Umbaumaßnahme. Sie erhielten neue Kessel mit kleinerer Rostfläche und verloren ihren Speisedom. Weitere fünf bekamen neue Stehkessel und Verbrennungskammern. Die Stoker-Einrichtung, also eine mechanische Rostbeschickung, bekamen sie alle. Dadurch wurde die Zugleistung um 390 kW erhöht.
Die zehn umgebauten Loks wurden dem Bw Würzburg zugeteilt und transportieren zwischen Fulda, Treuchtlingen und Nürnberg schwere Güterzüge über die Fränkische Alb. In den 1950er-Jahren wurden die Maschinen der Baureihe 45 aus dem Verkehr gezogen.

Eigentum des Verkehrsmuseums Nürnberg ist die Güterzuglok 45 010. Bild: Claus-Jürgen Jacobson

TYPEN-SCHILD

Hersteller: Henschel
Lieferung/Indienststellung: 1937
Spurweite: Normalspur
Achsfolge: 1'E1' h3
Länge über Puffer: 25,6 m
Gewicht: 210,4 t
Treibraddurchmesser: 1.600 mm
Höchstgeschwindigkeit: 90 km/h
Leistung: 1.810 kW
Stückzahl: 28

Lokporträt des DR-Mitarbeiters Maey. Bild: Hermann Maey/Sammlung Knipping

Reihe 46 der BDŽ

Mitten im Zweiten Weltkrieg bestellte die Bulgarische Staatsbahn BDŽ in Deutschland acht schwere Tenderloks, die die bereis 1931 in Polen gebauten Maschinen ähnlicher Bauart ergänzen sollten. Sie erhielten in der Reihe 46 die Ordnungsnummern 13 bis 20. Das Triebwerk arbeitete auf drei Zylindern mit einstufiger Expansion. „Mutter Bär" nannten die bulgarischen Eisenbahner diese Lok, die zwar wegen ihrer Gewichtsverteilung auf so viele Achsen auch bei schlechterem Gleisunterbau einsatzfähig war, die aber aufgrund ihrer Länge sehr schwerfällig blieb. Amerikanische Konstrukteure lösten dieses Problem durch die Drehgestell-Bauweise. Allerdings waren auch die nicht immer gegen Probleme gefeit. 46^{13} ist heute noch als Museumslok erhalten.

Sie war die größte Tenderlokomotive Europas: Die Reihe 46, die aus deutschen Fabriken stammte. Bild: Sammlung Udo Paulitz

TYPEN-SCHILD

Hersteller: Krupp, Schwartzkopff
Lieferung/Indienststellung: 1943
Spurweite: Normalspur
Achsfolge: 1'F2' h2t
Länge über Puffer: 12 m
Gewicht: 155,0 t
Treibraddurchmesser: 1.340 mm
Höchstgeschwindigkeit: 80 km/h
Leistung: k.A.
Stückzahl: 20

Sechskuppler waren in Europa nicht oft anzutreffen. Bild: Sammlung Udo Paulitz

Geplant war die E 50 als starke Güterzuglok, doch im Laufe ihrer Dienstzeit bewegte sie auch Reisezüge.
Bild: Sammlung Andreas Knipping

TYPEN-SCHILD

Hersteller: Henschel, Krupp, AEG, BBC
Lieferung/Indienststellung: 1957–1973
Spurweite: Normalspur
Achsfolge: Co'Co'
Länge über Puffer: 29 m
Gewicht: 128,0 t
Treibraddurchmesser: 1.250 mm
Höchstgeschwindigkeit: 100 km/h
Leistung: 4.500 kW
Stückzahl: 194

Baureihe E 50 (150)

Die E 50 – im EDV-System der DB erhielt sie ab 1968 die Nummer 150 – war die Stärkste der berühmten Einheits-Elektroloks aus den 1950er-Jahren. Sie sollte langfristig die E 94 ersetzen. Bis 1973 wurden Loks der Baureihe 150 gebaut. Ihre Stundenleistung lag bei 4.500 kW. Wie die E 94 hatte sie je drei angetriebene Achsen auf zwei Drehgestellen. Ursprünglich war diese Baureihe zur Kennung als Güterzuglok dunkelgrün lackiert. Später folgte sie den jeweils gültigen Farbschemata der DB und wechselte zu beige-blau, später zu rot. 2003 wurde die letzte E 50 aus dem Verkehr gezogen, denn ihre Geschwindigkeiten von 100 km/h Spitze und 79 km/h bei Dauerleistung waren beim Güterzugverkehr nicht mehr ausreichend.

Die E 50 121 war eine von 194 Loks dieser Baureihe. Bild: Sammlung Dr. Brian Rampp

Die Tenderlok-Baureihe 85 wurde für den Einsatz im Schwarzwälder Höllental gebaut. Bild: Hermann Maey/Sammlung Andreas Knipping

TYPEN-SCHILD

Hersteller: Henschel
Lieferung/Indienststellung: 1932–1933
Spurweite: Normalspur
Achsfolge: 1'E1' h3
Länge über Puffer: 16,6 m
Gewicht: 127,0 t
Treibraddurchmesser: 1.400 mm
Höchstgeschwindigkeit: 80 km/h
Leistung: 1.103 kW
Stückzahl: 10

Baureihe 85

Die Höllentalbahn im Schwarzwald war auf den steileren Streckenabschnitten bis 1932 nur mit Zahnstangenantrieb befahrbar. Die Reichsbahn war mit diesem Zustand nicht zufrieden und orderte bei Henschel zehn schwere Tenderloks, die vor allem dort zum Einsatz kommen sollten. Der Kessel entsprach dem der Baureihe 62, während Triebwerk und Laufwerk der 44er entlehnt wurden, allerdings um eine Schleppachse ergänzt. Die Dreizylinderloks wurden auch nach dem Zweiten Weltkrieg bis 1961 im Dienst behalten, da für den Versuchsbetrieb mit 50 Hz/20 kV nicht genügend Elloks zur Verfügung standen. Mit der Eingliederung der Höllentalbahn in das Stromnetz der DB wurden die Fünfkuppler außer Dienst gesetzt.

Die erste von zehn Maschinen. Bild: Carl Bellingrodt/Sammlung Andreas Knipping

Vor allem auf Bergstrecken glänzten die 95er. Bild: Sammlung Udo Paulitz

Die Baureihe 95 gehört zu den größten deutschen Tenderloks.
Bild: Claus-Jürgen Jacobson

Baureihe 95^0 (pr T 20)

Preußen beschäftigte sich seit 1917 mit der Möglichkeit, nach dem Vorbild einer Maschine der Halberstadt-Blankenburger Eisenbahn eine Tender-Güterzuglok zu bauen, die dem US-amerikanischen Typ Santa Fe entspricht (Achsformel 1'E1'). Allerdings kam es erst nach dem Zusammenschluss zur Reichsbahn zu einer konkreter werdenden Planung. Borsig baute zwischen 1922 und 1924 45 Stück der in preußischer Tradition T 20 genannten Baureihe. 1925 wurden sie zur Baureihe 95 umgezeichnet. Sie wurde an Steilrampen in der Schwäbischen und Fränkischen Alb sowie in Thüringen eingesetzt. Die DB legte ihre Maschinen 1958 still, die DR baute ihre 1966 auf Ölfeuerung um und stellte sie 1980 ab.

TYPEN-SCHILD

Hersteller: Borsig, Hanomag
Lieferung/Indienststellung: 1922–1924
Spurweite: Normalspur
Achsfolge: 1'E1' h2
Länge über Puffer: 15,1 m
Gewicht: 127,0 t
Treibraddurchmesser: 1.400 mm
Höchstgeschwindigkeit: 65 km/h
Leistung: 1.192 kW
Stückzahl: 45

Baureihe 95 im Planeinsatz in der DDR. Bild: Jan-Willem van Dorp

Baureihe 96 (bay Gt 2x4/4)

Diese Tenderlok war die Größte, die in Europa bis dahin gebaut worden war. Die münchner Firma Maffei hatte sich für die Steilrampen des Fichtelgebirges konstruiert, wo sie als Schiebelok für 670 t schwere Güterzüge eingesetzt wurde. Die bayerische Bezeichnung zeigte sofort: Es handelte sich um eine Güterzugtenderlok mit zweimal vier angetriebenen Achsen, die in der Bauart Mallet konstruiert war. Nach dem Ersten Weltkrieg wurden noch einmal zehn Maschinen beschafft, die allerdings 120 kW mehr Leistung brachten. In Bayern wurden die Loks 1948 außer Dienst gestellt, eine 96er lief noch bis 1954 in der DDR.

Die achtachsige Mallet-Lok aus Bayern wurde zur Baureihe 96. Bild: Sammlung Udo Paulitz

TYPEN-SCHILD

Hersteller: Maffei
Lieferung/Indienststellung: 1913–1914
Spurweite: Normalspur
Achsfolge: D'D h4vt
Länge über Puffer: 17,7 m
Gewicht: 127,0 t
Treibraddurchmesser: 1.216 mm
Höchstgeschwindigkeit: 50 km/h
Leistung: 1.080 kW
Stückzahl: 15

Die Firma Maffei, bekannt für hervorragende Lokomotiven, baute auch fünfzehn Gt 2x4/4. Bild: Sammlung Schwarz

Baureihe E 94

Dieses Bild zeigt eine E 94 im Auslieferungszustand. Bild: Krauss-Maffei/ Sammlung Stangl

TYPEN-SCHILD

Hersteller: AEG, SSW, Krupp, Henschel, WLF
Lieferung/Indienststellung: ab 1935
Spurweite: Normalspur
Achsfolge: Co'Co'
Länge über Puffer: 18,6 m
Gewicht: 127,0 t
Treibraddurchmesser: 1.216 mm
Höchstgeschwindigkeit: 90 km/h
Leistung: 3.000 kW
Stückzahl: 188

1932 bestellte die DRG bei der AEG Loks der Baureihe E 93. Sehr bald jedoch konnte AEG eine bessere Variante anbieten: die E 94, die ab 1935 ausgeliefert werden konnte. Sie schaffte 90 statt 70 km/h. Bis Kriegsende 1945 konnten 145 Maschinen dieser Baureihe ausgeliefert werden, die vor allem auf Mittelgebirgsstrecken und im schlesischen Oberland eingesetzt wurden. 1953/54 bestellte die DB noch einmal 43 Loks dieser Bauart, die dann allerdings einen leistungsfähigeren Motor bekamen, der die Maschinen auf 100 km/h brachte. Auch die ÖBB stellte einige Maschinen in Dienst. Die E 94 bekam im EDV-System der DB ab 1968 die Nummer 194, bei der DR die 254. Sie waren auf allen elektrifizierten Hauptstrecken Süddeutschlands bis 1988 im Einsatz.

Die E 94 wurde von der DRG für den schweren Güterzugdienst beschafft. Bild: Sammlung Andreas Knipping

Vorbild der 142 war eine österreichische Konstruktion.
Bild: Sammlung Udo Paulitz

TYPEN-SCHILD

Hersteller: Malaxa, Resita
Lieferung/Indienststellung: 1936–1940
Spurweite: Normalspur
Achsfolge: 1'D2' h2
Länge über Puffer: 22,5 m
Gewicht: 123,0 t
Treibraddurchmesser: 1.940 mm
Höchstgeschwindigkeit: 120 km/h
Leistung: 2.162 kW
Stückzahl: 79

Baureihe 142 der CFR (Rumänien)

Diese Baureihe bekam ihren Namen nach der französischen Notation der Achsfolge, nach der auch die Rumänen zählten. Im deutschen System war dies eine 1'D2'. Die Zweizylinder-Heißdampfloks wurden ab 1936 gebaut und blieben bis Mitte der 1960er-Jahre als Rumäniens größte Personenzugloks vor den hochwertigsten Verkehren des Landes im Einsatz. Interessant ist die Form und Position der Windleitbleche, die stark gekrümmt waren und oben an den Rauchkammerseiten befestigt waren. Da es sich um Lizenznachbauten der Reihe 214 der österreichischen BBÖ handelte, kamen Loks dieser Bauart nach dem „Anschluss" Österreichs 1938 unter der Bezeichnung Baureihe 12 nach Deutschland.

Die Rumänische Staatsbahn beschaffte 142er zwischen 1936 und 1940.
Bild: Sammlung Udo Paulitz

TYPEN-SCHILD

Hersteller: LEW „Hans Beimler" Hennigsdorf
Lieferung/Indienststellung: 1974–1984
Spurweite: Normalspur
Achsfolge: 2'C2' h3
Länge über Puffer: 19,6 m
Gewicht: 123,0 t
Treibraddurchmesser: 2.300 mm
Höchstgeschwindigkeit: 125 km/h
Leistung: 5.100 kW
Stückzahl: 273

155 133 durchfährt im Mai 2004 mit einem schweren Güterzug den Bahnhof Zossen und bringt seine Fracht an sein im Süden gelegenes Ziel. Die ehemalige Reichsbahn-Lok bewährt sich sehr gut.
Bild: Uwe Miethe

Baureihe 250 (155 der DB)

Auch die Deutsche Reichsbahn hatte sich Gedanken darüber gemacht, die ihr verbliebenen E 94 durch eine leistungsfähige Loktype zu ersetzen. 1974 wurden die ersten Vorserienmaschinen vorgestellt. Nach umfangreichen Tests kam es zwischen 1977 und 1984 zur Anschaffung von weiteren 270 Exemplaren dieser Reihe. Diese große Menge muss auch im Hinblick darauf gesehen werden, dass die DDR 1981 ihre zweite Elektrifizierungswelle abschließen konnte. Bei einer Höchstgeschwindigkeit von 125 km/h und einer Dauerleistung von 102 km/h zeigte sich die 250, der man den Beinamen „Strom-Container" verpasst hatte und die eigentlich für den Güterverkehr konzipiert war, auch im Reisezugdienst befriedigende Eigenschaften.
Nach der Wiedervereinigung wurden viele Loks dieser Baureihe – in DB-Diensten als 155 klassifiziert – auch in den alten Bundesländern eingesetzt. Der erste Prototyp steht seit 2006 als Museumslok in Halle. Die meisten andern fahren heute von Seddin und Mannheim aus unter der Regie der Railion vor schweren Güterzügen unter anderem für die chemische Industrie.

Die belgische Serie 1 war eine Dampflok der Pacific-Bauart.
Bild: Sammlung Udo Paulitz

TYPEN-SCHILD
Hersteller: de Haine-St-Pierre
Lieferung/Indienststellung: 1934
Spurweite: Normalspur
Achsfolge: 2'C1'
Länge über Puffer: k.A.
Gewicht: 122,0 t
Treibraddurchmesser: 1.980 mm
Höchstgeschwindigkeit: 150 km/h
Leistung: 2.500 kW
Stückzahl: 35

Serie 1

Die Belgische Staatsbahn SNCB/NMBS stellte 1934 diese hervorragende und modern wirkende Schnellzugdampflok in Dienst. Mit ihr hatte sie die vielleicht beste Dampflok Belgiens geschaffen. Die Serie 1 bediente alle bedeutenden nationalen Verbindungen, die schwere Züge erforderten. Die Loks dieser Baureihe waren in der Lage, 700 t schwere Züge mit einer Geschwindigkeit von 137 km/h über eine Ebene zu ziehen. Zur Leistungssteigerung wurden die Maschinen mehrmals umgebaut, bis die Elektrifizierung den sehr viel wartungsintensiveren Dampfloks ein Ende setzte.

Baureihe 01^{5}

Die DDR lebte noch lange mit umgebauten und rekonstruierten Dampfloks aus der Zeit vor 1945. Eine der bewährtesten und wichtigsten Baureihen waren die 01er. 35 von ihnen sollten ab 1962 modernisiert werden, ab 1964 wurden sie auch auf Ölhauptfeuerung umgestellt. Der Tender erhielt einen Ölbunker und reichte nun bis an die Oberkante der Lok. Ihr Einsatzgebiet war die landesweite Beförderung von schweren Reisezügen. Immer mehr jedoch drangen vor allem die verstärkt eingesetzten Elektroloks in die Reviere der 01^{5} ein, denn diese Antriebsart hatte in den 1970er- und frühen 1980er-Jahren stark zugenommen. Das Ende kam für die Öler mit der Preiskrise am Rohölmarkt 1982. Fünf dieser Maschinen werden heute museal erhalten.

Bewährter DR-Umbau in voller Fahrt: 01 0520. Bild: Sammlung Udo Paulitz

TYPEN-SCHILD

Hersteller: Borsig, Hanomag
Lieferung/Indienststellung: Umbau 1961
Spurweite: Normalspur
Achsfolge: 2'C1'h2
Länge über Puffer: 24 m
Gewicht: 111,0 t
Treibraddurchmesser: 2.000 mm
Höchstgeschwindigkeit: 130 km/h
Leistung: 1.650 kW
Stückzahl: 35

Hohe Ölpreise zwangen die DR, auch ihre ölgefeuerten 01^{5} am 31. Dezember 1982 abzustellen. Bild: Sammlung Udo Paulitz

Eine 10 mit geöffneter Verkleidung. Die beiden Exemplare wurden auch als „Schwarze Schwäne" bezeichnet.
Bild: Sammlung Dr. Brian Rampp

Baureihe 10

Wenn man sie sieht, kann man kaum glauben, dass die aus zwei Baumustern bestehende Baureihe 10 der Bundesbahn beinahe gleichzeitig mit der E 10 und der V 200 entstanden ist.
Sie sollte vor Schnellzügen eingesetzt werden. Bei der Konstruktion verwendete man viele Bestandteile der 01^{10} wieder, auch das Dreizylindertriebwerk. Sie war weitgehend geschweißt, 10 001 hatte eine Ölzusatzfeuerung, die 10 002 eine Ölhauptfeuerung. Problematisch für den Einsatz war ihr hoher Achsdruck von 22 t. Damit blieben ihr viele Strecken verschlossen. Sie verkehrte zwischen Bebra, Kassel, Würzburg, Frankfurt, Hannover und Münster. Allerdings war bereits nach zehn Jahren Schluss. Im Januar 1968 waren die 10er Geschichte. Sie blieben die letzte Schnellzugdampflok-Entwicklung der DB.

TYPEN-SCHILD

Hersteller: Krupp
Lieferung/Indienststellung: 1957
Spurweite: Normalspur
Achsfolge: 2'C1' h3
Länge über Puffer: 26 m
Gewicht: 118,0 t
Treibraddurchmesser: 2.000 mm
Höchstgeschwindigkeit: 140 km/h
Leistung: 1.840 kW
Stückzahl: 2

Eine echte Schönheit, aber gegen die Diesel- und Elektroloks hatte die 10 keine echte Chance.
Bild: Rolf Hahmann

Die Baureihe 44 war in der DDR sehr wichtig. Bild: Sammlung Udo Paulitz

TYPEN-SCHILD

Hersteller: Henschel
Lieferung/Indienststellung Umbau: 1963
Spurweite: Normalspur
Achsfolge: 1'E h3
Länge über Puffer: 22,6 m
Gewicht: 109,0 t
Treibraddurchmesser: 1.400 mm
Höchstgeschwindigkeit: 80 km/h
Leistung: 1.545 kW
Stückzahl: 95

Baureihe 44 (Umb.)

Zur Zeit der Gründung der DDR besaß die Deutsche Reichsbahn 345 Exemplare der Baureihe 44. Sie erfuhren in ihrer langen Geschichte unter Hammer und Zirkel eine Vielzahl von Veränderungen und Verbesserungen. Die Wichtigste war der Umbau auf Ölhauptfeuerung, den das RAW Meiningen zwischen 1961 und 1967 bei insgesamt 95 44ern vornahm. In dieser Ausstattung wurden sie zu den stärksten Dampfloks der Reichsbahn in der DDR. Angesichts stark gestiegener Erdölpreise zu Beginn der 1980er-Jahre wurden die ölgefeuerten Maschinen zum 31. Dezember 1981 abgestellt. Bei einigen wurde ein-Rückbau auf Rostfeuerung vorgenommen. Den meisten blieb jedoch das Schicksal, als Heizlok verwendet zu werden, nicht erspart.

Die ölgefeuerte 44 0600 ist am 4. September 1981 mit einem Güterzug bei Orlamünde nach Saalfeld unterwegs. Bild: Gunter von Hartwig

Die Bundesbahn baute ab 1958 mehrere Güterzugloks der Baureihe 44 auf Ölfeuerung um. Bild: Sammlung Udo Paulitz

TYPEN-SCHILD

Hersteller: Henschel
Lieferung/Indienststellung Umbau: 1958–1974
Spurweite: Normalspur
Achsfolge: 1'E h3
Länge über Puffer: 22,6 m
Gewicht: 109,0 t
Treibraddurchmesser: 1.400 mm
Höchstgeschwindigkeit: 80 km/h
Leistung: 1.545 kW
Stückzahl: 36

Baureihe 44 Öl (043)

Bei Kriegsende befanden sich auf dem Gebiet der späteren Bundesbahn 1.242 Lokomotiven der Güterzuglok-Baureihe 44. Zwischen 1958 und 1960, sowie noch einmal 1974 ließ die DB erst 32, dann vier dieser Loks auf Ölhauptfeuerung umrüsten. Erledigt wurden diese Arbeiten bei Henschel und im Ausbesserungswerk Braunschweig. Sie liefen von Bebra, Kassel und Osnabrück aus. Allerdings wurden die ersten bereits 1967 abgestellt. Mit der Umstellung auf das EDV-System bekamen die verbliebenen Öler die neue Baureihenbezeichnung 043. Unter dieser Nummer erhielten einige Baumustern die Ehre, den letzten Planeinsatz einer Dampflok bei der DB zu absolvieren: auf der Emslandstrecke am 28. Oktober 1977.

043 903 beförderte im Raum Emden die letzte planmäßige Dampfleistung der DB.
Bild: Christian Völk

Die Baureihe 59 wurde in Deutschland 1953 ausgemustert. In Österreich lief sie noch bis 1957. Bild: Sammlung Hörnemann

TYPEN-SCHILD

Hersteller: Maschinenfabrik Esslingen
Lieferung/Indienststellung: 1917-1924
Spurweite: Normalspur
Achsfolge: 1'F h4v
Länge über Puffer: 20 m
Gewicht: 108,0 t
Treibraddurchmesser: 1.352 mm
Höchstgeschwindigkeit: 60 km/h
Leistung: 1.412
Stückzahl: 44

Baureihe 59 (wü K)

Um eine echte und gute Lok für den schweren Streckenabschnitt der Geislinger Steige zu besitzen, beschaffte die Königlich Württembergische Eisenbahn ab 1917 den einzigen Sechskuppler, der in Deutschland je gebaut wurde und ordnete ihn als Baureihe K in ihren Bestand ein. Sie wurde später in die Baureihe 59 der Reichsbahn umgezeichnet und auch auf der badischen Schwarzwaldbahn eingesetzt. Nach der Elektrifizierung der Geislinger Steige gelangten viele 59er nach Österreich, wo sie sehr erfolgreich auf der Semmeringbahn verkehrten.

Die ehemalige württembergische K. Bild: Sammlung Hörnemann

Die 58 1934 kam von der Preußischen Eisenbahnverwaltung zu Reichsbahn. Bild: G. Wagner

$58^{2\text{-}3,\,4,\,5,\,10\text{-}21}$ (G 12)

Jeder kennt die berühmten Einheitsloks der Reichsbahn, wie die 01, 03, 44, 52 etc. Es gab aber schon früher Einheitsloks. Sie entstanden im Ersten Weltkrieg, als es darauf ankam, möglicht baugleiche Maschinen mit universal austauschbaren Ersatzteilen oder einheitlicher Bedienung zu haben. So kam es 1917 bei den Länderbahnen von Preußen, Baden, Württemberg und Sachsen zur Anschaffung der Güterzuglok G 12 (in Sachsen XIII H), einem Fünfkuppler mit vorderer Laufachse. Diese Loks waren vor allem auf gebirgigen Strecken sehr erfolgreich. Das war mit ein Grund, dass sie im Erzgebirge noch bis 1976 – allerdings modernisiert – liefen. Die DB stellte ihre 58er bereits 1953 ab, sie hatten vorher aber meist nur noch als Heizloks gedient.

TYPEN-SCHILD

Hersteller: Henschel u.a.
Lieferung/Indienststellung: 1917–1921
Spurweite: Normalspur
Achsfolge: 1'E h3
Länge über Puffer: 18 m
Gewicht: 95,7 t
Treibraddurchmesser: 1.400 mm
Höchstgeschwindigkeit: 65 km/h
Leistung: 1.135 kW
Stückzahl: 1.371

In der DDR wurde die G 12 auch vor Personenzügen eingesetzt. Bild: Jan-Willem van Dorp

Anfang der 1970er-Jahre wartet die 065 014 mit ihrem Zug nach Aschaffenburg in Miltenberg am Main. Bild: Sammlung Udo Paulitz

TYPEN-SCHILD

Hersteller: Krauss-Maffei
Lieferung/Indienststellung: 1951–1956
Spurweite: Normalspur
Achsfolge: 1D2′ h2t
Länge über Puffer: 15,4 m
Gewicht: 107 t
Treibraddurchmesser: 1.500 mm
Höchstgeschwindigkeit: 85 km/h
Leistung: 1.069 kW
Stückzahl: 18

Die Baureihe 65 kam gerade einmal auf 18 Exemplare. Eines davon stand im September 1965 im Bw Essen Hbf. Bild: L. Rotthowe

Baureihe 65

Diese Neubaudampflok der DB sollte im Nahverkehr eingesetzt werden, für den sie dank ihrer guten Anfahrbeschleunigung sehr geeignet war. Nach der Behebung einiger Mängel, die auch zu schlechten Laufeigenschaften geführt hatten, konnten sich die 65er bis Anfang der 1970er-Jahre bewähren. Die Zweizylindermaschinen erreichten Geschwindigkeiten von bis zu 85 km/h. Besonders ist hervorzuheben, dass diese Baureihe äußerst sparsam im Verbrauch war, dennoch aber die Leistung ihrer Vorgängerin, der Baureihe 93^{5} weit übertraf.

Baureihe 94^{15-17} (pr T 16^1)

Die preußische Güterzuglok T 16^1 gehört zu den bekanntesten Tenderlokomotiven aus der Länderbahnzeit. Immerhin 1.236 Exemplare dieser verstärkten Nachfolgerin der T 16 wurden gebaut. In den 1920er Jahren wurde diese Baureihe auch auf den Steilstrecken des Thüringer Waldes eingesetzt, wo man sich bisher mit Zahnstangenbetrieb hochgeschleppt hatte. Nach dem Zweiten Weltkrieg arbeiteten die Preußen noch bis 1973 (DB) und 1974 (DR) weiter, ehe sie in Rente geschickt wurden. Zwei dieser Fünfkuppler sind heute noch betriebsfähig erhalten.

Baureihe 94^{15-17}. Bild: Sammlung Udo Paulitz

TYPEN-SCHILD

Hersteller: BMAG, Grafenstaden, Hanomag
Lieferung/Indienststellung: 1913–1924
Spurweite: Normalspur
Achsfolge: E h2t
Länge über Puffer: 12,6 m
Gewicht: 84,0 t
Treibraddurchmesser: 1.350 mm
Höchstgeschwindigkeit: 60 km/h
Leistung: 1.010 kW
Stückzahl: 1.236

Reihe 242

TYPEN-SCHILD

Hersteller: Maquinista Terrestre y Maritima
Lieferung/Indienststellung: 1956
Spurweite: Breitspur (1.675 mm)
Achsfolge: 2'D2'
Länge über Puffer: 26,8 m
Gewicht: 213,0 t
Treibraddurchmesser: 1.950 mm
Höchstgeschwindigkeit: 138 km/h
Leistung: 3.730 kW
Stückzahl: 10

Als längst klar war, dass den Elektroloks und den Dieselfahrzeugen die Zukunft auf Gleisen gehören würde, ließ die spanische RENFE für ihre schweren Gebirgsstrecken noch einmal zehn Dampflokomotiven bauen. Während im übrigen Europa Loks dieser Achsformel sehr selten waren hatte Spanien die große Tradition amerikanischer 2'D2'-Loks aufgegriffen. Die in Barcelona gebauten Loks hatten eine Ölfeuerung. Ihr mächtiges breites Aussehen verdankt sie der Tatsache, dass sie für die spanische Breitspur gebaut worden war. Eine Lok ist erhalten geblieben.

Ein Spätling im Dampflokbau. Bild: Sammlung Udo Paulitz

Class J

Die Class J gilt als die stärkste Reihe der Northern-Bauart und führte berühmte Züge der Norfolk & Western. wie den „Powhattan Arrow". Deshalb wird sie von vielen Stromlinienfans bis heute verehrt. Produziert wurden die Loks ab 1941 nicht etwa von einem der großen Lokomotivenbauer wie Lima, ALCo oder Baldwin, sondern von den zur Bahngesellschaft Norfolk & Western Railway gehörenden Roanoke Shops.

Die riesige Class J der Norfolk & Western ist auch heute noch äußerst beeindruckend. Bild: Martin Weltner

TYPEN-SCHILD

Hersteller: Roanoke Shops
Lieferung/Indienststellung: 1941–1950
Spurweite: Normalspur
Achsfolge: 2'D2' h
Länge über Puffer: 30 m
Gewicht: 224 t
Treibraddurchmesser: 1.753 mm
Höchstgeschwindigkeit: 177 km/h.
Leistung: 4.500 kW
Stückzahl: 388

Die „FT-Units" mit ihrer auffälligen Front sind längst Legende – Die UP hält noch immer eine Einheit für Nostalgiefahrten vor. Bild: Robert Brütting

FT A+B

In den USA wurde der Vorteil dieselbetriebener Züge schon früh erkannt und von den meisten Eisenbahngesellschaften konsequent verfolgt. Marktführer bei den Anbietern war Ende der 1930er-Jahre Electro-Motive mit seinen FT-Dieseln. Vor allem die Santa Fe besaß diese vierteiligen dieselelektrischen Züge, die aus einer Lok (Unit A) und einem führerstandslosen Motorteil (Unit B) bestand. Teil A und B waren immer fest verkuppelt und wurden als Einheit behandelt.

TYPEN-SCHILD

Hersteller: Electro-Motive
Lieferung/Indienststellung: 1939–1945
Spurweite: Normalspur
Achsfolge: Bo'Bo'
Länge über Puffer: 58 m
Gewicht: 400,0 t
Treibraddurchmesser: 1.600 mm
Höchstgeschwindigkeit: k.A.
Leistung: 4.023 kW
Stückzahl: 1.096

Baureihe VT 18^{16}

Der Schnelltriebwagen VT 18^{16} war eines der Prestigeobjekte der Deutschen Reichsbahn der DDR. Er wurde im internationalen Reiseverkehr eingesetzt. Acht Exemplare wurden zwischen 1963 und 1968 gebaut. Zwei Zwölfzylinder-Motoren mit je 736 kW sorgten für Reisegeschwindigkeiten von bis zu 160 km/h. Weil die Elektrifizierung der Hauptstrecken immer weiter fortschritt, wurden die Triebwagen dieser Baureihe in den heimatlichen Verkehr zurückgezogen. Neben Sonderfahrten absolvierten die VT 18^{16} vor allem die Strecke Berlin–Bautzen.

In der DR trug er die EDV-Bezeichnung 175, bei der DB AG die 675. Bild: Christian Völk

TYPEN-SCHILD

Hersteller: VEB Waggonbau Görlitz
Lieferung/Indienststellung: 1963
Spurweite: Normalspur
Achsfolge: B'2'
Länge über Puffer: 144 m
Gewicht: 297,0 t
Treibraddurchmesser: 950 mm
Höchstgeschwindigkeit: 160 km/h
Leistung: 1.472 kW
Stückzahl: 8

Baureihe VT 11^{5} (602)

Vier Triebwagen VT 11^{5} der berühmten TEE-Fahrzeuge wurden 1972 auf Gasturbinenantrieb umgebaut, wodurch sie eine bedeutende Leistungssteigerung von 810 kW erfuhren. Jetzt wurden Geschwindigkeiten von 200 km/h bei Testfahrten gemessen. Im Einsatz lag die Spitzengeschwindigkeit bei rund 160 km/h.
Im Planeinsatz auf Intercity-Linien kam es leider öfters zu Pannen, weshalb die Gasturbinen-VTs bis 1979 außer Dienst gestellt wurden. Einer dieser umgebauten Triebwagen ist im DB-Museum in Nürnberg zu besichtigen.

TYPEN-SCHILD

Hersteller: MAN, LHB, Wegmann
Lieferung/Umbau: 1957/1972
Spurweite: Normalspur
Achsfolge: B'2'
Länge über Puffer: 130 m
Gewicht: 214,0 t
Treibraddurchmesser: 1.400 mm
Höchstgeschwindigkeit: 200 km/h
Leistung: 2.688 kW
Stückzahl: 4

VT 11^{5} noch vor dem Umbau.
Bild oben: Christian Völk, unten: Michael Dostal

Class R-2

Die Great Northern Railway und die Western Pacific beschafften Ende der 1920er-Jahre für ihre schweren Güterzüge über die Rocky Mountains diese schweren Mallet-Lokomotiven. Beide waren ölgefeuert, doch die Unterschiede waren ansonsten recht augenfällig. Die Great Northern hatte eine gewaltige Verdampfungsheizfläche von 738 m^2, die Western Pacific hingegen einen viel größeren Rost.

Die Class R-2 tat in den Rocky Mountains Dienst.

Bild: Sammlung Udo Paulitz

TYPEN-SCHILD

Hersteller: k.A.
Lieferung/Indienststellung: 1929–30
Spurweite: Normalspur
Achsfolge: (1'D)D1' h4
Länge über Puffer: k.A.
Gewicht: 286,0 t
Stückzahl: k.A.

Class 4 COR

Die britische Southern Railway verband London mit der Kanalküste, wo traditionell viele Engländer Urlaub machen. Ab 1937 modernisierte sie ihr Rollmaterial und ließ 193 Triebwagen-Garnituren bauen, die unter Strom fuhren. Der elektrische Teil war komplett im Wagenboden untergebracht, weshalb der gesamte Raum des Aufbaus für die Unterbringung von Fahrgästen verwendet werden konnte. An den Stirnseiten waren Führerstände eingerichtet. Die Züge bestanden meist aus acht oder zwölf Wagen und erreichten Geschwindigkeiten von über 144 km/h. Lediglich ein Triebwagen steht heute im Eisenbahnmuseum von York.

TYPEN-SCHILD

Hersteller: Southern Railway
Lieferung/Indienststellung: 1937
Spurweite: Normalspur
Achsfolge: D'D h4v
Länge über Puffer: 80,6 m
Gewicht: 158,0 t
Treibraddurchmesser: 1.216 mm
Höchstgeschwindigkeit: 144 km/h
Leistung: 671 kW
Stückzahl: 193

4-COR-Triebzug in London.

Bild: Sammlung Udo Paulitz

Mächtige Elektrolok: GG1.
Bild: Sammlung Udo Paulitz

Class GG1

Die Pennsylvania Railroad (PRR) beschaffte bereits 1934 eine große Stückzahl elektrischer Schnellzugloks, die eine Dauerleistung von 3.680 kW abgeben konnte. Kurzzeitig, also bei steilen Streckenabschnitten oder beim Anfahren konnte sie diese Leistung sogar fast verdoppeln. Diese Eisenbahngesellschaft war schon früh dazu übergegangen wichtige Strecken ihres Netzes zu elektrifizieren (15.000V/25 Hz). Eine der wichtigsten Strecken des Landes, die zwischen New York und Washington, D.C. gehörte dazu. Nach dem Aus der PRR wurden die GG1 von anderen Gesellschaften übernommen, unter anderem von Amtrak.

TYPEN-SCHILD

Hersteller: GE, Altoona, Baldwin
Lieferung/Indienststellung: 1934
Spurweite: Normalspur
Achsfolge: (2'Co) (Co2')
Länge über Puffer: 24,4 m
Gewicht: 216,0 t
Treibraddurchmesser: k.A.
Höchstgeschwindigkeit: 161 km/h
Leistung: 3.680 kW
Stückzahl: 139

Class EM-1

Diese schweren Güterzugloks wurden von Baldwin für die Baltimore & Ohio Railroad gebaut. Sie gehörten zu den modernsten Loks der Mallet-Bauart (1'D)D2'. Ihr Einsatzgebiet war eine hügelige Landschaft im Nordosten der USA.

TYPEN-SCHILD

Hersteller: Baldwin Locomotive Works
Lieferung/Indienststellung: 1944
Spurweite: Normalspur
Achsfolge: (1'D)D2' h3
Länge über Puffer: m
Gewicht: 285,0 t
Treibraddurchmesser: 1.626 mm
Höchstgeschwindigkeit: k.A.
Leistung: k.A.
Stückzahl: 30

Class EM-1. Bild: H.K. Vollrath/Sammlung Udo Paulitz

Class Y-6b

Diese Lokomotiven bildeten die letzte Baureihe einer ganzen Serie von Dampflokomotiven, die die Norfolk & Western Railway bereits seit 1918 in ihrem Shop in Roanoke bauen ließ. Es handelt sich um Mallet-Loks der Achsfolge (1'D)D1' mit Vierzylinder-Triebwerk. Sie waren für den schweren Güterzugdienst gut geeignet, denn ein Zug mit 14.000 t konnte auf der Ebene mit der damals ansehnlichen Geschwindigkeit von 40 km/h gezogen werden. Vor allem aber im Schubdienst auf Steilrampen zeigte sie ihre wahren Stärken. Besonders hervorzuheben ist, dass die Y-Class diese guten Leistungen erbringen konnte und dennoch im Verbrauch günstiger war als die damals modernen Dieselloks. Das gefiel auch der US-Regierung, die im Krieg den Kauf dieser Reihe propagierte.

TYPEN-SCHILD

Hersteller: Roanoke
Lieferung/Indienststellung: 1948–1952
Spurweite: Normalspur
Achsfolge: (1'D)D1' h4v
Länge über Puffer: k.A.
Gewicht: 264,0 t
Treibraddurchmesser: 1.448 mm
Höchstgeschwindigkeit: k.A.
Leistung: 4.118 kW
Stückzahl: 30

Effizient und stark: die Y-Klasse.
Bild: Sammlung Udo Paulitz

TYPEN-SCHILD

Hersteller: Lima
Lieferung/Indienststellung: 1930
Spurweite: Normalspur
Achsfolge: 1'E2' h2
Länge über Puffer: k.A.
Gewicht: 226,0 t
Treibraddurchmesser: 1.600 mm
Höchstgeschwindigkeit: k.A.
Leistung: k.A.
Stückzahl: 40

Lange war sie die größte Einrahmen-Dampflok der Welt: die T-1 der Chesapeake & Ohio.
Bild: Sammlung Udo Paulitz

Class T-1

Die Bauart Texas hat die Achsfolge 1'E2'. Eine der besten dieser Klasse war die T-1, deren Bestellung die Chesapeake & Ohio Railroad bei Lima ab 1930 ausgeliefert wurde. Sie war dafür gebaut worden, schwere Kohlenzüge aus den Bergwerken in Virginia an die Großen Seen nach Toledo, Ohio zu verfrachten. Die starken Maschinen konnten 160 Wagen mit einem Gewicht von 13.000 t problemlos über eine Ebene ziehen. Bei Steigungen wurde meist als zusätzliche Schiebelok eine leichte Lok der Bauart Mikado herangezogen. Die T-1 war lange die größte Einrahmen-Dampflok der Welt. Auch sie musste aber letztlich im Zuge der Verdieselung weichen.

Class 59

Die East African Railways (EAR) in Kenia brachte das Kunststück fertig, die größte Meterspur-Lokomotive der Welt in ihrem Fuhrpark zu halten. 34 Maschinen wurden aus England von der Firma Beyer Peacock bezogen, die vor allem für Lokomotiven der Bauart Garratt bekannt war. Dabei handelte es sich um schwere Gelenklokomotiven, bei denen ein Brückenrahmen die zwei separaten Triebwerke verbindet. Dieser Rahmen trägt zugleich auch den Kessel und das Führerhaus. Der Vorteil war – und darum war diese Bauart auch in Kolonialregionen sehr erfolgreich –, dass die Achslast nicht so hoch war und dennoch mächtige Güterzüge befördert werden konnten. Die Maschinen waren ölgefeuert, aber zur „Sicherheit" hatte man auch einen mechanischen Rostbeschicker für den Einsatz mit Kohlen einbauen lassen. Zwischen 1973 und 1980 waren alle 59er außer Dienst gestellt und durch Dieselloks ersetzt worden.

TYPEN-SCHILD

Hersteller: Beyer, Peacock & Co.
Lieferung/Indienststellung: 1955
Spurweite: Meterspur
Achsfolge: (2'D1')(1'D2')
Länge über Puffer: 31,7 m
Gewicht: 256,0 t
Treibraddurchmesser: 1.321 mm
Höchstgeschwindigkeit: k.A.
Leistung: k.A.
Stückzahl: 34

Die Class 59 war eine klassische Garratt-Lok.
Bild: Sammlung Udo Paulitz

Class S-4

Lokomotiven der Achsfolge 1'D2' wurden nach der ersten bei der Boston & Albany Railroad in den Berkshire Mountains eingesetzten Baureihe in den USA allgemein als Berkshire bezeichnet. Eine Baureihe dieser Art war die S-4, die ab 1926 bei der Erie Railroad in Dienst gestellt wurde. Diese Maschinen bereiteten ihren Besitzern die Möglichkeit, sowohl schwere Güterzüge schnell und zuverlässig an den Mann zu bringen als auch eine gute Schiebelok für Steilrampen zu haben. Weil sie noch dazu für 145 km/h zugelassen war, konnte sie sogar vor Schnellzügen eingesetzt werden.

TYPEN-SCHILD

Hersteller: Lima
Lieferung/Indienststellung: 1926–1930
Spurweite: Normalspur
Achsfolge: 1'D2' h2
Länge über Puffer: k.A.
Gewicht: 212,0 t
Treibraddurchmesser: 1.778 mm
Höchstgeschwindigkeit: 145 km/h
Leistung: k.A.
Stückzahl: k.A.

Die Class S-4 war eine echte Mehrzwecklok.
Bild: Sammlung Udo Paulitz

Class 9000

In den 1920er-Jahren hatte die Union Pacific Railroad, die später mit den Challengers und den Big Boys echte Legenden einsetzte, mit der Class 9000 von ALCo eine hervorragende Dreizylinderlok für ihren Güterverkehr bezogen. Sie war als Sechskuppler mit drei Laufachsen ausgelegt. Diese Bauart konnte sich nur bei niedrigeren Geschwindigkeiten bewähren. Aus diesem Grund wurde eine zulässige Spitzengeschwindigkeit auf 55 km/h begrenzt. Angeblich ist die Class 9000 jedoch auch mit der doppelten Geschwindigkeit gut gefahren. Über die steilen Pässe der Rocky Mountains bewältigte diese Baureihe den schweren Güterzugverkehr stets zuverlässig. Allerdings war sie den gestiegenen Anforderungen infolge des Zweiten Weltkrieges nicht mehr gewachsen und musste den Challengers weichen.

Die Class 9000 aus den 1920er-Jahren bildete das Rückgrat des UP-Güterverkehrs bis zum Erscheinen der Challengers. Bild: Sammlung Degener

TYPEN-SCHILD

Hersteller: ALCo
Lieferung/Indienststellung: 1926–1930
Spurweite: Normalspur
Achsfolge: 2'F1' h3
Länge über Puffer: 31 m
Gewicht: 233,0 t
Treibraddurchmesser: 1.702 mm
Höchstgeschwindigkeit: 55 km/h
Leistung: k.A.
Stückzahl: 88

Class K4 der Bauart Berkshire.
Bild: Sammlung Udo Paulitz

Class K4

Diese Baureihe wurde zwischen 1936 und 1949 in größerer Stückzahl gebaut, um vor allem im Reiseverkehr eingesetzt zu werden. Sie waren die schwersten Loks ihrer Achsfolge und wurden bei mehreren Bahngesellschaften eingesetzt. Einige Exemplare sind als Museumsloks erhalten.

TYPEN-SCHILD

Hersteller: Lima, ALCo
Lieferung/Indienststellung: 1936–1949
Spurweite: Normalspur
Achsfolge: 1'D2' h2
Länge über Puffer: 25,4 m
Gewicht: 225,0 t
Treibraddurchmesser: 1.778 mm
Höchstgeschwindigkeit: k.A.
Leistung: 3.898 kW
Stückzahl: 425

Baureihe RAm TEE (SBB)/ DE IV (NS)

Der Trans-Europ-Express war ab Ende der 1950er-Jahre das Aushängeschild im mitteleuropäischen Fernverkehr. Die Schweizerischen Bundesbahnen und die Nederlandse Spoorwegen vereinbarten die gemeinsame Anschaffung von fünf Dieseltriebzügen, wovon zwei an die Eidgenossen fallen sollten. Die zweimotorigen Dieseltriebköpfe waren in den Niederlanden gebaut worden, die Mittelwagen stammten aus der Schweiz. Um das hohe Gewicht der Triebköpfe aufzufangen, musste jedes Drehgestell eine Laufachse bekommen. Die Einheiten fuhren bis 1974 im TEE-Dienst. 1977 wurden vier Züge – einer war bei dem dramatischen Unfall bei Aitrang (1971) zerstört worden – nach Kanada verkauft, wo sie noch einmal 20 Jahre eingesetzt wurden.

TEE-Flaggschiff der Niederländischen Staatsbahnen und Schweizerischen Bundesbahnen. Bild: Albert Schöppner

TYPEN-SCHILD

Hersteller: SIG, Werkspoor
Lieferung/Indienststellung: 1957
Spurweite: Normalspur
Achsfolge: (A1A)(A1A)+2'2'+2'2'+2'2'
Länge über Puffer: 96,9 m
Gewicht: 230,0 t
Treibraddurchmesser: k.A.
Höchstgeschwindigkeit: 140 km/h
Leistung: 1.350 kW
Stückzahl: 5

Baureihe 97^4. Bild: Sammlung Udo Paulitz

TYPEN-SCHILD

Hersteller: Floridsdorf
Lieferung/Indienststellung: 1941
Spurweite: Normalspur
Achsfolge: 1'F1' h2 t
Länge über Puffer: 14,8 m
Gewicht: 125,0 t
Treibraddurchmesser: 1.050 mm
Höchstgeschwindigkeit: 30 km/h
Leistung: 719 kW
Stückzahl: 2

Baureihe 97^4

Für die österreichische Erzbergbahn wurden 1941 diese beiden stärksten Zahnradlokomotiven der Welt gebaut. Sie konnten 300 t schwere Züge auf einer Steigung bis zu 71,5 ‰ mit einer Geschwindigkeit von 15 km/h bewältigen. Weil die Zahnstange für diese Loks zu schwach war, kam es aber zu keinem Einsatz am Berg, lediglich im Rangierdienst. Nach dem Krieg gingen die beiden Loks in den Besitz der Österreichischen Bundesbahnen über, wo nur noch eine Lok in Betrieb ging, die jedoch bereits 1964 ausgemustert wurde. Sie steht heute als Denkmal-Lokomotive in Vordernberg.

05 003

Die dritte und letzte Stromlinienlok der Baureihe 05 unterschied durch ihre Kohlestaubfeuerung und dem vorn liegenden Führerstand. Sie war außerdem die erste deutsche Lok mit Verbrennungskammer. Bis zum Sommer 1944 stand sie auf dem Abstellgleis, bevor man sie für neue Einsätze fit machen wollte. Es erfolgte ein Rückbau zur konventionellen Dampflok. Nach dem Krieg war diese jedoch erfolgreicher: Von 1950 bis 1957 führte sie hochwertige Fernzüge durch die Bundesrepublik. Das waren ihre ersten Einsätze im Planbetrieb.

Die Kohlestaubfeuerung war unzuverlässig. Bild: Sammlung Niedt

TYPEN-SCHILD

Hersteller: Borsig
Lieferung/Indienststellung: 1937
Spurweite: Normalspur
Achsfolge: 2'C2' h3
Länge über Puffer: 26,5 m
Gewicht: 118,0 t
Treibraddurchmesser: 2.300 mm
Höchstgeschwindigkeit: 209 km/h
Leistung: 1.837 kW
Stückzahl: 1

Baureihe 06

Nach Schwierigkeiten bei Krupp kam es erst 1939 zur Auslieferung der stärksten deutschen Stromlinienlok. Wegen Kesselschäden fuhren die Loks leider nur unregelmäßig und wurden nach dem Krieg ausgemustert. Schuld war der Langrohrkessel, der sich bei höheren Geschwindigkeiten durch starkes Schwingen der Langrohre und starke Überhitzung bemerkbar machte.

Die Baureihe 06 war eher ein Propaganda-Erfolg als ein real bedingter. Sie gab zwar eine gute Figur ab, bewährte sich im Einsatz aufgrund zahlreicher technischer Probleme nicht. Bild: Sammlung Andreas Knipping

TYPEN-SCHILD

Hersteller: Krupp
Lieferung/Indienststellung: 1939
Spurweite: Normalspur
Achsfolge: 2'D2' h3
Länge über Puffer: 26,5 m
Gewicht: 222,0 t
Treibraddurchmesser: 2.000 mm
Höchstgeschwindigkeit: 140 km/h
Leistung: 2.058 kW
Stückzahl: 2

Baureihe V 200 (220)

Mit der V 200 war der DB 1953 ein hervorragender Coup gelungen. Diese zweimotorige Großdiesellok wurde vor der Serienfertigung mit fünf Versuchsloks ausgiebig getestet. Sie erwies sich sowohl für hochwertige Reisezüge als auch vor schweren Güterzügen als bestens geeignet. Ihr attraktives Äußeres tat ein Übriges, sie zu einer der besten und beliebtesten Loks der 1950er- und 1960er-Jahre zu machen.
Bei den V 200 kamen Motoren verschiedener Hersteller zum Einsatz, die sich alle bewährten. Sie stammten von Maybach, Daimler-Benz und MAN. Strömungsgetriebe standen von Maybach oder Voith zur Verfügung. Mit den immer schwerer werdenden Zügen stiegen die Anforderungen und stärkere Dieselloks ersetzten bis 1984 die V 200. Von ihr sind noch viele Loks erhalten.

Die V 200 002 war eine Vorserienlok. Sie ist am 17. Oktober 2005 bei einem Brand im Nürnberger Verkehrsmuseum zerstört worden.
Bild: Christian Völk

TYPEN-SCHILD

Hersteller: Krauss-Maffei, MaK
Lieferung/Indienststellung: 1966–1975
Spurweite: Normalspur
Achsfolge: B'B'
Länge über Puffer: 17,5 m
Gewicht: 116,0 t
Treibraddurchmesser: 1.050 mm
Höchstgeschwindigkeit: 140 km/h
Leistung: 1.618 kW
Stückzahl: 86

TYPEN-SCHILD

Hersteller: Maquinista
Lieferung/Indienststellung: 1942–1945
Spurweite: Normalspur
Achsfolge: 1'E1' h2
Länge über Puffer: k.A.
Gewicht: 213,0 t
Treibraddurchmesser: 1.560 mm
Höchstgeschwindigkeit: k.A.
Leistung: k.A.
Stückzahl: 21

Schwere Güterzuglok für den Kohlentransport: Klasse 151.
Bild: Sammlung Udo Paulitz

Klasse 151

Die schwersten und stärksten Santa-Fe-Lokomotiven baute Spanien zu einer Zeit, als der Rest Europas im Zweiten Weltkrieg versank, mit diesen Modellen. Man sieht wieder, dass der Name auch die Achsfolge bedeutet: 151 ist ein Fünfkuppler mit je einer Laufachse vorn und hinten. Diese Dreizylinder-Loks waren dafür gedacht, Kohle von den Bergwerken in Ponferrada im Nordwesten Spaniens an den Atlantik nach La Coruña zu befördern. Die 151er mit einem Achsdruck von bis zu 21 t hatten eine enorme Zugkraft, die besonders auf dem steigungsreichen Streckenabschnitt nach Venta de Banos auch bitter nötig war. Sieben Loks hatten Ölfeuerung. Bei den kohlebefeuerten Loks besaßen nur zwei eine mechanische Stokereinrichtung.

Baureihe 61

Diese Baureihe ist deshalb interessant, weil es sich um eine Tenderlok handelte, die man mit einer Stromlinienverkleidung versehen hat. Der Fahrplan des Henschel-Wegmann-Zugs zwischen Berlin und Dresden sah nur kurze Wendezeiten vor, weshalb es nicht möglich gewesen war, die Lok zu drehen. Eigentlich ist es ja nicht ganz richtig, von Baureihe zu sprechen, denn die beiden Fahrzeuge unterschieden sich nicht nur in der Zahl ihrer Zylinder, sondern auch in manch anderen Aspekten. Die erste Lok wurde 1952 aus dem Dienst genommen. 61 002 wurde in der DDR zur neuen Baureihe 18 201 umgebaut.

Es gab nur zwei Exemplare der BR 61.
Bild: Werner Hubert/Sammlung Andreas Knipping

TYPEN-SCHILD

Hersteller:	Henschel
Lieferung/Indienststellung:	1935–1939
Spurweite:	Normalspur
Achsfolge:	2'C1' h3
Länge über Puffer:	18,4 m
Gewicht:	148,0 t
Treibraddurchmesser:	2.300 mm
Höchstgeschwindigkeit:	175 km/h
Leistung:	1.070 kW
Stückzahl:	2

TYPEN-SCHILD

Hersteller:	Schwartzkopff
Lieferung/Indienststellung:	1953–1975
Spurweite:	Normalspur
Achsfolge:	2'C1' h3
Länge über Puffer:	24,1 m
Gewicht:	114,0 t
Treibraddurchmesser:	2.000 mm
Höchstgeschwindigkeit:	140 km/h
Leistung:	1.820 kW
Stückzahl:	34

01^{10} nach dem Umbau auf Ölfeuerung. Bild: Sammlung Udo Paulitz

Baureihe 01^{10} Öl

Die ehemaligen Stromlinienloks waren nach dem Zweiten Weltkrieg von der DB entstromt und umgebaut worden, um den veränderten Betriebsbedingungen entsprechen zu können. Bereits ab 1953 hatten alle einen neuen Kessel erhalten. Ein weiterer Umbau erfolgte zwischen 1956 und 1958, als insgesamt 34 Fahrzeuge für Ölfeuerung umgebaut wurden. Dadurch wurde die Leistung merklich erhöht und vor allem war dem Heizer die Arbeit sehr erleichtert worden.
Mit der Umstellung der Lokbezeichnungen auf EDV wurden diese Loks im Gegensatz zu den kohlegefeuerten (011) mit der Baureihen-Nummer 012 belegt. Die Ausmusterung dieser Loks war 1975 abgeschlossen. Von ihnen sind recht viele heute noch erhalten und teilweise betriebsfähig.

Baureihe P 36

In der Sowjetunion war die Eisenbahn ein sehr wichtiges Verkehrsmittel, das nicht nur half, das unendliche asiatische Hinterland zu erschließen, sondern auch angesichts des beschränkten Individualverkehrs für viele die einzige Möglichkeit des Reisens war. Die Schnellzuglok der Reihe P 36 war eine Northern-Lok, die in Moskau gebaut wurde. Sie hatte die Aufgabe, den Transsibirien-Express auf der nicht elektrifizierten Strecke zu führen. Die Spitzengeschwindigkeit dieser Loks lag bei 120 km/h.

Während die in den westlichen Landesteilen eingesetzten Loks mit Ölfeuerung arbeiteten, waren die sibirischen Maschinen auf Kohle angewiesen.

Bild: Sammlung Udo Paulitz

TYPEN-SCHILD

Hersteller: Kolomna
Lieferung/Indienststellung: 1953–1955
Spurweite: Breitspur (1.520 mm)
Achsfolge: 2'D2'
Länge über Puffer: 28,9 m
Gewicht: 149,0 t
Treibraddurchmesser: 1.850 mm
Höchstgeschwindigkeit: 120 km/h
Leistung: k.A.
Stückzahl: 250

Class A

Die schwersten Atlantics der Welt wurden für die Chicago Milwaukee St. Paul & Pacific Railroad gebaut, um Minneapolis und St. Paul mit Chicago zu verbinden. Die Durchschnittsgeschwindigkeit lag bei über 160 km/h. Auch sie ist ein inoffizieller Kandidat für die Schnellfahrtkrone bei Dampfloks. Sie soll 209 km/h erreicht haben. Die Loks waren voll verkleidet und gelten für viele als besondere Schönheiten. Die Maschinen hatten Ölfeuerung und modernste Loktechnik. Die Räder konnten doppelseitig gebremst werden. Bereits 1951 wurden die Loks aufgemustert und verschrottet. Ihnen folgten Hudsons Class F-7.

Bei Beginn der Erholung nach der Weltwirtschaftskrise wurde im Jahr 1935 die leichte Stromlinienlok Class A für den berühmten Hiawatha-Schnellzug zwischen Chicago und den Twin Cities eingesetzt. Höchst gepflegt zeigte sich „Hiawatha" Nr. 1 mit der Achsfolge 2'B1' im April 1938.

Bild: Sammlung Ulf Degener

TYPEN-SCHILD

Hersteller: ALCo
Lieferung/Indienststellung: 1935
Spurweite: Normalspur
Achsfolge: 2'B1'
Länge über Puffer: 27 m
Gewicht: 131,0 t
Treibraddurchmesser: 2.134 mm
Höchstgeschwindigkeit: 193 km/h
Leistung: 3.240 kW
Stückzahl: 5

Baureihe E 91

Mit der Gattungsbezeichnung EG 5 wurden zwischen 1926 und 1928 für den schweren Güterzugdienst auf Gebirgsstrecken in Bayern und Schlesien Maschinen dieser Baureihe beschafft. Zwölf weitere Elektroloks dieser Bauart wurden ab 1929 ausgeliefert. Wie auch später für schwere Güterzugloks üblich, besaß die E 91 je drei Treibachsen auf zwei Drehgestellen. Sie arbeiteten zuverlässig, waren aber zu langsam. Aus diesem Grund wurden sie sukzessive in den Rangierdienst überstellt. Außerdem erfüllte sie nach Elektrifizierung der Strecke Aufgaben als Vorspannloks an der Geislinger Steige. Auch bei der DB erfüllte die E 91 noch vielfältige Aufgaben, bis sie in den 1970er-Jahren endlich abgestellt wurden.

TYPEN-SCHILD

Hersteller: Krauss, AEG, WASSEG
Lieferung/Indienststellung: 1925
Spurweite: Normalspur
Achsfolge: C'C'
Länge über Puffer: 16,7 m
Gewicht: 123,7 t
Treibraddurchmesser: 1.250 mm
Höchstgeschwindigkeit: 55 km/h
Leistung: 1.660 kW
Stückzahl: 34

Zweimal Baureihe E 91. Bild oben: Sammlung Udo Paulitz, Bild rechts: Michael Dostal

Baureihe E 95

Die Maschinen hatten zwei Drehgestelle mit je drei Treibachsen und einer Laufachse. Die Höchstgeschwindigkeit lag bei 70 km/h. Die 95er wurden vor schwerste Kohlenzüge in Schlesien gespannt. In den 1950er-Jahren, als in der DDR wieder unter Strom gefahren wurde, konnte man die E 95 aus der UdSSR zurückkaufen. 1970 wurde die letzte Lok ausgemustert.

Die E 95 waren die längsten und teuersten Elloks der DRG. Bild: Christian Völk

TYPEN-SCHILD

Hersteller: AEG
Lieferung/Indienststellung: 1927
Spurweite: Normalspur
Achsfolge: 1'Co+Co1'
Länge über Puffer: 20 m
Gewicht: 138,5 t
Treibraddurchmesser: 1.400 mm
Höchstgeschwindigkeit: 70 km/h
Leistung: 2.418 kW
Stückzahl: 6

Baureihe 65[10]

Mit dieser Neubaulok trat die DDR mit ihrer ersten normalspurigen Dampflok in die Geschichte der Eisenbahn ein. Die Tenderlok war für den schweren Personenverkehr auf den Hauptstrecken konzipiert worden, doch sollte sie auch vor Güterzügen eingesetzt werden können. Sieben Loks dienten beim Chemieriesen Leuna als Werksloks. Im Berufsverkehr fuhren die neuen Maschinen vor allem mit Doppelstockwagen. 1982 wurde diese Baureihe aus dem Dienst genommen. Drei Loks sind erhalten, eine davon bei der DB AG.

Oben: 65 1049 ist heute DB-Museumslok. Bild: Uwe Miethe

Mitte: Im Berliner Ostbahnhof 1963. Bild: DR/Sammlung Brian Rampp

TYPEN-SCHILD

Hersteller: DR
Lieferung/Indienststellung: 1954–1957
Spurweite: Normalspur
Achsfolge: 1'D2' h2t
Länge über Puffer: 17,5 m
Gewicht: 121,0 t
Treibraddurchmesser: 1.600 mm
Höchstgeschwindigkeit: 90 km/h
Leistung: 1.102 kW
Stückzahl: 95

Baureihe 43

Die 43er waren der Versuch, eine preisgünstigere Alternative zur Dreizylinder-Güterzuglok der Baureihe 44 zu entwickeln. So waren die beiden Modelle bis auf die Zylinder und das Triebwerk identisch. Die Tests verliefen erfolgreich, so dass es noch zu einer weiteren Bestellung kam. Im oberen Leistungsbereich blieb allerdings die 44 Sieger. Ihr zweiter „Lebensabschnitt" führte alle 43er in die Deutsche Reichsbahn der DDR, wo die letzten noch bis 1968 Dienst taten. Ein Baumuster steht als Denkmalslok in Dresden.

Die Baureihe 43 gelangte nach dem Zweiten Weltkrieg komplett in die Hände der DR und entwickelte sich zur wichtigen Güterzuglok in der Zeit des Wiederaufbaus.
Bild: Werner Hubert/Sammlung Andreas Knipping

TYPEN-SCHILD

Hersteller: Henschel, Schwartzkopff
Lieferung/Indienststellung: 1926–28
Spurweite: Normalspur
Achsfolge: 1'E h2
Länge über Puffer: 22,6 m
Gewicht: 110,8 t
Treibraddurchmesser: 1.400 mm
Höchstgeschwindigkeit: 70 km/h
Leistung: 1.850 kW
Stückzahl: 35

Die Class 5001 hatte sehr große Treibräder. Bild: Sammlung Udo Paulitz

Class 5001

Mit Treibrädern die den Durchmesser der S 3/6 noch übertrafen, verbucht diese Baureihe den Rekord für sich, die Güterzuglok mit den größten Treibrädern der Welt zu sein. Sie wurde zur Beförderung leicht verderblicher Waren eingesetzt, die dank der für eine damalige Güterzuglok erstaunlichen Fahrgeschwindigkeit von 120 km/h gut ankamen. Die Loks der Atchison, Topeka & Santa Fe Railway besaßen Ölfeuerung und hatten zwei große Zylindern. Der Kesseldruck musste dadurch erhöht werden.

TYPEN-SCHILD

Hersteller: Baldwin Locomotive Works
Lieferung/Indienststellung: 1938
Spurweite: Normalspur
Achsfolge: 1'E2' h2
Länge über Puffer: k.A.
Gewicht: 247,0 t
Treibraddurchmesser: 1.880 mm
Höchstgeschwindigkeit: 120 km/h
Leistung: kA.
Stückzahl: 35

Baureihe 84

Diese Tenderloks wurden für die Müglitztalbahn gekauft, die nach einer Hochwasserkatastrophe auf Normalspur umgespurt wurde. In der DDR fuhren sie auch andere Strecken und dienten als Uranzüge der Wismut. 1968 waren alle verschrottet.

TYPEN-SCHILD

Hersteller: Orenstein & Koppel, BMAG
Lieferung/Indienststellung: 1935–37
Spurweite: Normalspur
Achsfolge: 1'E1'
Länge über Puffer: 15,5 m
Gewicht: 133,6 t
Treibraddurchmesser: 1.400 mm
Höchstgeschwindigkeit: 80 km/h
Leistung: 1.427 kW
Stückzahl: 12

Tenderlok der Baureihe 84. Bild: Werner Hubert/Sammlung Andreas Knipping

TYPEN-SCHILD

Hersteller: ALCo
Lieferung/Indienststellung: 1948
Spurweite: Normalspur
Achsfolge: 1_D2' h2
Länge über Puffer: k.A.
Gewicht: 193,0 t
Treibraddurchmesser: 1.350 mm
Höchstgeschwindigkeit: 112 km/h
Leistung: k.A.
Stückzahl: 7

Unten: A-2a. Bild: Sammlung Udo Paulitz

Class A-2a

Sie waren die letzten Dampfloks der New York Central und sie waren in der Lage, einen 12.000 t schweren Güterzug mit 55 km/h zu ziehen. Kürzere Züge konnten auch mit bis zu 112 km/h befördert werden. Bei der New York Central waren diese hervorragenden Maschinen heiß begehrt. Die sieben Loks (drei weitere waren noch beim Bau verschrottet worden) stammten aus der Fabrikation von ALCo, waren aber in enger Zusammenarbeit mit der Bahngesellschaft entstanden.

VT 07^5 „Berlin"

Dieser Schnellverkehrs-Dieseltriebwagen war ein Vorläufer der heutigen Triebköpfe. Er brauchte für seine Antriebstechnik fast den ganzen Wagen, lediglich ein Post- und Gepäckabteil konnten noch untergebracht werden. Die Passagiere saßen in den Mittelwagen. Aus diesen und zwei neu gebauten Triebköpfen entstanden 1951 zwei Exemplare des VT 07^5. Den Umbau hatte WMD in Donauwörth übernommen.

Dieser SVT stammte von MAN in Nürnberg.
Bild: Archiv GeraMond

TYPEN-SCHILD

Hersteller: MAN/ WMD
Lieferung/Indienststellung: 1938/1951
Spurweite: Normalspur
Achsfolge: B'2'+2'2'+2'2'
Länge über Puffer: 86,7 m
Gewicht: 210,0 t
Treibraddurchmesser: 940 mm
Höchstgeschwindigkeit: 160 km/h
Leistung: 970 kW
Stückzahl: 2

Class Z-5. Bild: Sammlung Udo Paulitz

TYPEN-SCHILD

Hersteller: ALCo, Baldwin
Lieferung/Indienststellung: 1928–30
Spurweite: Normalspur
Achsfolge: (1'D)D2' h4
Länge über Puffer: k.A.
Gewicht: 325,0 t
Treibraddurchmesser: 1.600 mm
Höchstgeschwindigkeit: k.A.
Leistung: k.A.
Stückzahl: 12

Class Z-5

Der Prototyp dieser Baureihe, die Lok Nr. 5000, wurde 1928 von ALCo gebaut. Er war damals die größte Dampflok der Welt. Die Northern Pacific Railway beschaffte in den folgenden beiden Jahren noch elf dieser Loks, die die Bezeichnung Yellowstone trugen. Sie waren die Dampfloks mit der größten Rostfläche, die es je gab: 16,9 m^2. Die Z-5 zogen schwere Güterzüge über die Höhenzüge im nördlichen Mittelwesten der USA. Dabei haben sich die Vierzylinder-Lokomotiven hervorragend bewährt.

TYPEN-SCHILD

Hersteller: General Electric
Lieferung/Indienststellung: 1951
Spurweite: Normalspur
Achsfolge: 2'C1' h2
Länge über Puffer: 25,4 m
Gewicht: 250,0 t
Treibraddurchmesser: 2.000 mm
Höchstgeschwindigkeit: 105 km/h
Leistung: 3.357 kW
Stückzahl: 55

Class „Gas Turbine"

General Electric baute für die Union Pacific Anfang der 1950er-Jahre diese Gasturbinenloks, die besonders gern billiges Schweröl minderer Qualität fraßen. Sie waren damals die stärksten Loks mit Verbrennungsmotor, die es auf der Welt gab. 1969 kam ihr Aus, da der Betrieb mit Schweröl längerfristig Schäden an den Turbinen verursachte, zudem wurden die Dieselloks immer besser.

Die „Gas Turbine" der Union Pacific Railroad. Bild: Sammlung Udo Paulitz

Die Erfolgreichste

Viele Aspekte spielten eine Rolle, ob eine Lokomotive ein Erfolg wurde oder nicht. Neben der Wirtschaftlichkeit, der Leistungsfähigkeit und der Robustheit spielte nicht zuletzt die Beliebtheit bei dem Lokpersonal eine nicht unbedeutende Rolle.

Die slowenische 33 037 ist eine Lok der erfolgreichen und meistgebauten deutschen Baureihe 52. Sie erreicht mit einem Fotogüterzug Bitrije an der Wocheinerbahn (19. September 2003).

Bild: Ulrich Wehmeyer

Sie gehören zu den besten Lokomotiven der Welt

Bei St. Johann im Pongau ist ein Wendezug mit einem „Taurus“ unterwegs. Im Hintergrund das Tennengebirge. Bild: Wolfgang Kaiser

Stephensons Bauprinzipien

In den Pioniertagen der Dampflokomotive schufen zahlreiche Ingenieure Maschinen in den unterschiedlichsten Ausführungen. Die Dampfmaschinen von Trevithick, Hedley, Stephenson und wie die Erbauer alle hießen, trugen die individuelle Handschrift ihres Konstrukteurs und funktionierten mehr oder auch weniger erfolgreich. Dies war alles noch technisches Neuland, denn die Grundform, wie eine Lokomotive beschaffen sein musste, war noch nicht festgeschrieben. Um 1830 war es George Stephenson gelungen, eine wirklich für den Alltagsbetrieb brauchbare Lokomotive zu entwickeln. Sie hatte bereits nahezu alle grundsätzlichen Konstruktionsmerkmale, die für anderthalb Jahrhunderte bestimmend bleiben sollten. Dazu gehörte ein mit zahlreichen Heizrohren ausgerüsteter Kessel, eine Feuerbuchse sowie ein Schornstein, der sowohl für die Ableitung des Abdampfes als auch als Blasrohr zur Verbesserung der Verbrennung genutzt wurde. Bald erhielten die Modelle eine dem Langkessel vorgebaute Rauchkammer, einen Außenrahmen und eine vordere Laufachse zwecks besserer Gleisführung in Kurven. Ständig flossen neue konstruktive Verbesserungen und Erkenntnisse in den langsam anlaufenden Serienbau ein. Durch diese in gewissem Sinne standardisierten Bauprinzipien kann man Stephensons Maschinen mit Fug und Recht als die ersten weltweit erfolgreichen Lokomotiven bezeichnen.

Schon bei diesem ersten Beispiel ist bezeichnend, dass die erfolgreichsten Lokomotiven meistenteils auch diejenigen waren, die in größeren Stückzahlen gebaut worden sind. Ausnahmen bestätigen aber auch hier die Regel. Erfolgreiche Lokomotiven mussten noch weitere positive Eigenschaften besitzen, um als solche bezeichnet zu werden. Aus dem Blickwinkel der Bahngesellschaft standen große Zugkraft und Geschwindigkeit, hoher Wirkungsgrad und Sparsamkeit, Robustheit und geringe Wartungs- und Beschaffungskosten, aber auch eine möglichst universelle Verwendbarkeit der Lokomotive im Vordergrund. Für die Lokpersonale machten Eigenschaften wie leichte Bedienbarkeit und geringer Kohleverbrauch, hohe Laufruhe, günstige Fahreigenschaften und Beschleunigungswerte, Anspruchslosigkeit und Verdampfungsfreudigkeit des Kessels, aber auch ein minimaler Wartungsanspruch Lokomotivtypen besonders beliebt. Sinngemäß galt dieses Anforderungsprofil ebenso für Diesel- und Elektrolokomotiven.

Die erfolgreichsten Dampflokomotiven

Eine überaus erfolgreiche Konstruktion aus der Frühzeit der Eisenbahnen war die seit etwa 1850 im Schnellzugdienst recht häufig eingesetzte Crampton-Lokomotive. Diese mit nur einer sehr hohen Treibachse ausgerüsteten Maschinen erreichten hohe Geschwindigkeiten bei einer ausgezeichneten Laufruhe. Sehr erfolgreich waren viele der gleichzeitig in großen Stückzahlen gebauten Lokomotivbaureihen der Preußischen Staatsbahn. Ihr Erfolg lag war hauptsächlich in der Einfachheit und Unverwüstlichkeit begründet. Allen voran die über Jahre beschaffte, D-gekuppelte Güterzugmaschine G 8^1 und spätere Reichsbahn-Baureihe 55^{25}, dann die G 10 mit der Achsfolge E (Baureihe 57^{10}), aber auch die während des Ersten Weltkrieges quasi als erste deutsche Einheitslok entwickelte, dreizylindrige G 12, eine starke Maschine mit der Achsfolge 1'E. Alle Maschinen standen teil-
weise bis weit in die 1970er-Jahre im Einsatzdienst. Bei den Reisezugmaschinen waren es neben der 2'B-Lok S 3, die 2'C-Vierzylinder-Verbundlokomotive S 10^1 (Reichsbahn-Baureihe 17^{10}) und vor allem aber die 2'C-gekuppelte Personenzuglokomotive

Die Baureihe 218 ist auf deutschen Gleisen sehr wichtig. Bild: Uwe Miethe

P 8 (Reichsbahn-Baureihe 38^{10}), die sozusagen als Mädchen für alles und durch die Weltkriege fast überall in Europa anzutreffen war.
Auch bei den unter Reichsbahn-Regie gebauten Einheitstypen befanden sich einige sehr erfolgreiche Modelle. Kriegsbedingt waren dies in erster Linie Güterzugmaschinen der Baureihen 44, 50 und 52, die sich bestens bewährten und zugleich in großen Stückzahlen entstanden. Die gilt vor allem für die in fast 7.000 Einheiten gefertigte Kriegslok der Baureihe 52. Die Konstruktion war stark vereinfacht und ursprünglich nur für zehn Jahre Lebensdauer gebaut. Trotzdem hielten nicht wenige länger als 50 Jahre, was mehr als viele Worte für Dauerhaftigkeit und Erfolg dieser Type spricht. Hier nun das Beispiel von zwei Einzelgängern. Zum Nachkriegs-Beschaffungsprogramm der deutschen Bundesbahn gehörte auch die Mehrzwecklok der Baureihe 66. Sie galt als die am besten gelungene Type dieses Programms und hätte, wäre sie früher gekommen, sicherlich eine große Zukunft gehabt. Aufgrund des fortschreitenden Strukturwandels blieb es bei nur zwei Exemplaren.
Hervorragende Lokomotiven waren auch die polnischen 1'D1'-Schnellzuglokomotiven der Baureihen Pt 31 und 47. Sie zeichneten sich durch Einfachheit und große Leistung aus. Erfolgreich bewährt haben sich auch zahlreiche russische Lokomotiven. Wenn man allein die in rund 11.000 Stück produzierte Güterzug-Baureihe E betrachtet, muss diese überaus robuste Maschine einfach erfolgreich gewesen sein, sonst wäre sie nicht fast 50 Jahre lang gebaut worden.
Der Abschnitt erfolgreicher Dampfloks kann nicht abgeschlossen werden, ohne die mächtige 2'D2'-Schnellzuglok „Niagara" der New York Central Railways zu erwähnen. Jedes Superlativ an Lob war für diese Lok-Gattung gerechtfertigt. Sie hatten nur einen Fehler und den konnte man ihnen nicht verzeihen: Sie war eine Dampflokomotive.

Erfolgreiche moderne Herausforderer

Die Geschichte der Diesel- und Elektrolokomotiven ist ebenfalls reich an erfolgreichen Modellen, nur sind diese etwas weniger spektakulär als ihre dampfenden Mitbewerber. Bei den letzteren denke man nur an die verschiedenen, in der Schweiz und in Österreich eingesetzten Bauvarianten des „Krokodils". In Deutschland entstand eine Abart in Form der Baureihe E 94. Und die nach Kriegsende für die DB gebauten Einheitslokomotiven E 10, E 40, E 41 und E 50 waren nicht minder erfolgreich. An der Spitze aber stand die erst unlängst außer Dienst gestellte sechsachsige Reihe 103, die nicht nur einsatzmäßig ungemein erfolgreich war, sondern überdies auch vom Publikum zur Kultlok erklärt wurde.
In den USA war der Traktionswechsel von Dampf auf Diesel mit einer Umorientierung verbunden. Es entstanden Lokomotiven im Baukastensystem, welches nach Bedarf zu mehreren Einheiten zusammengefügt werden konnte. Diese erstmals 1936 verwirklichte Philosophie wurde zu einem vollen Erfolg und wird daher bis in die Gegenwart praktiziert.

Legendär: Baureihe 18^5 (S 3/6). Bild: Carl Bellingrodt/ Sammlung Hörnemann

52.4984 fuhr bis 1992 im ehemaligen Jugoslawien und fährt heute als Museumslok in Österreich.
Bild: Markus Inderst

Baureihe 52

Nicht nur die enorme Anzahl von über 6.700 gebauten Exemplaren bestätigte den Erfolg der Kriegslokomotive der Baureihe 52. Als sich während des „Ostfeldzugs“ die Verluste und Schäden auf deutscher Seite auch im Eisenbahnwesen deutlich bemerkbar machten, erkannte man erst die Bedeutung der Lokomotive für die Güterversorgung. Daraufhin wurden die meisten deutschen Hersteller wie Henschel, Krupp und Borsig zum schnellstmöglichen Bau von 15.000 Lokomotiven (!) beauftragt. Statt der geplanten Anzahl konnte „nur“ knapp die Hälfte hergestellt werden. Bei der 52 handelte es sich prinzipiell um eine vereinfachte und „kriegtauglich“ gemacht Baureihe 50: Vor allem auf eine Achslast von nur 15 t wurde geachtet, zudem wurden Blechrahmen statt Barrenrahmen, geschlossene Führerhäuser und nicht zuletzt Frostschutzmittel eingesetzt, da schon hunderte nicht frostsichere deutsche Lokomotiven in Russland „verendet“ waren. So wurde die Baureihe 52 zu einem unverzichtbaren Teil der deutschen Kriegsführung.

TYPEN-SCHILD

Hersteller: Floridsdorf, Henschel, Schwartzkopff u.a.
Lieferung/Indienststellung: 1942–1951
Spurweite: Normalspur
Achsfolge: 1'E h2
Länge über Puffer: 22,9 m
Gewicht: 84,0 t
Treibraddurchmesser: 1.400 mm
Höchstgeschwindigkeit: 80 km/h
Leistung: 1.192 kW
Stückzahl: 6.719

Mit Windleitblechen und Wannentender präsentiert sich die 52 1325.

Bild: Sammlung Schütze

Die Leipziger 52 8154, ein DR-Umbau, am 22. Februar 2007 bei Zschernitz.

Bild: Andreas Leipoldt

Baureihe 55^{25-56}

Als sich die Heißdampftechnik Anfang des 20. Jahrhunderts gegenüber der Nassdampftechnik durchsetzte, gab die KPEV diese Heißdampflokomotiven in Auftrag. Die neuen preußischen G 8 wurden sofort auf den Strecken eingesetzt, wo bis dahin immer die älteren G 7 verwendet worden waren. Dadurch sollte die Übelegenheit der Heißdampflokomotiven gegenüber den Nassdampfmaschinen demonstriert werden. Bereits während der ersten Betriebstage zeigte sich tatsächlich die deutlich bessere Leistung der neuen Maschinen. Da die maximale Achslast maximal 14 t betragen durfte, damit der Militärverkehr zügig vonstatten gehen konnte, waren einige Bauteile dieser ersten G 8 etwas schwach dimensioniert und mussten häufig repariert werden. Als die Achslast dann auf 17 t erhöht wurde, gab es auch eine verstärkte preußische G 8¹. Diese Lok bewährte sich wie keine andere der KPEV: Ihre gelungene Konstruktion, die hohe Leistung und ihre Robustheit machten sie zu einer der beliebtetsten Lokomotiven in ganz Deutschland. Bei der DB verrichteten sie sogar noch bis 1972 ihren Dienst.

Noch 1967 waren bei der DR einige der bewährten G-8-Loks auch vor Personenzügen im Einsatz. Bild: Delie

Zahlreiche G 8-Lokomotiven erhielten auf dem Führerhausdach einen Lüfteraufsatz, wie auch die 1908 von Vulcan in Stettin gebaute 55 1840. Bild: Andreas Knipping

TYPEN-SCHILD

Hersteller: Vulcan, Hanomag, u.a.
Lieferung/Indienststellung: 1913–1921
Spurweite: Normalspur
Achsfolge: D h2
Länge über Puffer: 18,9 m
Gewicht: 59,9 t
Treibraddurchmesser: 1.350 mm
Höchstgeschwindigkeit: 55 km/h
Leistung: 930 kW
Stückzahl: 4.958

Die preußische G 8 galt als unverwüstliche und leistungsstarke Güterzuglokomotive. Sie brachte es in einigen Fällen auf rund 70 Dienstjahre. Bild: Sammlung Hornemann

55 1840

55 3345

Die „Ölkrise" gab den kohlegefeuerten Dampfloks kurzzeitig noch eine letzte Chance. Die 050 090 ist 1974 mit einem Güterzug von Betzdorf nach Kreuztal unterwegs. Bild: G. Wagner

TYPEN-SCHILD

Hersteller: Henschel
Lieferung/Indienststellung: 1939–1943
Spurweite: Normalspur
Achsfolge: 1'E h2
Länge über Puffer: 22,9 m
Gewicht: 76,0 t
Treibraddurchmesser: 1.400 mm
Höchstgeschwindigkeit: 80 km/h
Leistung: 1.195 kW
Stückzahl: 3.164

Baureihe 50

Da die bewährte Baureihe 57^{10} mit ihrer Höchstgeschwindigkeit von gerade einmal 60 km/h Ende 1935 nicht mehr zeitgemäß war, entschied man sich zur Herstellung der Baureihe 50. Diese Baureihe bewährte sich so gut, dass schon bald Bestellungen anderer Baureihen zugunsten der neuen 50er storniert wurden. Eine besondere Bedeutung kam diesen Loks im Zweiten Weltkrieg zu: Da man mit der Produktion der Baureihe 52 anfangs nicht schnell genug nachkam, wurden zahlreiche Loks der Baureihe 50 „entfeinert" und zu „Übergangs-Kriegsloks" umgebaut. Auf die üblichen Windleitbleche, Metallschilder, Vorwärmer und dergleichen wurde verzichtet. Aufgrund ihrer geringen Achslast von nur 15 t war die Baureihe 50 schon bald im ganzen Land und in den besetzten Ostgebieten als Universallok unterwegs. Viele der Loks, die es nach dem Krieg in andere Länder verschlagen hatte, waren dort noch lange Zeit unentbehrlich. Auch in Deutschland waren sie bei der DB bis 1977 und bei der DR sogar bis 1988 noch im Einsatz.

Bei der DR blieben etliche Maschinen der Baureihe 50 in der Ursprungsausführung im Dienst. Bild: Högemann

Truppentransporte unter den extremen Verhältnissen des Winters 1942/43 im bereits umgespurten Hauptbahnhof von Minsk in Weißrussland
Bild: Hans-Joachim Bandelow

Rechts: Von den fünfachsige Güterzuglokomotiven der Gattur G 10 wurden bis 1925 insgesar 2.615 Exemplare gebaut. D 57 3334 stammt von 192
Bild: Sammlung Hörnema

Baureihe 57^{10-35} (pr G 10)

Die Schlepptenderlokomotiven der Baureihe 57^{10-35} wurde für den schweren Güterzugdienst eingesetzt und waren aufgrund ihrer geringeren Achslast flexibler einsetzbar als die ebenfalls sehr erfolgreiche Baureihe 56. Ihre Achslast war mit 15,2 t um eine Tonne leichter als die der Baureihe 56. Nachdem die DRG sie übernommen hatte, verbreitete sie sich über ganz Deutschland. Die k.u.k.-Heeresbahn übernahm im Ersten Weltkrieg einige Modelle und benannte sie in die Baureihe 680 um, allerdings mit einigen Modifikationen, um sie für den Einsatz auf russischen Schienen einsetzbar zu machen. Auch im Zweiten Weltkrieg verschlug es einige Lokomotiven nach Österreich, wo sie als ÖBB Reihe 657 geführt wurden.

TYPEN-SCHILD

Hersteller: Henschel u.a.
Lieferung/Indienststellung: 1910–1927
Spurweite: Normalspur
Achsfolge: E h2
Länge über Puffer: 18,9 m
Gewicht: 76,6 t
Treibraddurchmesser: 1.400 mm
Höchstgeschwindigkeit: 60 km/h
Leistung: 825 kW
Stückzahl: 2.615

Die spätere 57 1002 stellte Henschel im Jahre 1910 her. Sie gehörte zu den ersten G 10 für die KPEV.
Bild: Sammlung Hörnemann

Die 44 1558 ist heute im Besitz der Hammer Eisenbahnfreunde.
Bild: T. Horn

Die Baureihe 44 ist mit ihren fünf Treibachsen das Musterbeispiel einer deutschen Güterzuglok.
Bild: Carl Bellingrodt/Sammlung Andreas Knipping

TYPEN-SCHILD

Hersteller: Henschel
Lieferung/Indienststellung: 1926–1949
Spurweite: Normalspur
Achsfolge: 1'E h3
Länge über Puffer: 22,6 m
Gewicht: 110,0 t
Treibraddurchmesser: 1.400 mm
Höchstgeschwindigkeit: 80 km/h
Leistung: 1.405 kW
Stückzahl: 1.979 (inkl. SNCF)

Baureihe 44

Ein Gebiet, das den „Universal-Lokomotiven“ der Baureihen 50 und 52 weitgehend verwehrt blieb, war das hohe Bergland: Hier kam die schwere Baureihe 44 zum Einsatz und stellte dort vor allem während des Zweiten Weltkriegs den schweren Güterverkehr sicher. Einige Modelle wurden nach dem Krieg mit Stokerfeuerung und andere auch mit Ölfeuerung (40 Stück) ausgerüstet, was den Leistungsgrad erhöhte. Nach dem Krieg gab es bei der DB noch 1.242 Exemplare, wovon allerdings knapp 300 Lokomotiven an Frankreich zurückgegeben werden mussten, da sie während des Krieges dort gebaut worden waren. Wie auch die Baureihe 50, wurde die Baureihe 44 erst spät aus dem Bestand ausgemustert, als die fortschreitende Elektrifizierung sie überflüssig machte.

Die 44 404, heute Museumslok in Darmstadt, besitzt eine Gegendruckbremse.

Bild: Claus-Jürgen Jacobson

38 3199
UNT.HBN. 09.05.02
genormt

Die DR baute in den 1960er-Jahren in manchen Giesl-Ejektoren ein. Bild: Preuß

Die preußische P 8 war eine derart gelungene Konstruktion, dass von ihr rund 4.000 Lokomotiven gebaut wurden. Als
Baureihe 38 war sie bis in die 70er-Jahre des 20. Jahrhunderts bei Bundesbahn und DR zu finden. Wie die 38 3199 blieben einige Loks in Museen der Nachwelt erhalten.
Bild: Michael Dostal

Baureihe 38^{10-40} (pr P 8)

Wenn es eine deutsche Schlepptender-Lokomotive gab, die die Bezeichnung „Universallok" am ehesten verdient hat, dann wahrscheinlich die preußische P 8, die oft als „Mädchen für alles" bezeichnet wurde. Aufgrund der sorgfältigen Konstruktion Robert Garbes und der ausgiebigen Testfahrten bewährte sich die Lok wie kaum eine andere. Kleinere Kinderkrankheiten konnten schnell beseitigt werden, und im Laufe der Einsatzjahre konnte auch die Leistung deutlich verbessert werden, vor allem durch den Einbau eines sogenannten Abdampf-Oberflächenvorwärmers der Bauart Knorr.

TYPEN-SCHILD

Hersteller: Berliner Maschinenbau AG, u.a.
Lieferung/Indienststellung: 1906–1926
Spurweite: Normalspur
Achsfolge: 2'C h2
Länge über Puffer: 18 m
Gewicht: 78,2 t
Treibraddurchmesser: 1.750 mm
Höchstgeschwindigkeit: 100 km/h
Leistung: 870 kW
Stückzahl: 3.948

Baureihe 18^{4-5} (bay S 3/6)

Wie auch bei den anderen Länderbahnen waren die alten Zweikuppler den ständig wachsenden Anforderungen Anfang des 20. Jahrhunderts nicht mehr gewachsen. Gerade in Bayern wurde dieser Umstand durch die vielen Steigungsstrecken noch zusätzlich verschärft. Daher wurde die Herstellung einer leistungsfähigeren Lokomotive, der bayerischen S 3/6 in Auftrag gegeben. Vorbild war die badische IV f, zudem wurden die gewonnenen Erfahrungen bei den Schnellzuglokomotiven der Gattungen S 2/5, S 2/6 und S 3/5 berücksichtigt. Daher ist es wenig verwunderlich, dass die bayerische S 3/6 der badischen IV f doch ziemlich ähnelte. Abgesehen davon, dass es sich bei ihr um eine schön anzusehende Lokomotive handelte, war sie auch sehr erfolgreich. Bevor sie im Plandienst eingesetzt wurde, erntete sie auf der Ausstellung „München 1908“ große Bewunderung. Selbst als die Einheitsbaureihe 01 sich mehr und mehr durchsetzte, wurde die bayerische S 3/6 noch weiterhin gebaut, da viele Strecken sich noch im Umbau befanden und daher den Einsatz dieser Einheitslokomotiven noch nicht zuließen.

Deutlich sind bei der 18 535 – hier während eines RAW-Aufenthalts – die beiden Innenzylinder-Gehäuse zu erkennen

Bild: Sammlung Andreas Knipping

Zu den beliebtesten deutschen Museumsloks gehört die in die Originalzustand zurückversetzte ehemalige 18 478 des Eisenbahnmuseums Nördlingen.

Bild: Hörnemann

TYPEN-SCHILD

Hersteller: Maffei
Lieferung/Indienststellung: 1908–1931
Spurweite: Normalspur
Achsfolge: 2'C1' h4v
Länge über Puffer: 21,3 m
Gewicht: 86,6 t
Treibraddurchmesser: 1.870 mm
Höchstgeschwindigkeit: 120 km/h
Leistung: 1.346 kW
Stückzahl: 159

Im Eisenbahnmuseum Bochum-Dahlhausen ist die 18 505 im Zustand der 1950er-Jahre erhalten
Bild: Hörnemann

Die 55 669 wurde nach jahrzehntelangem Einsatz zur nicht betriebsfähigen Museumslok. Bild: Sammlung Andreas Knipping

Baureihe $55^{0-6, 7-13, 57}$

Als die preußischen G 5 Ende des 19. Jahrhunderts den erhöhten Anforderungen insbesondere auf Gebirgsstrecken nicht mehr gewachsen waren, wurde die G 7 (später als Baureihe $55^{0-6, 7-13, 57}$ von der DRG übernommen) in Auftrag gegeben. Diese neue Dampflokomotive beeindruckte von Anfang an durch ihre überaus hohe Zugkraft und niedrigen Wartungs- und Beschaffungskosten. Die Vierkuppler bewährten sich vor allem auf Steigungsstrecken, wurden später aufgrund der zunehmend schwerer werden Zugmassen auch im Flachland eingesetzt. Einige Maschinen überstanden sogar den Zweiten Weltkrieg, was ihre Langlebigkeit und Robustheit bestätigt.

TYPEN-SCHILD

Hersteller: Vulcan u.a.
Lieferung/Indienststellung: 1893–1909
Spurweite: Normalspur
Achsfolge: D n2
Länge über Puffer: 16,6 m
Gewicht: 52,6 t
Treibraddurchmesser: 1.250 mm
Höchstgeschwindigkeit: 50 km/h
Leistung: 485 kW
Stückzahl: 1.205

Druckluftbehälter und Dampfläutewerk waren wie bei der 55 566 typisch für G-7-Lokomotiven. Bild: Sammlung Andreas Knipping

Baureihe 56^{2-8} (pr G 8^1)

Die von der DRG übernommenen, ursprünglichen preußischen G-8^{I}-Dampfloks hatten eine ziemlich hohe Achslast von 17,5 t. Allerdings waren sie in gutem Zustand und in großer Anzahl erhalten. Daher entschloss man sich, viele dieser Lokomotiven den zu dieser Zeit sich ergebenden neuen Gegebenheiten anzupassen. Unter anderem kam nun eine Bissel-Achse zum Einsatz. Diese als „Laufachsen-G-8^{I}" bezeichnete Lok hatte eine verringerte Achslast von 16,2 t, was ihr Einsatzgebiet vergrößerte. Außerdem durfte sie jetzt aufgrund der Modifikationen statt mit 55 km/h nun mit 70 km/h verkehren.

Ein vorgeschuhter Rahmen für die Aufnahme der Bissel-Achse waren das äußere Kennzeichen der „Laufachsen-G 8^1". Bild: Sammlung Hörnemann

TYPEN-SCHILD

Hersteller: Henschel
Lieferung/Indienststellung: 1934–1941
Spurweite: Normalspur
Achsfolge: 1'D h2
Länge über Puffer: 18,2 m
Gewicht: 74,0 t
Treibraddurchmesser: 1.350 mm
Höchstgeschwindigkeit: 70 km/h
Leistung: 925 kW
Stückzahl: 691

Den Umbau der G 8^1-Lokomotiven auf die Achsfolge 1'D nahm die DRG fast ausschließlich selbst in ihren Ausbesserungswerken vor. Bild: Sammlung Hörnemann

Die von der DRG übernommenen S-10²-Lokomotiven wurden bis auf wenige Exemplare bereits 1935 zugunsten von Einheitsmaschinen ausgemustert. Bild: Sammlung Hörnemann

TYPEN-SCHILD

Hersteller: Henschel
Lieferung/Indienststellung: 1911–1916
Spurweite: Normalspur
Achsfolge: 2'C' h4v
Länge über Puffer: 21 m
Gewicht: 83,1 t
Treibraddurchmesser: 1.980
Höchstgeschwindigkeit: 120 km/h
Leistung: 1.059 kW
Stückzahl: 237

Deutlich sind die unterschiedlich gestalteten Vorderfronten der S 10¹ zu erkennen. Bild: Sammlung Andreas Knipping

Baureihe $17^{10-12,\ 2}$

Auch wenn die Schnellzuglokomotiven der Baureihe 17 bereits Mitte der 1930er-Jahre zugunsten der neuen Einheitslokomotiven ausgemustert wurden, waren sie bis dahin für den Schnellverkehr in Norddeutschland unentbehrlich gewesen. Vor allem auf der Strecke Hamburg – Altona – Bremen – Münster – Aachen verrichteten sie ihren Dienst. In technischer Hinsicht bestachen sie durch bewährte Technik, wie beispielsweise einem Vierzylinder-Triebwerk der Bauart de Glehn und einem durchgehenden Blechrahmen.

TYPEN-SCHILD

Hersteller: Henschel u.a.
Lieferung/Indienststellung: 1928–1940
Spurweite: Normalspur
Achsfolge: 1'C1' h2t
Länge über Puffer: 12,3 m
Gewicht: 70,9 t
Treibraddurchmesser: 1.500 mm
Höchstgeschwindigkeit: 90 km/h
Leistung: 699 kW
Stückzahl: 520

Als eine der meistgebauten Einheitslokbaureihen fand man die 64er fast in ganz Deutschland. 64 496 im Jahr 1971 beim Wassernehmen im Bw Lauda. Bild: Udo Paulitz

Die 64 518 gehört der Eurovapor und ist in der Schweiz im Einsatz. Bild: Graber

Baureihe 64

Die vor allem als Nebenbahnlokomotive für Personenzüge und im Flachland eingesetzte Baureihe 64 bewährte sich ausgezeichnet. Da es auf den Nebenbahnen aber auch teilweise erhebliche Steigungen gab, mussten die Loks auch diesen Anforderungen gewachsen sein. Obwohl das Triebwerk und der Kessel identisch mit denen der Baureihe 24 war, zeichnete sich die Baureihe 64 durch eine wesentlich größere Laufruhe aus. Aufgrund ihrer hervorragenden Eigenschaften war die Baureihe bald im ganzen Reichsgebiet anzutreffen. An dem Bau dieser überaus erfolgreichen und in großer Stückzahl hergestellten Maschinen waren alle namhaften deutschen Hersteller, unter anderem natürlich Henschel, beteiligt.

TYPEN-SCHILD

Hersteller: AEG, Düwag
Lieferung/Indienststellung: 1987–1995
Spurweite: Normalspur
Achsfolge: 2'B + 2'2'
Länge über Puffer: 45 m
Gewicht: 66,9–87,0 t
Treibraddurchmesser: 760 mm
Höchstgeschwindigkeit: 120 km/h
Leistung: 970 kW
Stückzahl: 455

Fahrzeug der zweiten Bauserie 628^1 mit glatten Außenwänden im Mai 2002 bei Bad Wörishofen. Bild: Meier

Baureihe 628

Die DB gab 1968 eine große Anzahl von zweiteiligen Dieseltriebwagen in Auftrag, die als Baureihe 628 hergestellt wurden. Die Triebwagen erwiesen sich als vielfältig einsetzbare, ausgezeichnete Fahrzeuge, sodass bald darauf weitere Triebwagen bestellt wurden. Die mit einem Zwölf-Zylinder-Dieselmotor ausgestatten Maschinen werden auch von der Luxemburgischen Staatseisenbahn, in Ulm als DB ZugBus RAB (Regionalbahn Alb-Bodensee) und sogar in Rumänien von der CFR eingesetzt.

628 014 war im September 1997 noch grau/türkis lackiert. Bild: Christian Völk

Baureihe 218

Die ab 1968 gefertigte Baureihe 218 basiert auf der recht erfolgreichen V 160-Familie. Die zum großen Teil in verkehrsrot gehaltenen Fahrzeuge werden überwiegend auf nichtelektrifizierten Haupt- und Nebenstrecken in Westdeutschland eingesetzt. Bei der DB finden sie vielfältige Verwendung, unter anderem als DB Regio, DB AutoZug und DB Services-Züge. Dass mit dieser Baureihe die Entwicklung von Großdieselloks bei der DB vorerst ihr Ende gefunden hast, unterstreicht den Erfolg und die Robustheit dieser Diesellokomotiven.

218 473 war mit Werbelackierung unterwegs. Bild: Treutler

TYPEN-SCHILD

Hersteller: Henschel, Krupp, Krauss-Maffei, MaK
Lieferung/Indienststellung: 1968–1981
Spurweite: Normalspur
Achsfolge: B'B'
Länge über Puffer: 16,4 m
Gewicht: 78,0 t
Treibraddurchmesser: 1.000 mm
Höchstgeschwindigkeit: 140 km/h
Leistung: 2.060 kW
Stückzahl: 410

Verkehrsrote 218 am 30. April 2001 in Hof. Bild: Michael Dostal

Die spätere V 36 war als WR 360 C 14 die am häufigsten gebaute Wehrmachts-Diesellokbaureihe. Noch heute ist sie bei Museumsbahnen im Einsatz. Bild: Sammlung Völk

Baureihe V 36 (DB 236, DR 103)

Die am häufigsten gebaute Wehrmachts-Diesellok war zweifellos die Baureihe V 36, früher als WR 360 C bezeichnet. Sie wurde unter anderem von Henschel und Krupp produziert. Nach dem Zweiten Weltkrieg fand man mehr einsatzfähige Lokomotiven als vermutet vor: Die DR übernahm 40 und die DB 60 Maschinen dieses Typs. Durch den nachträglichen Einbau eines neuen Motors (6 NVD 36) konnte die Leistung einiger Maschinen nochmals deutlich verbessert werden. Aufgrund ihrer guten Eigenschaften wurden sogar zwei Nachserien von Holmag (später MaK) fast unverändert nachgebaut. Bei der DB wurden die Maschinen ab 1968 in Baureihe 236 umgezeichnet.

TYPEN-SCHILD

Hersteller: MaK
Lieferung/Indienststellung: 1938
Spurweite: Normalspur
Achsfolge: C
Länge über Puffer: 9,2 m
Gewicht: 39,0–43,0 t
Treibraddurchmesser: 1.100 mm
Höchstgeschwindigkeit: 55–60 km/h
Leistung: 265 kW
Stückzahl: 450

Zur Verbesserung der Sicht des Lokführers erhielten einige V 36 bei der Bundesbahn eine Dachkanzel. Bild: Skrzypnik

Die Baureihe 423 stützt den Regionalverkehr. Bild: Michael Dostal

TYPEN-SCHILD

Hersteller: Adtranz, Alstom LHB, ABB, Bombardier
Lieferung/Indienststellung: 1998
Spurweite: Normalspur
Achsfolge: Bo'(Bo') (2') (Bo')Bo'
Länge über Puffer: 6,7 m
Gewicht: 119,0 t
Treibraddurchmesser: 780–850 mm
Höchstgeschwindigkeit: 140 km/h
Leistung: 2.350 kW
Stückzahl: 426

Baureihe 423/433

Nachdem Ende der 1990er-Jahre die ersten Triebwagen der Baureihe 420 aufgrund von diversen Verschleißerscheinungen ersetzt werden mussten, entschloss man sich bei der DB, die völlig neukonstruierte Baureihe 423 in Auftrag zu geben. Dabei wurde auch die vorhandene Infrastruktur besonders berücksichtigt, wie beispielsweise die Länge von Bahnsteigen. Aufgrund der kurzen Fahrzeiten wurde auf den Einbau einer Toilette in den vollklimatisierten Zügen verzichtet. Die mit einem modernen und effizienten Drehstrom-Motor ausgestatteten Fahrzeuge verkehren als Kurz-, Voll- oder Langzüge (ein bis drei Züge) und sind aus dem S-Bahn-Verkehr nicht mehr wegzudenken.

Diese Triebzüge fahren bis zu 140 km/h schnell. Aufnahme in Sindelfingen-Goldberg am 6. Juli 2000. Bild: Michael Dostal

TYPEN-SCHILD

Hersteller: Schwarzkopff
Lieferung/Indienststellung: 1936–1941
Spurweite: Normalspur
Achsfolge: 1'D1'h2
Länge über Puffer: 23,9 m
Gewicht: 101,0 t
Treibraddurchmesser: 1.600 mm
Höchstgeschwindigkeit: 90 km/h
Leistung: 1.400 kW
Stückzahl: 366

Einheitsgüterzuglok der Baureihe 41. Bild: Sammlung Schwarz

Hier mit kleineren Witte-Windleitblechen.
Bild: Claus-Jürgen Jacobson

Baureihe 41 (DR 41^{10})

Um dem in den 1930er-Jahren aufkommenden Kraftverkehr etwas entgegensetzen zu können, musste die Deutsche Reichsbahn Gesellschaft die Geschwindigkeit der Güterzüge auf mindestens 90 km/h erhöhen. Da die alten Länderbahnlokomotiven diesen Anforderungen keinesfalls gerecht werden konnten, wurde die Konstruktion der deutlich leistungsfähigeren Baureihe 41 in Auftrag gegeben. Trotz der anfänglichen Probleme mit dem Dampfkessel bewährten sich die neuen Lokomotiven im schnellen Güterzugdienst auch auf Mittelgebirgsstrecken sehr gut, zumindest nachdem der anfängliche Kesseldruck von 20 auf 16 bar reduziert worden war. Nach dem Zweiten Weltkrieg versah die DB einige Exemplare mit neuen Hochleistungsdampfkesseln, um die Leistung weiter zu erhöhen. Die Loks der Baureihe 41 gehörten zu den letzten Dampflokomotiven der DB.

TYPEN-SCHILD

Hersteller: k.A.
Lieferung/Indienststellung: 1867–1889
Spurweite: Normalspur
Achsfolge: C
Länge über Puffer: 8,5 m
Gewicht: 35,0 t
Treibraddurchmesser: 1.310/1.610 mm
Höchstgeschwindigkeit: 75 km/h
Leistung: 480 kW
Stückzahl: k.A.

Ein zeitgenössische Originalaufnahme der techisch einfach gehaltenen, aber bewährten Serie 030 in Frankreich. Bild: Sammlung Udo Paulitz

Serie 030 der Midi

Wenn man eine französische Lokomotive als „Universallokomotive" bezeichnen konnte, dann am ehesten die Serie 030 der Midi: Sie wurde für Eil- und Bummelzüge, Personen- und gemischte Güterzüge und auch für Nahverkehrszüge eingesetzt. Eine Besonderheit dieser Lok war, dass sie von Anfang an mit zwei verschieden großen Treibrädern erhältlich war (1.310 und 1.610 mm), um je nach Einsatzgebiet eine optimale Zugleistung oder eine optimale Höchstgeschwindigkeit zu erreichen. Zudem besaß sie eine Achslast von gerade einmal 12 t, wodurch ihr Einsatzgebiet sehr breit gefächert war. Aufgrund all dieser Vorzüge ist es wenig verwunderlich, dass diese leistungsfähige Lokomotive eine sehr lange Produktionszeit von 22 Jahren hatte. Selbst 1933 waren noch 230 Loks im Einsatz!

Der Einfluss der englischen Lokomotivbauschule ist an der Innensteuerung deutlich zu erkennen. Bild: Sammlung Udo Paulitz

Eine der erfolgreichsten Lokomotiven Norwegens: die Serie 26 der NSB. Bild: Sammlung Udo Paulitz

Serie 26 der NSB

Als im Jahre 1905 Norwegens Unabhängigkeit von Schweden kurz bevorstand, setzte man sich dort das überaus ehrgeizige Ziel, die wichtigsten Städte Norwegens durch den Schienenverkehr zu verbinden. Besonders schwierig gestaltete sich diese Aufgabe vor allem durch die Topografie des Landes: Norwegen ist ein sehr gebirgiges Land mit harten Wintern. Daher benötigte man eine kraftvolle Dampflokomotive, die diesen Bedingungen gewachsen war und vor allem die Steigungen souverän bewältigen konnte. Die in mehreren Baulosen gebaute Reihe 26 meisterte die Herausforderung ausgezeichnet: Sie war in der Lage, 300 t Zuglast über 20 Promille-Steigungen mit 35 km/h zu befördern und wurde erst in den 1960er-Jahren aufgrund der Konkurrenz durch Elektro- und Diesellokomotiven außer Dienst gestellt. Dies spricht klar für ihren Erfolg.

TYPEN-SCHILD

Hersteller: SLM, NOHAB
Lieferung/Indienststellung: 1910–1924
Spurweite: Normalspur
Achsfolge: 2'D
Länge über Puffer: 15,1 m
Gewicht: 72,2 t
Treibraddurchmesser: 1.350 mm
Höchstgeschwindigkeit: 70 km/h
Leistung: 980 kW
Stückzahl: 22

Steigungen auf Bergstrecken bereiteten der Serie 26 keine Probleme.
Bild: Sammlung Udo Paulitz

Baureihe 23^{10} (35)

Eine Ersatzbeschaffung der überaus erfolgreichen Baureihe $30^{10\text{-}40}$ hatte man bereits bei der DRG erwogen. Die „Ersatz P 8“ war der P 8 in punkto Leistung und Geschwindigkeit deutlich überlegen. Durch den Zweiten Weltkrieg kam es gerade einmal zur Entwicklung zweier nicht ganz mängelfreier Baumusterlokomotiven (23 001 und 002). Bei der DR wurde ging die Baureihe 23 dann in die Serienproduktion. Die Lokomotiven überzeugten von Anfang an durch ihre guten Beschleunigungswerte und ihrer effektiv arbeitenden Kessel. 1970 wurde die Lokomotiven im Zuge der Umstellung der Nummernsystes auf EDV in Baureihe 35 umbenannt.

Frühsommer 1971 vor Fahrtantritt der 35 1050 von Berlin-Schöneweide nach Elsterwerda.
Bild: Andreas Knipping

TYPEN-SCHILD

Hersteller: DR
Lieferung/Indienststellung: 1955–1959
Spurweite: Normalspur
Achsfolge: 1'C1' h2
Länge über Puffer: 22,6 m
Gewicht: 87,2 t
Treibraddurchmesser: 1.750 mm
Höchstgeschwindigkeit: 110 km/h
Leistung: 1.250 kW
Stückzahl: 113

Ersetzten die überaus erfolgreichen P-8-Lokmotiven: die Loks der Baureihe 35 (ex 23^{10}). Bild: Sammlung Udo Paulitz

Die Baureihe 643 wurde aus der modularen TALENT-Familie entwickelt. Bild: Malte Werning

TYPEN-SCHILD

Hersteller: Talbot
Lieferung/Indienststellung: 1999–2000
Spurweite: Normalspur
Achsfolge: B'2'2'B'
Länge über Puffer: 36–43 m
Gewicht: 57,0–72,2 t
Treibraddurchmesser: 760 mm
Höchstgeschwindigkeit: 120 km/h
Leistung: 630 kW
Stückzahl: 101

Die Schwestermodelle der 643er laufen unter der Bezeichnung 644 und sind für einen S-Bahn-ähnlichen Einsatz vorgesehen. Sie verfügen deshalb über sechs Schiebetüren je Wagenseite. Bild: Malte Werning

Baureihe 643/644

Bei der Baureihe 643 und der Schwesterbaureihe 644 der DB handelt es sich um moderne Triebwagen in Modularbauweise. Die Bezeichnung „TALENT" steht dabei als Abkürzung für „Talbot-Leichtbau-Niederflur-Triebzug". Die Fahrzeuge sind in einer neuartigen Leichtbauweise gefertigt, mit glasfaserverstärkten Seitenwänden aus Aluminiumgerippe. Die mit modernster Technik ausgestatteten Triebwagen mit einer Stundenleistung von 630 kW haben sich im Regionaleinsatz um Osnabrück, Kaiserslautern und Düsseldorf bis jetzt sehr gut bewährt.

Baureihe 215

Oben: **Eine 215 in Stuttgart am 16. April 1996.** Bild: M. Dostal

Ende der 1960er-Jahre war die Ablösung der veralteten Dampflokomotiven ein allgegenwärtiges Thema bei der Deutschen Bahn. Auch die Baureihe 215 wurde hergestellt, um die einstigen „Könige der Schiene" abzulösen. Die heute verkehrsrot lackierten Triebwagen sind in Stahl-Leichtbauweise gebaut, mit hydraulischem Getriebe und 16-Zylinder-MTU-Dieselmotoren ausgestattet. Die Modelle ohne Heizung werden als Baureihe 225 geführt, sind aber ansonsten baugleich. Die bewährten Diesellokomotiven werden von dem Unternehmen Railion im Güterverkehr und von der DB auch vor Autozügen eingesetzt.

TYPEN-SCHILD

Hersteller: Henschel, Krupp, Krauss-Maffei, MaK
Lieferung/Indienststellung: 1968
Spurweite: Normalspur
Achsfolge: B'B'
Länge über Puffer: 16,4 m
Gewicht: 79,0 t
Treibraddurchmesser: 1.000 mm
Höchstgeschwindigkeit: 140 km/h
Leistung: 1.840 kW
Stückzahl: 164

In der ozeanblau/beigen Lackierung der 1980er- und 1990er-Jahre mit Silberlingen am Haken. Bild: Michael Dostal

Baureihe 58^{30}

Die DR hatte nach dem Zweiten Weltkrieg noch über 500 Lokomotiven der Baureihe 58^{2-21} zur Verfügung. Diese Lokomotiven, die sich insbesondere im Mittelgebirge bewährt hatten, wiesen leider einige Konstruktionsmängel auf, die es nicht erlaubten, ihr volles Leistungspotential auszuschöpfen. Mangels Alternativen entschloss sich die DR daher, die Maschinen zur Baureihe 58^{30} zu rekonstruieren. Insbesondere der Einbau neuer Kessel brachte die erhoffte optimale Energieausnutzung, und auch das Aussehen der Loks änderte sich erheblich. Im Alltag bewährten sich die Maschinen sehr gut, vor allem im thüringischen und sächsischen Hügelland. Aufgrund ihrer hohen Leistungsfähigkeit konkurrierte sie sogar mit der schweren Baureihe 44.

Die 58 3047 vom Bw Glauchau durchfährt am 22. März 1978 den Hauptbahnhof Gera.
Bild: Jan-Willem van Dorp

TYPEN-SCHILD

Umbau Deutsche Reichsbahn
Lieferung/Indienststellung: 1958–1962
Spurweite: Normalspur
Achsfolge: 1'E h3
Länge über Puffer: 22,1 m
Gewicht: 97,2 t
Treibraddurchmesser: 1.400 mm
Höchstgeschwindigkeit: 70 km/h
Leistung: 1.324 kW
Stückzahl: 56

Die 38 205 dient nach ihrem Ausscheiden aus den Plandienst als Traditionslokomotive. Die vom Bw Chemnitz-Hilbersdorf unterhaltene Maschine war schon vor vielen Sonderzügen und bei Plandampf-Veranstaltungen im Einsatz. Bild: Christian Völk

Baureihe 38^{2-3}

Das Bahnnetz in Sachsen gehörte in der Länderbahnzeit zu den dichtesten in ganz Deutschland, praktisch alle Städte waren mit dem Zug erreichbar. Lange Zeit waren die alten zweiachsigen Dampfloks dort unterwegs gewesen. Aufgrund des hohen Bedarfs an lesitungsstarken Reisezugloks musste daher eine neue Baureihe her. Auf Grundlage der Gattungen XII H, XII HV sowie der XII H 1 wurde die sächsische XII H 2 in Auftrag gegeben. Da sich diese Maschinen gut bewährten und durch ihre Robustheit auszeichneten, wurden sie desöfteren sogar vor Schnellzügen von den Bw Reichenbach und Dresden eingesetzt.

TYPEN-SCHILD

Hersteller: Hartmann
Lieferung/Indienststellung: 1910–1927
Spurweite: Normalspur
Achsfolge: 2'C h2
Länge über Puffer: 18,9 m
Gewicht: 73,0 t
Treibraddurchmesser: 1.590 mm
Höchstgeschwindigkeit: 90 km/h
Leistung: k.A.
Stückzahl: 169

Baureihe pr S 3

Von der preußischen Schnellzugdampflokomotive S 3 wurden in den Jahren 1892 bis 1902 über 1.000 Exemplare gebaut. Diese Nassdampfloks konnten eine Zuglast von gut 200 t in der Ebene mit 90 km/h befördern. Das war für damalige Verhältnisse eine bemerkenswerte Leistung gewesen war. Zudem gab es bald darauf auch eine verstärkte Version der S 3, die als S 5² bezeichnet wurde. Von diesen bewährten Maschinen wurden immerhin 239 Stück von der Deutschen Reichsbahngesellschaft übernommen und als Baureihe 13 in den Fahrzeugpark der DRG eingegliedert.

TYPEN-SCHILD

Hersteller: Hanomag
Lieferung/Indienststellung: 1892
Spurweite: Normalspur
Achsfolge: 2'B n2v
Länge über Puffer: 17,5 m
Gewicht: 50,5 t
Treibraddurchmesser: 1.980 mm
Höchstgeschwindigkeit: 100 km/h
Leistung: 1.050 kW
Stückzahl: 1.027

Die Schnellzuglokomotive S 3 der Königlich-Preußischen Eisenbahn-Verwaltung erbrachte für damalige Verhältnisse eine erstaunliche Leistung. Bild: Sammlung Udo Paulitz

Diese Loks gehörten der DB Cargo. Ein Teil von ihnen trägt den Schriftzug des Unternehmens. 145 007 steht am 9. September 1999 vor dem Schuppen in Seddin. Bild: Christian Völk

Baureihe 145

Ende der 1990er-Jahre wurde der Bestand an elektrischen Lokomotiven bei der Deutschen Bahn umfangreichen Modernisierungsmaßnahmen unterzogen. Unter anderem wurde die Baureihe 145 als Leichtbaulokomotive für den Güterzugverkehr bestellt, die von Anfang an in der Farbe Verkehrsrot ausgeliefert wurde. Diese modernen Lokomotiven sind mit vielen technischen Neuerungen und Besonderheiten versehen, so zum Beispiel GPS-gestützte automatische Ansagen und eingebaute Energiezähler, die jederzeit die Ermittlung der tatsächlichen Leistung erlauben. Ihr Einsatz in ganz Deutschland bestätigt ihren Erfolg.

TYPEN-SCHILD

Hersteller: Adtranz Deutschland
Lieferung/Indienststellung: 1998–2000
Spurweite: Normalspur
Achsfolge: Bo'Bo'
Länge über Puffer: 18,9 m
Gewicht: 80,0 t
Treibraddurchmesser: 1.250 mm
Höchstgeschwindigkeit: 140 km/h
Leistung: 4.200 kW
Stückzahl: 78

Die Loks ähneln der Baureihe 101, sind aber für langsamere Züge im Regional- und Güterverkehr vorgesehen (Uelzen, 23. September 2000). Bild: Christian Völk

Reihe PT-47 (PKP)

Als in den 1930er-Jahren auch in Polen der Kraftverkehr dem Schienenverkehr gefährliche Konkurrenz machte, besann man sich dort auf neue Methoden der Kostensenkung. Da es günstiger war, wenige schwere statt viele schnelle Züge verkehren zu lassen, baute man die Reihe PT-31, die nach dem Zweiten Weltkrieg als verbesserte PT-47 ihren Dienst zuverlässig verrichtete. Bis in die 1980er-Jahre zogen diese Maschinen schwere Eil- und Personenzüge auf allen noch nicht elektrifizierten Strecken.

Bis in die 1980er-Jahre zog die PT-47 der PKP schwere Personenzüge
Bild: Sammlung Udo Paulitz

TPYEN-SCHILD

Hersteller: Fablok, Cegielski
Lieferung/Indienststellung: 1947
Spurweite: Normalspur
Achsfolge: 1'D1' h2
Länge über Puffer: 24,2 m
Gewicht: 173,0 t
Treibraddurchmesser: 1.850 mm
Höchstgeschwindigkeit: 100 km/h
Leistung: 1.200 kW
Stückzahl: 80

Reihe 29

Im Rahmen des „Marshallplans" gaben die USA vielen Ländern nach dem Zweiten Weltrkieg dringend benötigte wirtschaftliche Hilfe. Belgien erhielt unter anderem 300 amerikanische Dampflokomotiven der Bauart 29. Die Maschinen bewährten sich durch ihre einfache und robuste Konstruktion, wobei das Führerhaus einen bis dato für europäische Verhältnisse ungewohnten Komfort bot. Ähnlich wie die 141 R in Frankreich wurden diese Dampflokomotiven zum Symbol des wirtschaftlichen Wiederaufschwungs nach dem überstandenen Krieg.

Symbol des wirtschaftlichen Aufschwungs in Belgien.
Bild: Sammlung Udo Paulitz

TYPEN-SCHILD

Hersteller: Baldwin u.a.
Lieferung/Indienststellung: 1945
Spurweite: Normalspur
Achsfolge: k.A.
Länge über Puffer: 18,5 m
Gewicht: 74,0 t
Treibraddurchmesser: 1.524 mm
Höchstgeschwindigkeit: 90 km/h
Leistung: k.A.
Stückzahl: 300

Baureihe 610

Um auch auf nichtausgebauten Strecken höhere Geschwindigkeiten zu erzielen, entschloss sich die DB Anfang der 1990er-Jahre, Triebzüge mit Neigetechnik zu beschaffen. Vorbild waren dabei die bekannten italienischen „Pendolino"- und die spanischen „Talgo"-Züge. Im Umkreis von Nürnberg, wo diese Fahrzeuge heute bevorzugt eingesetzt werden, sind sie ebenfalls als „Pendolinos" bezeichnet worden. Nicht nur die Neigetechnik ist hochmodern, es kommen auch effiziente Drehstrom-Motoren zum Einsatz. Nicht zuletzt die selbsttragende Aluminiumbauweise hat maßgeblich zum Erfolg dieser Baureihe beigetragen.

Dieseltriebwagen 610 im Raum Nürnberg unterwegs.

Bild: Malte Werning

TYPEN-SCHILD

Hersteller: MAN, Düwag, ABB, Siemens
Lieferung/Indienststellung: 1992
Spurweite: Normalspur mm
Achsfolge: 2'(A1)' + (1A)'(A1)'
Länge über Puffer: 51,7 m
Gewicht: 95,0 t
Treibraddurchmesser: 890 mm
Höchstgeschwindigkeit: 160 km/h
Leistung: 485 kW
Stückzahl: 1.100

Serie X 4300

Da sich die als „X4300" bezeichnete Baureihe seit ihrer Indienststellung Anfang der 1960er-Jahre bei der SCNF bewährt hatte, etablierten sich diese Dieseltriebwagen als Standardfahrzeuge im Nahverkehr auf nichtelektrifizierten Strecken in ganz Frankreich. Die mit unterflurigen Dieselmotoren betriebenen Treibwagen wurden schließlich durch modernere und leistungsfähigere Baureihen ersetzt.

TYPEN-SCHILD

Hersteller: Ateliers construction du Nord
Lieferung/Indienststellung: 1963–1970
Spurweite: Normalspur mm
Achsfolge: k.A.
Länge über Puffer: 21,4 m
Gewicht: 36,0 t
Treibraddurchmesser: 950 mm
Höchstgeschwindigkeit: 120 km/h
Leistung: 316 kW
Stückzahl: 87

Der als „X 4300" bezeichnete Dieseltriebwagen wurde in den 1960er-Jahren für die SNCF hergestellt.

Bild: Sammlung Udo Paulitz

TYPEN-SCHILD
Hersteller: MAN, Uerdingen
Lieferung/Indienststellung: 1972–75
Spurweite: Normalspur
Achsfolge: B'2' + 2'2'+ 2'B'
Länge über Puffer: 79 m
Gewicht: 141,0–36,0 t
Treibraddurchmesser: 950 mm
Höchstgeschwindigkeit: 140 km/h
Leistung: 754 kW
Stückzahl: 84

Baureihe 614

Als Anfang der 1970er-Jahre ein Bedarf an neuen Dieseltriebwagen entstand, entschloss sich die DB zur Produktion der Baureihe 624, die eine modernisierte Version der Baureihe 624 darstellt. Die größtenteils in Verkehrsrot lackierten Fahrzeuge werden von Nürnberg und Braunschweig aus im Regionalverkehr verwendet. Ein Triebwagen wurde sogar mit Neigetechnik ausgestattet.

In Fürth am 18. Oktober 1999. Bild: Völk

EMD F-Unit (F7)

Nachdem sich die FT-Reihe im Zweiten Weltkrieg in den USA bewährt hatte, wurde EMD zum Bau der Reihe F7 beauftragt. Bis zu ihrer Ersetzung durch die F9 im Jahr 1954 wurde die F7 im ganzen Land sowohl vor Reise- als auch vor Güterzügen eingesetzt. Sie wurde quasi zum Symbol der amerikanischen Verdieselung des Eisenbahnverkehrs und wurde von sämtlichen Bahngesellschaften eingesetzt.

TYPEN-SCHILD
Hersteller: General Motors div.
Lieferung/Indienststellung: 1949–53
Spurweite: Normalspur
Achsfolge: Bo'Bo'
Länge über Puffer: 15,4 m
Gewicht: 105,0 t
Treibraddurchmesser: mm
Höchstgeschwindigkeit: 160 km/h
Leistung: 1.100 kW
Stückzahl: 3.849

Die F 7 1512 der Alaska RR als Personenzug. Bild: Ulf Degener

Baureihe 152

Die 152er führt einen Güterzug mit „Railion"-Logo.
Bild: Michael Dostal

Bei der Baureihe 152 handelt es um eine moderne Elektrolok, die technisch auf dem „Eurosprinter" basiert. Die im schweren Güterzugdienst eingesetzten Fahrzeuge haben sich sehr bewährt und sind mittlerweile auf dem gesamten elektrifizierten Streckennetz der Deutschen Bahn im Einsatz.

TYPEN-SCHILD
Hersteller: Siemens, Krauss-Maffei
Lieferung/Indienststellung: 2001
Spurweite: Normalspur
Achsfolge: Bo'Bo'
Länge über Puffer: 19,8 m
Gewicht: 86,7 t
Treibraddurchmesser: 1.250 mm
Höchstgeschwindigkeit: 140 km/h
Leistung: 6.400 kW
Stückzahl: 170

2043/2143 (ÖBB)

Da die Elektrifizierung vieler Hauptbahnen in Österreich Mitte der 1970er-Jahre aufgegeben wurde, sollten im Zuge der Modernisierung alle verbliebenen Dampfloks durch eine neue Diesellokbaureihe ersetzt werden. Als Nachfolger der starken Großdiesellok der Baureihe 2050 wurde von Jenbacher (2043) und SGP (2143) eine neue Generation ins Leben gerufen. Auch heute verkehren noch viele dieser Fahrzeuge und sind unter anderem sogar als Tunnelrettungzüge im Einsatz.

TYPEN-SCHILD

Hersteller: Jenbacher Werke
Lieferung/Indienststellung: 1964
Spurweite: Normalspur
Achsfolge: B'B'
Länge über Puffer: 15,8 m
Gewicht: 68,0 t
Treibraddurchmesser: 950 mm
Höchstgeschwindigkeit: 110 km/h
Leistung: 1.100 kW
Stückzahl: 160

Einzige mit ÖBB-Wortmarke: 2143.021 im TR-Stützpunkt Wien-Ost am 14. September 2006. Bild: Inderst

ET 165 „Stadtbahn"

Die Triebzüge der Reihe ET 165 prägten seit Ende der 1920er-Jahre das Bild des Berliner S-Bahn-Betriebs und verkehrten auch später im geteilten Berlin. Von den ockerrot lackierten Fahrzeugen wurde eine bis Anfang der Krieglokproduktion beispiellose Anzahl produziert. Die Bauzeit für ein Fahrzeug betrug nur neun Tage.

ET 165: auch ein Symbol des gemeinsamen Lebens im geteilten Deutschland. Bild: Carl Bellinrodt/Sammlung Andreas Knipping

TYPEN-SCHILD

Hersteller: AEG, DMV, O&K, SSW
Lieferung/Indienststellung: 1927–32
Spurweite: Normalspur
Achsfolge: Bo'Bo'+2'2'
Länge über Puffer: 35,4 m
Gewicht: 66,6 t
Treibraddurchmesser: 1.000 mm
Höchstgeschwindigkeit: 46 km/h
Leistung: 440 kW
Stückzahl: 638

Baureihe 143

Die vom LEW Hennigsdorf gebaute Baureihe 143 konnte mit Recht als „Mädchen für alles" bezeichnet werden. Von dieser zuverlässigen Lok wurden fast 780 Stück gebaut, von denen einige sogar noch von der DB übernommen wurden.

TYPEN-SCHILD

Hersteller: Krupp, Siemens, AEG, BBC
Lieferung/Indienststellung: 1984–89
Spurweite: Normalspur
Achsfolge: Bo'Bo'
Länge über Puffer: 16,6 m
Gewicht: 82,5 t
Treibraddurchmesser: 1.250 mm
Höchstgeschwindigkeit: 160 km/h
Leistung: 4.220 kW
Stückzahl: 776

Einige 143er haben noch den alten Anstrich in Bordeauxrot (Stuttgart Hbf, August 2000). Bild: Michael Dostal

Die Außergewöh

Ungewöhnliche Probleme erfordern oft ungewöhnliche Lösungen, so auch im Lokomotivenbau. So wurden abenteuerlichste Konstruktionen entwickelt, um beispielsweise die Leistungsfähigkeit zu erhöhen oder den Treibstoffverbrauch zu verringern.

nlichsten

SVT 137 der Bauart „Hamburg" war ein früher, außergewöhnlicher Diesel-Schnellverkehrstriebwagen, der Aufsehen erregte. Hier überquert einer am 15. Mai 1936 den Frankenwald zwischen Saalfeld und Lichtenfels.
Bild: Sammlung Reinhard Schulz

Aus der Trickkiste der Lokomotivenbauer

Aus der Frühzeit der Dampflokomotive

Nachdem James Watt 1769 die erste funktionsfähige Dampfmaschine entwickelt hatte, dauerte es nicht lange, bis es findigen Tüftlern gelungen war, die Dampfkraft zur Fortbewegung eines Schienenfahrzeugs umzusetzen. Die anfangs noch ungelöste Frage der Reibungskraft zwischen Rad und Schiene brachte recht kuriose Gefährte hervor. So wurde beispielsweise empfohlen, Nägel, Bolzen oder Riffel auf den Laufflächen der Räder anzubringen, um den Reibungswiderstand zu erhöhen. Richtungsweisend war die 1813 von William Hedley gebaute Lok namens „Puffing Billy" die glatte Räder besaß und auf traktionsverbessernde Einrichtungen wie seitliche Zahnräder, verzichtete. Aber erst die mit waagerechtem Kessel ausgeführten Konstruktionen von Trevithick und Stephenson gaben der Dampflokomotive ihre uns heute allgemein bekannte Form. Wenn auch die ersten Dampflokomotiven in den verschiedenen Ländern und Kontinenten überwiegend Importmodelle waren, so gab es doch schon bald in allen technisierten Staaten eigene Entwicklungen und eine eigene Industrie, die Dampflokomotiven bauten. Dies führte zu einer großen Zahl von verschiedenen Bauarten. Dampfkraft und Dampflokomotive wurden zur treibenden Kraft und zum Symbol des Industriezeitalters, das zu einem gewaltigen Umbruch in allen Bereichen des menschlichen Lebens führen sollte.

Eine Herausforderung für Techniker und Tüftler

In der jetzt 200-jährigen Geschichte der Dampflokomotive gab es immer wieder mehr oder weniger erfolgreiche Versuche, den Aufbau dieser Maschinen zu verbessern. Für Ingenieure und Techniker war die Dampflokomotive der Inbegriff des klassischen Maschinenbaus, in dem sich nahezu alle Gebiete der seinerzeit bekannten Techniken vereinten und damit ein wahres Eldorado für den erfinderischen Geist boten.
Dabei galt es nicht nur, die einzelnen Bauteile der Lokomotiven technisch zu optimieren und ihre Arbeitsweise zu verbessern, sondern ebenso auf den Einsatzzweck, die topografischen Verhältnisse des Einsatzraumes, die Stärke des Oberbaus, das vorhandene Lichtraumprofil und viele andere Gegebenheiten Rücksicht zu nehmen. Diese Grundsätze mussten selbstverständlich auch beim Bau von Diesel- und Elektrolokomotiven beachtet werden. So musste eine Lokomotive für die schnelle Personenbeförderung im Flachland zwangsläufig anders beschaffen sein, als eine solche, die überwiegend im Berg- und Hügelland eingesetzt werden sollte.
Ebenso große Unterschiede gab es zwischen einer Reise- und Güterzugmaschine. Während bei der ersteren die Geschwindigkeit im Vordergrund stand, war es bei der Güterzuglokomotive die Zugkraft.
So führte die weltweite Verbreitung der Dampflokomotive auf allen Kontinenten sowie die Vielfalt der an sie gestellten Forderungen und Bedingungen im Laufe der Zeit nicht nur zu einer großen Zahl von Bauarten, sondern auch zu außergewöhnlichen Konstruktionen, die selbst dem Fachmann manchmal weniger geläufig sind. Denn wer kennt schon alle jene Außenseiter unter den Dampflokomotiven, jene Versuchsmaschinen, die der Erforschung und Weiterentwicklung thermischer und dynamischer Vorgänge dienten.
Für viele Entwicklungen erwies sich der praktische Betriebseinsatz aus den unterschiedlichsten Gründen

Die nicht ohne Grund als „Schienenbus" bezeichnete Baureihe 670 war leider im Alltagseinsatz wenig erfolgreich, nicht zuletzt wegen der ungünstigen Gewichtsverteilung . Bild: Uwe Miethe

„Roter Pfeil" RAe 2/4 1001 aus der Schweiz am 11. Juni 1991 bei Aigle.
Bild: Heinz Sigrist

als nicht praktikabel. Sie verschwanden ebenso schnell, wie sei gekommen waren. Aber selbst manche erfolgreiche Konstruktion kam über ihr Einzeldasein nie hinaus und blieb weitgehend unbeachtet.

Bemerkenswerte Konstruktionen gestern und heute

Zwischen 1850 und 1900 im schnellen Reisezugverkehr recht verbreitet war die 1843 von dem Engländer Thomas Russel Crampton entwickelte gleichnamige Lokomotive. Diese hatte stets nur eine angetriebene Achse mit einem sehr großen Treibraddurchmesser von teilweise mehr als 2,50 Metern. Schnell waren diese Maschinen schon, aber ihre Zugkraft war gering. Eine bessere Nutzung des Dampfes konnte durch den Übergang von Nassdampf- auf Heißdampftechnik erreicht werden. Eine weitere Steigerung des Wirkungsgrades erreichte man durch das Verbundverfahren. 1884 baute der Schweizer Ingenieur Anatole Mallet eine gleichnamige Gelenklokomotive mit zwei Triebwerken. 1909 fuhr die erste Konstruktion des Engländers Garratt. Diese besaß gleichfalls zwei Triebwerkseinheiten, die aber durch einen Brückenrahmen, auf dem sich Kessel und Führerhaus befanden, miteinander verbunden waren. Dann gab es Maschinen mit unterschiedlichen Kesseldrücken, Feuerungssystemen und Brennstoffen. Neben Kohle als dem verbreitetstem Brennstoff, waren manche Lokomotiven für den Betrieb mit Holz, Torf, Kohlenstaub oder Öl eingerichtet. Es gab Getriebe- und Zahnradlokomotiven verschiedener Bauarten sowie Maschinen mit Hilfsantrieben. Dieser so genannte Booster-Antrieb war ein zusätzliches Schlepptender-Drehgestell, das gelegentlich eingebaut wurde wenn es galt, schwere Züge besser beschleunigen zu können. Die in Italien und den USA gebauten Cab-Forward-Lokomotiven besaßen zur Sichtverbesserung einen vorn liegenden Führerstand. Probleme mit der Brennstoffzufuhr verhinderten eine weitere Verbreitung dieser Bauweise. Eine weitere kuriose Bauart waren die Camelback-Lokomotiven aus den USA, bei denen sich der Führerstand wie ein Sattel über dem Kessel befand. Dampfmotor-, Dampfturbinen- und Franco-Crosti-Lokomotiven gehören zu den letzten Entwicklungsstufen dampfgetriebener Schienenfahrzeuge. Sie kamen aber zu spät, um die bereits vollzogene Hinwendung zu modernen Traktionen aufhalten zu können.

Lang war der Weg für die Konstrukteure von Diesel- und Elloks, bis sich diese Traktionen durchgesetzt hatten. Besonders für die Diesellok, denn seit dem Bau des ersten Dieselmotors im Jahr 1897 dauerte es fast 50 Jahre, bis Systeme zur Übertragung größerer Motorleistungen entwickelt worden waren und der Serienbau leistungsstarker Lokomotiven anlaufen konnte. Elektrische Lokomotiven hingegen fanden durchweg schneller Eingang in die Bestände der Bahnverwaltungen. So fuhren in Deutschland zahlreiche Elektroloks bereits vor Beginn der Reichsbahnzeit vornehmlich im süddeutschen Raum. In den 1930er-Jahren brachten es Einheitsloks der Reihen E 18 und E 19 aber auch E 44 und E 94 zu eindrucksvollen Leistungen. Nach Kriegsende kam es nicht nur in Deutschland, sondern in fast allen europäischen Ländern zur einer raschen Elektrifizierung der Hauptstrecken. Mittlerweile verbinden elektrisch betriebene Hochgeschwindigkeitszüge die wichtigsten europäischen Metropolen.

19 1001

1934, im Herstellungsjahr der überaus erfolgreichen Loks 05 001 und 002 bat die DRG verschiedene Hersteller um Pläne für eine Dampflok mit Einzelachsantrieb. Nachdem die ersten Vorschläge aufgrund der schlechten Wirtschaftslage der Bahn nicht berücksichtigt werden konnten, setzte man einen neuen Vorschlag der Firma Henschel in die Tat um. Der vorgesehene Liefertermin war der 1. September 1939 (der 40. Geburtstag Oscar R. Henschels), konnte aber wegen des Kriegs nicht eingehalten werden. Nach rund zweijähriger Verzögerung konnte die stromlinienverkleidete Dampflok mit der Bezeichnung 19 1001 (ursprünglich war die Bezeichnung 25 000 vorgesehen gewesen) fertiggestellt werden. Bei dieser ungewöhnlichen Lok erfolgte die Kraftübertragung zwischen Dampfmotor und Treibrad mittels einer Pawelka-Kupplung. Nach weiteren Modifikationen erreichte die Lokomotive die vorgesehene Maximalgeschwindigkeit von 175 km/h, wobei die Maschine beim Anfahren allerdings immer wieder Probleme bereitete. Ab Mai 1943 wurde sie vor D- und Fronturlauberzügen eingesetzt, bis sie im Jahr 1944 von einer Bombe getroffen wurde. Die amerikanische Armee fand das schwer beschädigte Fahrzeug, setzte es wieder instand und ließ es in die USA verschiffen, wo es auf diversen Ausstellungen präsentiert wurde. 1953 wurde die Lok verschrottet.

Eine der spektakulärsten Versuchsloks der Reichsbahnzeit stellte die stromlinienverkleidete Dampfmotorlok 19 1001 dar. Der Krieg verhinderte eine eingehende Erprobung des konzeptionell verheißungsvollen Einzelgängers.

Bild: Hermann Maey/Sammlung Andreas Knipping

TYPEN-SCHILD

Hersteller: Henschel
Lieferung/Indienststellung: 1941
Spurweite: Normalspur
Achsfolge: 1'Do1'
Länge über Puffer: 23,9 m
Gewicht: 109,0 t
Treibraddurchmesser: 1.250 mm
Höchstgeschwindigkeit: 175 km/h
Leistung: 1.250 kW
Stückzahl: 1

Baureihe 50^{40}

TYPEN-SCHILD

Hersteller/Umbau: Deutsche Bundesbahn
Lieferung/Indienststellung: Umbau ab 1954
Spurweite: Normalspur
Achsfolge: 1'E h2
Länge über Puffer: 22,9 m
Gewicht: 90,6 t
Treibraddurchmesser: 1.400 mm
Höchstgeschwindigkeit: 80 km/h
Leistung: 1.133 kW
Stückzahl: 31

Die von der DB umgebaute Baureihe 50^{40} übertraf leistungsmäßig sämtliche Erwartungen. Bild: Sammlung Andreas Knipping

Nach den guten Erfahrungen, die man mit zwei mit Abgasvorwärmern nachgerüsteten Lokomotiven der Baureihe 52 gemacht hatte, beschloss die DB, auch eine Lok der Baureihe 50 mit einem Rauchgas-Vorwärmer auszustatten. Da auch bei dieser Lokomotive mit der Nummer 50 1412 die Leistung erhöht werden konnte und die Brennstoffersparnis 20% betrug, wurden ab 1958 weitere Lokomotiven mit Vorwärmern ausgestattet und in Baureihe 50^{40} umbenannt. Die Idee kam aus Italien, wo die italienische Staatsbahn FS einige ihrer Modelle mit sogenannten Franco-Crosti-Vorwärmern ausgestattet hatte. Äußerlich konnte man die Nachrüstung gut durch den seitlich am Langkessel montierten Schornstein erkennen.

Die Baureihe 50^{40} war eine der zugkräftigsten je in Deutschland verwendeten Dampfloks. Bild: Sammlung Andreas Knipping

RAe 2/4 Nr. 1001 und RBe 4/4 auf der Höhe Biberbrugg (3. November 1984). Bild: Beat Bruhin

TYPEN-SCHILD

Hersteller: SLM, BBC, MFO, SAAS
Lieferung/Indienststellung: 1935
Spurweite: Normalspur
Achsfolge: Bo'2
Länge über Puffer: 21,5 m
Gewicht: 32,6 t
Treibraddurchmesser: 900 mm
Höchstgeschwindigkeit: 125 km/h
Leistung: 400 kW
Stückzahl: 7

RAe 2/4 „Roter Pfeil"

Bei der Reihe RAe 2/4 der SBB handelte es sich um elektrisch betriebene Einzel-Triebwagen mit Drehgestellen, von denen sieben Exemplare gebaut wurden. Die auch als „Roter Pfeil" bezeichneten Fahrzeuge waren damals mit einer Höchstgeschwindigkeit von 125 km/h die schnellsten Maschinen der SBB gewesen. Die charakterisisch aussehenden Lokomotiven sollten mit dem Auto- und Busverkehr konkurrieren können. Bei der großen Nachfrage stellte sich jedoch heraus, dass die Fahrzeuge zu klein waren, um die vielen Fahrgäste aufnehmen zu können. Außerdem war ihre Leistung von gerade einmal 400 kW zu gering, um durch Beiwagen mehr Fahrgäste befördern zu können.

Nächtliche Ausfahrt des RAe 2/4 Nr. 1001. Bild: Beat Bruhin

Triebwagen S 9

Im Jahre 1903 erreichte der Schnelltriebwagen der Firma UEG (später AEG) eine für die damalige Zeit unglaubliche Rekordgeschwindigkeit von 210 km/h. Das konnte die „Dampf-Fraktion“ nicht auf sich sitzen lassen. Daher baute Henschel nach den Entwürfen des Oberingenieurs Kuhn und des Geheimen Oberbaurats Wittfeld eine neue, dreizylindrige Versuchslokomotive, die eine Höchstgeschwindigkeit von 150 km/h erreichen sollte. Am 1. und 2. Juni 1904 wurden die Versuchfahrten auf der selben Strecke ausgeführt, wo bereits der AEG-Triebwagen seinen Geschwindigkeitsrekord aufgestellt hatte, nämlich auf der Strecke Marienfeld – Zossen. Allerdings erreichte die als S 9 bezeichnete Dampflokomotive „nur“ eine Maximalgeschwindigkeit von 137 km/h, die deutlich unter dem erwarteten Wert lag und es in puncto Geschwindigkeit nicht mit dem AEG-Schnelltriebwagen aufnehmen konnte. Nach diesem enttäuschenden Ergebnis, das die Erwartungen nicht erfüllen konnte, wurde das Projekt abgebrochen.

Die als Konkurrenz zum AEG-Triebwagen gebaute S 9 war leider eine ziemliche Enttäuschung.

Bild: Sammlung Udo Paulitz

TYPEN-SCHILD

Hersteller: Kuhn/Wittfeld, Henschel
Lieferung/Indienststellung: 1903
Spurweite: Normalspur
Achsfolge: 2'B2'
Länge über Puffer: 24,8 m
Gewicht: 90,0 t
Treibraddurchmesser: 2.200 mm
Höchstgeschwindigkeit: 137 km/h
Leistung: k.A.
Stückzahl: 1

Baureihe $99^{08\text{-}09}$

Die Pfalzbahnen bestellten 1888 sogenannte Trambahnlokomotiven für die Schmalspurstrecken Ludwigshafen – Großkarlbach und Speyer – Neustadt (Weinstraße). Von 1888 bis 1899 fertige Krauss insgesamt 14 Maschinen an. Bereits äußerlich fielen die ungewöhnlichen Fahrzeuge auf: Ihr kastenförmiger, ringsum verglaster und komplett überdachter Aufbau wich stark von den üblichen Lokbauformen ab. Der genietete Nassdampfkessel entsprach jedoch der Normalbauart. Selbst 1952, also 64 Jahre nach der Fertigstellung wurde die 99 087 noch immer von der DB vor Reise- und Güterzügen eingesetzt, bis dann Ende 1957 alle Maschinen nach ihrer äußerst langen Lebensdauer verschrottet wurden.

TYPEN-SCHILD

Hersteller: Krauss
Lieferung/Indienststellung: 1888
Spurweite: Normalspur
Achsfolge: C n2t
Länge über Puffer: 6 m
Gewicht: 22,7 t
Treibraddurchmesser: 845 mm
Höchstgeschwindigkeit: 30 km/h
Leistung: 106 kW
Stückzahl: 14

Die kastenförmige 99 037.

Bild: Sammlung Kieper

Baureihe 98^7 (bay BB II)

Für die steigungs- und kurvenreichen Lokalbahnstrecken der Königlich-Bayerischen Staatseisenbahnen lieferte die Firma Maffei in den Jahren 1899 bis 1908 insgesamt 31 Nassdampflokomotiven der Bauart Mallet mit der Bezeichnung BB II. Eine Besonderheit der Lokomotiven war, dass der Voreilhebel an einem einschienigen Kreuzkopf aufgehängt war, an der gleichzeitig die Schieberschubstange befestigt war. Ein Nachteil der später bei der DRG als Baureihe 98^7 geführten Lokomotiven war die Neigung zum Schleudern beim Anfahren auf steigungsreichen Strecken.

Oben: Eine der wenigen deutschen Mallet-Lokomotiven baute der Münchner Hersteller Maffei zu Beginn des 20. Jahrhunderts mit der Baureihe 98^7. Bild: Albert Schöppner

TYPEN-SCHILD

Hersteller: Maffei
Lieferung/Indienststellung: 1899–1908
Spurweite: Normalspur
Achsfolge: B'B n4vt
Länge über Puffer: 10,2 m
Gewicht: 42,6 t
Treibraddurchmesser: 1.006 mm
Höchstgeschwindigkeit: 45 km/h
Leistung: 279 kW
Stückzahl: 31

Serie 10 (SNCB)

Die ungewöhnlich aussehenden Loks der Serie 10 der belgischen Staatsbahnen SNCB vermittelten den Eindruck, dass der Kessel vorne abgeschnitten sei. Grund dafür war, dass diese Pacific-Schnellzugloks möglichst viele Bauteile mit der Güterzuglok vom Typ Decapod gemeinsam haben sollte und daher der kurze Kessel der Güterzuglok auch bei der Pacific verwendet werden musste. Dass der Kessel außerdem konisch geformt war, war darauf zurückzuführen, dass zum Verfeuern minderwertiger Kohle eine große Feuerbüchse vonnöten war, was auch einen großen Kessel nötig machte. Um das Gewicht nicht zu groß werden zu lassen wurde der Kessel zum Ausgleich vorne verjüngt.

TYPEN-SCHILD

Hersteller: Flamme/Legein
Lieferung/Indienststellung: 1910–1914
Spurweite: Normalspur
Achsfolge: 2'C1' h4v
Länge über Puffer: 21,4 m
Gewicht: 159,0 t
Treibraddurchmesser: 1.980 mm
Höchstgeschwindigkeit: 120 km/h
Leistung: k.A.
Stückzahl: 58

Die Serie 10 wurde noch vor dem Ersten Weltkrieg gebaut. Bild: Sammlung Paulitz

100[01] der KKStB

Im Laufe des 19. Jahrhunderts hatte man die Lokomotiven mit immer mehr Treibachsen versehen, um dadurch das Reibungsgewicht unter Einhaltung der maximalen Achslasten weiter erhöhen zu können. Als Anfang des 20. Jahrhunderts selbst die fünffachgekuppelten Lokmotiven (Achsfolge 1'E) an ihre Grenzen stießen, wurde über den Bau eines Sechsfachkupplers nachgedacht. Da es aber mit dem simplen Hinzufügen einer sechsten Achse nicht getan war, entwarf Karl Gölsdorf eine besondere Konstruktion: Bei der neuen Versuchlokomotive 100[01] der KKStB waren einige Kuppelachsen seitenverschiebbar, damit sie sich in Kurven dem Schienenverlauf wie eine Raupe anpassen konnten. Diese Lokomotive mit der Achsfolge 1'F bewährte sich gut und war in der Lage, 300 t Zuglast bei einer Steigung von 40 Promille zu befördern.

TYPEN-SCHILD

Hersteller: KKStB (Karl Gölsdorf)
Lieferung/Indienststellung: 1911
Spurweite: Normalspur
Achsfolge: 1'F h4v
Länge über Puffer: 19,3 m
Gewicht: 134,0 t
Treibraddurchmesser: 1.410 mm
Höchstgeschwindigkeit: 80 km/h
Leistung: 1.485 kW
Stückzahl: 1

Sechskuppler waren auch im österreichischen Lokbau sehr ungewöhnlich. Ihre Zugkraft war enorm.
Bild: Sammlung Udo Paulitz

Klasse G

Da die alten dreifachgekuppelten Güterzugloks der Klasse F Ende der 1880er-Jahre den Anforderungen des zunehmenden Güterverkehrs auf der Geislinger Steige nicht mehr gewachsen waren und ein Umbau der Strecke aus Kostengründen keineswegs in Frage kam, beauftragte die Königlich Württembergische Staats-Eisenbahn (K.W.St.E.) den hervorragenden Ingenieur Adolf Klose zur Konstruktion der fünffach gekuppelten Klasse G. Die fünf gebauten Exemplare sorgten in der Fachwelt für großes Aufsehen: Vor allem das neuartige, von Klose entwickelte Lenkwerk, das die Schrägstellung einer oder mehrerer Treibachsen in Kurven erlaubte, stellte eine besondere Innovation dar. Eine weitere Besonderheit waren die mit einer Belpaire-Feuerbüchse ausgestatteten Kessel.

TYPEN-SCHILD

Hersteller: Klose/Krauss/Esslingen
Lieferung/Indienststellung: 1892
Spurweite: Normalspur
Achsfolge: E
Länge über Puffer: 13,1 m
Gewicht: 27,5 t
Treibraddurchmesser: 920 mm
Höchstgeschwindigkeit: 50 km/h
Leistung: k.A.
Stückzahl: 5

Die Klasse G bewährte sich ziemlich gut. Bei einer Steigung von zehn Promille konnte sie 680 t schwere Güterzüge mit 13 km/h befördern. Nach dem Ersten Weltkrieg wurden dennoch alle Exemplare ausgemustert. Bild: Sammlung Udo Paulitz

Reihe 49 („Dovregubben")

Mäßige Geschwindigkeiten und die geringe Achslast der Reihe 49 schonten den Oberbau, dessen Wartung teuer war.
Bild: Sammlung Udo Paulitz

Aufgrund der schwierigen Topografie Norwegens war nicht nur der Bau der Strecke mit erheblichen Problemen verbunden, es mussten auch ungewöhnliche konstruktive Lösungen für die Lokomotiven gefunden werden. Die Reihe 49 besaß daher als Besonderheiten die eher seltene Achsfolge 1'D2', um eine spezielle Gewichtsverteilung zu erreichen, desweiteren einen Tender mit selbsttragendem, zylindrischem Wassertank.

TYPEN-SCHILD

Hersteller: Thune, Krupp
Lieferung/Indienststellung: 1935–41
Spurweite: Normalspur
Achsfolge: 1'D2'
Länge über Puffer: 22 m
Gewicht: 99,0 t
Treibraddurchmesser: 1.530 mm
Höchstgeschwindigkeit: 120 km/h
Leistung: k.A.
Stückzahl: 7

Nr. 6202 (LMS)

Aufgrund der vielen Störfälle nach dem Krieg wurde die „Turbomotive" wieder auf Kolbenantrieb umgebaut. Bild: Sammlung Udo Paulitz

TYPEN-SCHILD

Hersteller: Beyer, Peacock & Co.
Lieferung/Indienststellung: 1935
Spurweite: Normalspur
Achsfolge: 2'C1'
Länge über Puffer: 22,6 m
Gewicht: 166,6 t
Treibraddurchmesser: 1.981 mm
Höchstgeschwindigkeit: 160 km/h
Leistung: 1.470 kW
Stückzahl: 1

Nachdem der schwedische Ingenieur Frederic Ljungström 1921 mit einer Kondensationsturbinenlokomotive experimentiert hatte, entschloss sich 1933 auch der Brite Sir William Stanier, eine Princess-Class-Lokomotive mit einer Auspuffturbine der Bauart Vickers auszurüsten. Die Vorwärtsturbine war etwa an der Stelle angebracht, wo sich normalerweise der linke Dampfzylinder befand. Zusätzlich war auch eine Rückwärtsturbine eingesetzt, um den zusätzlichen Einbau eines Wendegetriebes zu umgehen. Nach erfolgreichen Probefahrten zog die „Turbomotive" ab 1935 den „Liverpool-Flyer"-Zug, der jahrelang der schnellste Zug der LMS war. Bei Ausbruch des Zweiten Weltkriegs wurde sie abgestellt, da die Wartung in solchen Zeiten zu anspruchsvoll war.

Reihe 4-4 (Metropolitan)

Eine unterirdisch verkehrende Dampflok – was heutzutage unglaublich klingt, wurde in London Mitte des 19. Jahrhunderts tatsächlich in die Tat umgesetzt. Die „erste U-Bahn der Welt“ sollte der weiteren Überfüllung der Londoner Straßen durch Kutschen und Fußgänger entgegenwirken. Es wurden alle möglichen Vorkehrungen getroffen, wie z.B. große Abzugsschächte im Untergrund und rauchbindende Kondensatoren bei der Lok, um die unterirdische Schmutz- und Rauchbelästigung der Fahrgäste zu lindern. Trotz all dieser Vorkehrungen wurden die Fahrgäste dennoch regelrecht geräuchert, was der Beliebtheit aber wenig Abbruch tat. Nach der Elektrisierung wurden diese wieder in „normale“ Loks umgebaut.

TYPEN-SCHILD

Hersteller: Metropolitan Railways
Lieferung/Indienststellung: 1864
Spurweite: Normalspur
Achsfolge: 2'B n2
Länge über Puffer: k.A.
Gewicht: 42,0 t
Treibraddurchmesser: k.A.
Höchstgeschwindigkeit: 80 km/h
Leistung: k.A.
Stückzahl: 148

Die wahrscheinlich erste „U-Bahn“-Lok der Welt: Die Reihe 4-4 der Metropolitan Railways. Da das kondensierte Wasser erst nach Tunnelaustritt ausgestoßen wurde, erinnerten die Fahrzeuge an blasende Wale.
Bild: Sammlung Udo Paulitz

Doppelstockwagen DT

Etwas ganz besonderes war der Doppelstock-Dampftriebwagen der Firma Krauss. Nachdem der Hersteller bereits 1877 mit Dampftriebwagen experimentiert hatte, entschloss man sich zum Bau eines doppelstöckigen Dampfomnibusses mit zwei drehbaren Untergestellen, die leicht vom Wagen getrennt werden konnten. Eine Besonderheit war, dass an beiden Enden des Fahrzeugs Brems- und Reguvatoreinrichtungen vorhanden waren, damit der Triebwagen in beide Richtung laufen konnte. Auch Steigungen von bis zu 10 Promille konnte der Doppelstockwagen der „älteren Bauart“ meistern. Leider hatte man trotz mancher Vorteile keinen Erfolg mit dem Fahrzeug.

Dem Doppelstockwagen von Krauss war leider kein Erfolg beschert: Die oberen Sitzplätze wurden aufgrund der dort erhöhten Rauchbelästigung von den Fahrgästen gemieden.
Bild: Sammlung Udo Paulitz

TYPEN-SCHILD

Hersteller: Krauss
Lieferung/Indienststellung: 1882
Spurweite: Normalspur
Achsfolge: B'2'
Länge über Puffer: 13,1 m
Gewicht: 27,5 t
Treibraddurchmesser: 920 mm
Höchstgeschwindigkeit: 35 km/h
Leistung: k.A.
Stückzahl: 1

Baureihe 99[16]

Da die Schmalspurstrecke Reichenbach (Vogtland) – Oberrheinsdorf für die Erschließung ansässiger Industriebtriebe und den Reisezugverkehr wichtig war, jedoch Steigungen von bis zu 40 Promille aufwies, entschloss man sich bei den Königlich Sächsischen Staatseisenbahnen zum Bau einer Baureihe in Fairlie-Bauart. Hergestellt wurde die mit 99[16] bezeichnete Baureihe von der Firma Hartmann. Bei der Bauart Fairlie sind zwei Dampfkessel mit sich berührenden Feuerbuchsen gemeinsam in einem Stehkessel untergebracht. die urspünglich angebrachte Vollverkleidung baute man allerdings später wieder ab, da sie zu übermäßiger Hitzeentwicklung führten. Nachdem die Strecke Reichenbach – Oberrheinsdorf ihre Bedeutung verloren hatte, wurden beide Exemplare nach weiteren Einsätzen auf anderen Strecken 1963 ausgemustert.

Die 99 162 in Dresden. Bild: Steinke

TYPEN-SCHILD

Hersteller: Hartmann
Lieferung/Indienststellung: 1902
Spurweite: Meterspur
Achsfolge: B'B n4vt
Länge über Puffer: 10,4 m
Gewicht: 41,8 t
Treibraddurchmesser: 760 mm
Höchstgeschwindigkeit: 30 km/h
Leistung: 191 kW
Stückzahl: 2

Baureihe 99[63]

Da die auf den staatlichen Schmalspurstrecken Württembergs eingesetzten Klose-Lokomotiven aufgrund ihrer komplizierten Konstruktion sehr aufwendig zu warten waren, entschloss man sich zum Bau von weniger wartungsintensiver Mallet-Lokomotiven.Bei der Bauart Mallet war der Kessel auf dem hinteren Hauptrahmen angebracht, während das vordere Lenkgestell die Niedrigdruckzylinder aufnahm. Kurz nachdem die ersten Lokomotiven der Bauart 99[63] auf der 1899 fertiggestellten Strecke Ochsenhausen – Warthausen bewährt hatten, wurden sie auch auf allen anderen württembergischen mit 750 mm Spurweite eingesetzt. Die letzten dieser Lokomotiven wurden von der DB auf der Strecke Buchau – Schlussried eingesetzt und bis 1969 ausgemustert.

TYPEN-SCHILD

Hersteller: Maffei
Lieferung/Indienststellung: 1899
Spurweite: Schmalspur (750 mm)
Achsfolge: B'B n4vt
Länge über Puffer: 8,2 m
Gewicht: 28,7 t
Treibraddurchmesser: 900 mm
Höchstgeschwindigkeit: 30 km/h
Leistung: 136 kW
Stückzahl: 9

Am 4. August 1985 zog die 99 633 (DGEG) noch Museumszüge auf dem schwäbischen Öchsle. Bild: Claus-Jürgen Jacobson

Baureihe 98³ („Glaskasten")

Da es in Bayern zu Beginn des 20. Jahrhunderts einen großen Bedarf an Loks für die Lokalbahnen gab, wurde die Loks der Gattung PtL 2/2 gebaut. Aufgrund der „halb-selbsttätigen Schüttfeuerung" wurde zum Betrieb nur ein Mann benötigt. Eine Kuriosität bei dieser Lok war die Tatsache, dass die Rückwand mit Schamottesteinen ausgemauert wurde, da zwischen der Feuerbüchse und dem Stehkessel kein Wasserraum vorhanden war. Bis 1968 hatte die DB die restlichen Exemplare aufs Abstellgleis gesetzt.

TYPEN-SCHILD

Hersteller: Krauss, Maffei
Lieferung/Indienststellung: 1905–14
Spurweite: Normalspur
Achsfolge: B h2t
Länge über Puffer: 6,8 m
Gewicht: 227,0 t
Treibraddurchmesser: 1.006 mm
Höchstgeschwindigkeit: 50 km/h
Leistung: 154 kW
Stückzahl: 42

Die als „Glaskastl" bekannte Baureihe 98³ war ursprünglich als Gattung PtL 2/2 gebaut worden. Bild: Claus-Jürgen Jacobson

ET 91 (491) („Gläserner Zug")

Um der Forderung der nationalsozialistischen Freizeitorganisation „Kraft durch Freude" nach einem besonderen Triebwagen nachzukommen, der einen tollen Ausblick auf landschaftlich schönen Strecken bot, bestellte die DRG zwei Elektrotriebwagen der Baureihe ET 91. Alle Wände waren verglast und die Fahrgäste konnten dem Triebfahrzeugführer direkt über die Schulter schauen. Ab 1938 wurde der Triebwagen für die berühmten „Alpenrundfahrten" eingesetzt, wonach auch rege Nachfrage herrschte. Ein tragischer Unfall im Jahr 1995 beendete die Karriere des zweiten „Gläsernen Zugs", während der andere bereits im Krieg zerstört worden war.

TYPEN-SCHILD

Hersteller: Fuchs, AEG
Lieferung/Indienststellung: 1935
Spurweite: Normalspur
Achsfolge: Bo'2'
Länge über Puffer: 20,6 m
Gewicht: 45,0 t
Treibraddurchmesser: 950 mm
Höchstgeschwindigkeit: 72 km/h
Leistung: 390 kW
Stückzahl: 2

Der Panoramazug für Alpenfahrten.
Bilder: Sammlung GeraMond

230 800 der Etat. Bild: Sammlung Udo Paulitz

230 800 der Etat

Von den gewöhnlichen Loks der Reihe 230 wurde ein Exemplar auf Veranlassung der SACM umgebaut. Dies geschah aus Kostengründen, da die Nutzungsdauer der vorhandenen Fahrzeuge möglichst kostengünstig verlängert werden sollte. Nach dem Umbau war die Maschine sogar schneller als der berühmte Bugatti-Triebwagen.

TYPEN-SCHILD

Hersteller: SACM
Lieferung/Indienststellung: 1912
Spurweite: Normalspur
Achsfolge: 2'C
Länge über Puffer: k.A.
Gewicht: 52,0 t
Treibraddurchmesser: 2.050 mm
Höchstgeschwindigkeit: 150 km/h
Leistung: 865 kW
Stückzahl: 1

X 3800 („Picasso")

Der auch „Picasso" genannte Dieseltriebwagen X-3800 fiel auf den ersten Blick durch das sich über das Fahrzeugdach erhebende Führerhäuschen auf, das dem Lokführer eine hervorragende Rundumsicht bot.

Wie aus Bildern des großen Spaniers: X 3800. Bild: Sammlung Udo Paulitz

TYPEN-SCHILD

Hersteller: Renault/ANF/De Dietrich
Lieferung/Indienststellung: 1950
Spurweite: Normalspur
Achsfolge: k.A.
Länge über Puffer: 21 m
Gewicht: 33,0 t
Treibraddurchmesser: k.A.
Höchstgeschwindigkeit: 120 km/h
Leistung: 265 kW
Stückzahl: k.A.

Mastodonte

Die als Doppellok aneinander gekuppelten Satteltankloks, wurden verwendet, um die steile und kurvenreiche Giovi-Rampe in Italien zu überwinden. Überzeugend waren die Leistungen jedoch nicht: Die 35 Promille-Steigung wurde mühsam mit 22 km/h bewältigt, wobei ein einziger Heizer beide Heizflächen gleichzeitig beschicken musste. 1859 wurde die kuriose Konstruktion endlich durch eine klassische Einzellokomotive ersetzt.

TYPEN-SCHILD

Hersteller: Germano Sommeiler, Seraing
Lieferung/Indienststellung: 1853
Spurweite: Normalspur
Achsfolge: B+B
Länge über Puffer: k.A.
Gewicht: 56,0 t
Treibraddurchmesser: 1.070 mm
Höchstgeschwindigkeit: 35 km/h
Leistung: 294 kW
Stückzahl: 20

Einen ungewohnten Anblick bot die italienische Mastodonte-Doppellok
Bild: Sammlung Udo Paulitz

Baureihe V 75

Hinter der Baureihenbezeichnung V 75 der DR verbarg sich die tschechische Baureihe T 435.0. Die DR hatte sich die Fahrzeuge aus dem Ausland beschafft, da sie Ende der 1960er-Jahre noch wenig Erfahrungen mit Dieselrangierloks hatte. Diese ungewöhnlichen Fahrzeuge hatten einen sogenannten Erregergenerator.

TYPEN-SCHILD

Hersteller: Ceskomovraska Kolben Danék
Lieferung/Indienststellung: 1962
Spurweite: Normalspur
Achsfolge: Bo'Bo'
Länge über Puffer: 12,5 m
Gewicht: 61,0 t
Treibraddurchmesser: 1.000 mm
Höchstgeschwindigkeit: 60 km/h
Leistung: 552 kW
Stückzahl: 20

Rangierloks für die DR aus der Tschechoslowakei. Bild: Sammlung Markus Hehl

202 003

Die modifizierte Lok der Baureihe 202 fällt durch das ungewöhnliche Design sofort ins Auge. Das für Versuchs- und Messfahrten verwendete Fahrzeug hatte sogar einen Abgasturbolader, wobei die volle Zugkraft durch besondere Technik auch bei Stillstand verfügbar war.

TYPEN-SCHILD

Hersteller: Henschel, BBC
Lieferung/Indienststellung: 1982
Spurweite: Normalspur
Achsfolge: Bo'Bo'
Länge über Puffer: 19,8 m
Gewicht: 84,0 t
Treibraddurchmesser: 1.100 mm
Höchstgeschwindigkeit: 250 km/h
Leistung: 2.020 kW
Stückzahl: 1

Neuartige Antriebstechnik bei der Versuchslok 202 003. Bild: Sammlung Markus Hehl

VT 10 (GVT 20^5)

Die kastenförmigen Schlepptriebwagen der Baureihe VT 10 waren die letzten von der DRG besorgten Triebwagen mit Brennkraftmotoren. Sie waren aus gekanteten Stahlblechen gefertigt und mit einem Wellblech-Fußboden ausgestattet.

TYPEN-SCHILD

Hersteller: Niesky/Maybach
Lieferung/Indienststellung: 1941
Spurweite: Normalspur
Achsfolge: B'2'
Länge über Puffer: 22 m
Gewicht: 60,5 t
Treibraddurchmesser: 900 mm
Höchstgeschwindigkeit: 110 km/h
Leistung: 331 kW
Stückzahl: 2

Der VT 10 war bei der DB der GVT 20^5. Bild: Sammlung Günther Dietz

Die Maschinen der Baureihe VT 757 gehörten zu den stärksten Triebwagen der DRG und waren mit Sechszylinder-Viertakt-Motoren ausgestattet. Bild: Sammlung Günther Dietz

VT 757 (VT 66^9)

Die Triebwagen der Baureihe VT 757 (später VT 66^9) gehörten zu den leistungsstärksten Triebwagen der DRG. Die mit einer dritten und vierten Klasse versehenen Fahrzeuge fielen dem damaligen Betrachter vor allem durch die markanten Dachlüfter auf.

TYPEN-SCHILD

Hersteller: WUMAG
Lieferung/Indienststellung: 1927
Spurweite: Normalspur
Achsfolge: (A1)'(1A)'
Länge über Puffer: 21 m
Gewicht: 41,0 t
Treibraddurchmesser: 1.000 mm
Höchstgeschwindigkeit: 65 km/h
Leistung: 132 kW
Stückzahl: k.A.

Von der DB kamen die Loks zur HGK nach Köln. Bild: Matthias Müller

Baureihe 240 (DE 1024)

Auch bei der DB kamen gelegentlich dieselelektrische Lokomotiven wie die Baureihe 240 zum Einsatz, allerdings nur im Versuchsbetrieb. Die drei Baumuster der 240er bewährten sich recht gut. Trotzdem setzte die Bundesbahn lieber auf Dieselloks mit hydraulischer Kraftübertragung. Einige Modelle kamen jedoch ins Ausland.

TYPEN-SCHILD

Hersteller: MaK, Krupp, ABB
Lieferung/Indienststellung: 1989
Spurweite: Normalspur
Achsfolge: Co'Co'
Länge über Puffer: 20,9 m
Gewicht: 117,0 t
Treibraddurchmesser: 1.016 mm
Höchstgeschwindigkeit: 160 km/h
Leistung: 2.650 kW
Stückzahl: 3

Pendelverkehr zwischen Weimar und Kranichfeld. Bild: Dieter Lindenblatt

Baureihe 670

Der markant aussehende Doppelstock-Schienenbus der Baureihe 670 sorgte erst als kostengünstige Alternative für den Nahverkehr auf wenig befahrenen Nebenstrecken und später dann leider auch durch seine vielen Pannen für Aufsehen. Außerdem entsprach das Fahrzeug nicht vollständig den DB-Bestimmungen.

TYPEN-SCHILD

- Hersteller: Waggonbau Dessau
- Lieferung/Indienststellung: 1996
- Spurweite: Normalspur
- Achsfolge: A'1'
- Länge über Puffer: 16,3 m
- Gewicht: 34,0 t
- Treibraddurchmesser: 840 mm
- Höchstgeschwindigkeit: 100 km/h
- Leistung: 250 kW
- Stückzahl: 6

Xm 2/2 9912

Der Turmwagen mit der Bezeichnung Xm 2/2 9912 wird vorwiegend für Reparaturen an den Fahrleitungen eingesetzt. Der luftgekühlte Dieselmotor wurde später durch einen wassergekühlten ersetzt, außerdem wurde die ursprüngliche Hebebühne durch die effektivere Scherenbühne ausgetauscht. 1996 wurde zudem eine Vakuumbremse eingebaut.

TYPEN-SCHILD

- Hersteller: SLM, BBC, Sulzer
- Lieferung/Indienststellung: 1962
- Spurweite: Normalspur
- Achsfolge: Bo'Bo'
- Länge über Puffer: 14,9 m
- Gewicht: 12,3 t
- Treibraddurchmesser: 1.040 mm
- Höchstgeschwindigkeit: 110 km/h
- Leistung: 611 kW
- Stückzahl: 1

Dienstlok Xm 2/2 9912. Bild: Renato Mengotti

Die im Depot Olten stationierte Bm 4/4 II 18451. Bild: Joel Bessard

Baureihe Bm 4/4 II

Aufgrund praktischer Erwägungen entschied man beim sich Bau der beiden Bm 4/4 II-Fahrzeuge statt eines Diesel-Gepäcktriebwagens für eine reine Lokomotive, was den Vorteil hatte, dass bei einer Panne nicht gleich der gesamte Gepäckwagen ausfiel.

TYPEN-SCHILD

Hersteller: SLM, BBC, Sulzer
Lieferung/Indienststellung: 1939
Spurweite: Normalspur
Achsfolge: B
Länge über Puffer: 14,9 m
Gewicht: 66,0 t
Treibraddurchmesser: 1.040 mm
Höchstgeschwindigkeit: 110 km/h
Leistung: 611 kW
Stückzahl: 2

2080.001 (ÖBB)

Einen ungewöhnlichen Anblick bieten die auf Schienen fahrenden Schneeschleudern der Reihe 2080 und der verbesserten Version 2180. Dabei kommen gegenläufig rotierende Schaufelräder zum Einsatz, die im Winter die Bahnstrecken freihalten. Das Schluckvermögen beträgt bei 392 U/min ca. 28.300 Kubikmeter pro Stunde.

TYPEN-SCHILD

Hersteller: Beilhack
Lieferung/Indienststellung: 1975
Spurweite: Normalspur
Achsfolge: 1'Do1'
Länge über Puffer: 12,3 m
Gewicht: 42,0 t
Treibraddurchmesser: 1.250 mm
Höchstgeschwindigkeit: 80 km/h
Leistung: 261 kW
Stückzahl: 1

Schneeschleuder 2080.001, seit Sommer 2007: 99 81 9491 001-9 (Lermoos im Januar 2005). Bild: Markus Inderst

MTW Reihe X 534

Bei der Reihe X 534 handelt es sich um die meistgebauten Motorturmwagen (MTW) der ÖBB. Wie schon bei der Reihe X 532 wurden bei diesen speziell für den Oberleitungsbau konstruierten Fahrzeugen Rahmen und Kasten aus Formstahl und Blechen hergestellt. Es kommt ein kleiner, bis zu 147 kW starker Motor zum Einsatz, wobei die Höchstgeschwindigkeit von 80 km/h recht beachtlich ist.

X534.32 am 5. August 1997 in Innsbruck. Bild: Markus Inderst

TYPEN-SCHILD

Hersteller: Tobisch und Knotz, ABB, BBC
Lieferung/Indienststellung: 1963–83
Spurweite: Normalspur
Achsfolge: 1'E h2
Länge über Puffer: 7,4 m
Gewicht: 21,0 t
Treibraddurchmesser: 800 mm
Höchstgeschwindigkeit: 80 km/h
Leistung: 147 kW
Stückzahl: 82

Baureihe LVT / S

Die Abkürzung „LVT/S" steht für „Leichter Verbrennungs-Triebwagen/Schienenbus" und bezeichnet speziell für den wenig frequentierten Nebenbahn-Einsatz gebauten Fahrzeuge der Firma Bombardier. Die durch den Einsatz bewährter Bauteile aus dem Bus- und Straßenbahnbau einfach zu wartenden Fahrzeuge zeichnen sich durch ihre Zuverlässigkeit und Anspruchslosigkeit aus.

TYPEN-SCHILD

Hersteller: DWA (heute BOMBARDIER)
Lieferung/Indienststellung: 1998
Spurweite: Normalspur
Achsfolge: B h2
Länge über Puffer: 16,5 m
Gewicht: 24,0 t
Treibraddurchmesser: 1.006 mm
Höchstgeschwindigkeit: 100 km/h
Leistung: 265 kW
Stückzahl: 24

672 911 in Querfurt (März 2007). Bild: Uwe Miethe

T 16. Bild: Sammlung Udo Paulitz

pr T 16

Die preußische T 16 war die erste stromlinienverkleidete Lokomotive der Welt. Leider konnte diese hervorragende Lok aufgrund ihres zu hohen Gewichtes nicht im Regelbetrieb eingesetzt werden. Später kam sie nach Frankreich. Über ihren weiteren Verbleib ist nichts bekannt.

TYPEN-SCHILD

Hersteller: Henschel
Lieferung/Indienststellung: 1904
Spurweite: Normalspur
Achsfolge: 2'C2'
Länge über Puffer: 17,7 m
Gewicht: 123,0 t
Treibraddurchmesser: 1.750 mm
Höchstgeschwindigkeit: 90 km/h
Leistung: 1.471 kW
Stückzahl: 1

SVT 137 155

Dass sich Kruckenberg bei dem 1938 fertiggestellten Schnelltriebwagen vom Flugzeugbau inspirieren ließ, war kaum zu übersehen. Das futuristisch anmutende Gefährt erreichte 1939 215 km/h, und das bei hervorragender Laufruhe.

TYPEN-SCHILD

Hersteller: Henschel
Lieferung/Indienststellung: 1936
Spurweite: Normalspur
Achsfolge: B'(2)'(2)'B'
Länge über Puffer: 44,7 m
Gewicht: 91,0 t
Treibraddurchmesser: 900 mm
Höchstgeschwindigkeit: 160 km/h
Leistung: 604 kW
Stückzahl: 13

Dem Versuchs-Schnelltriebwagen von Kruckenberg setzte leider der Zweite Weltkrieg ein vorzeitiges Ende. Bild: Sammlung GeraMond

Die Misslungenst

Nicht alles vermeintlich Innovative im Lokomotivenbau war auch wirklich gelungen. Ließ man der Fantasie der Konstrukteure freien Lauf, so entstanden mitunter die kuriosesten Maschinen, die alles Mögliche waren, nur nicht tauglich für den planmäßigen Fahrbetrieb. Es ist daher wenig verwunderlich, dass viele dieser Kreationen Einzelfälle blieben und nie in die Serienproduktion übergingen. Einige der größten Fehlgriffe werden in diesem Kapitel vorgestellt ...

Das rumänische „U-Boot" stand mehr im Ausbesserungswerk als das es fuhr. Seine Unzuverlässigkeit war sprichwörtlich. Bild: Andreas Hubrich

n

Sie standen zu häufig und kamen teuer zu Stehen

Nicht jede Lokomotive wurde ein Erfolg

Wie auf allen unerforschten Gebieten, betraten auch die Ingenieure und Konstrukteure von Lokomotiven völliges Neuland. So ist es kein Wunder, dass nicht alles was man sich in der Theorie erdacht hatte, auf Anhieb gelingen konnte. Manches war in der Praxis überhaupt nicht brauchbar, anderes gelangte erst durch Weiterentwicklung zum Erfolg. Mangels besseren Wissens oder angeregt durch falsche Theorien wurden mitunter auch Irrwege und Sackgassen im Lokomotivbau beschritten.

Schon der im Jahr 1770 von Nicolas Cugnot entworfene Dampfwagen, der streng genommen zwar nicht auf Schienen fuhr, dafür aber als das erste Dampfauto der Welt in die Geschichte einging, erwies sich als Fehlschlag. Es war ein Ungetüm auf drei Rädern, vor dessen vorderem Rad ein riesiger topfähnlicher Kessel hing. Abgesehen davon, dass dieser viel zu knapp bemessen war und zu wenig Dampf erzeugte, ließ sich das Fahrzeug durch das vor dem Vorderrad befindliche Gewicht kaum lenken. So blieb dieser Wagen nur eine Episode in der Entwicklung dampfbetriebener Fahrzeuge.

Anfangs wurde die Reibung zwischen Rad und Schiene besonders bei angehängten Lasten als nicht ausreichend erachtet. Um diese zu erhöhen, brachte man hinten Stützstelzen, seitliche Zahnräder und andere manchmal recht sonderlich wirkende Vorrichtungen an. Wiederum war es Stephenson dem es gelang, die bereits von Richard Trevithick überlieferte These der ausreichenden Reibung in der Praxis zu beweisen.

Erfolglose amerikanische Lokomotiven

Die in den USA gebauten Lokomotiven waren durchweg erfolgreich, manchmal aber stießen die Lokbauer in neue Dimensionen vor, die auf Anhieb nicht bewältigt werden konnten. Bei der 1883 gebauten Güterzuglokomotive „El Gobernador" der Central Pacific Railroad war dies der Fall. Mit ihrer Achsfolge 2'E und 58 t Gewicht war dies die größte Lokomotive der Welt. Aufgrund einer Unausgewogenheit zwischen den üppig dimensionierten Zylindern und der viel zu kleinen Feuerbuchse war die Dampferzeugung auch nach einem Totalumbau nicht ausreichend, sodass sie schon 1894 verschrottet wurde. Bevorzugt wurden in den USA Mallet-Lokomotiven mit zweigeteiltem Triebwerk für kurvenreiche Bergstrecken eingesetzt. In Erweiterung dieses Prinzips baute die Lokomotivfabrik Baldwin zwischen 1914 und 1916 vier sogenannte Triplx-Lokomotiven mit sechs Zylindern und zwar drei für die Erie- und die letzte für die Virginian Railroad. Diese Maschinen mit ihrem dritten Antriebssatz unter dem Tender zeigten, dass sich die Mallet-Idee nicht beliebig ins Uferlose weiterentwickeln ließ. Vermutlich waren es die stärksten Dampflokomotiven, die je gebaut wurden. Ihre Kraft konnten sie aber kaum ausnutzen, da eine ausreichende Dampferzeugung für die riesigen Kessel nicht möglich war. Außerdem war die Zugkraft der Triplex von 32.000 t = 640 Wagen zu je 50 t, größer als Rahmen und Kupplungen der angehängten Waggons zuließen. Hier hatte man also zuviel des Guten getan.

Ähnliches traf auch auf die 1939 gebaute Lokomotive S 1 der Pennsylvania Railroad zu. Es war die mit Abstand größte Schnellzuglokomotive der Welt und auch die einzige mit der Achsfolge 3'BB3'. Sie war in jeder Beziehung zu groß geraten. Neben dem häufigen Entgleisen in engen Kurven neigten die gewaltigen Treibräder des Duplex-Triebwerks extrem zum Schleudern beim Anfahren. Zudem passte die fast 43 m lange Lok auf keine Drehscheibe. 1949 wurde dieses Einzelstück verschrottet.

Misslungene Lokomotiven in Deutschland

Zu dieser Kategorie zählt auch die oldenburgische Schnellzuglokomotive S 10 mit der in Deutschland seltenen Achsfolge 1'C1'. Die drei 1917 gebauten Lokomotiven waren sehr störanfällig, hatten eine ungünstige Lastverteilung, einen unruhigen Lauf und litten zeitlebens unter ihrer schlechten Heizflächenabstimmung. Daher wurden sie bereits 1926 ausgemustert. Eine Fehlkonstruktion war die Reichsbahn-Baureihe 06, zwei gewaltige, 1939 gebaute, stromlinienverkleidete 2'D2'-Lokomotiven für den schweren Schnellzugdienst im Hügelland. Abgesehen von immer wieder auftretenden Kesselschäden und der Entgleisungsneigung in engen Weichenbögen, war es eine Gattung mit nur geringem Nutzwert. Tatsächlich war ein Bedarf für derartige Kolosse gar nicht vorhanden. So blieb es bei nur zwei Maschinen, die 1951 zerlegt wurden.

Der Lokomotivbau in den 1930er Jahren war – ausgelöst durch die aufkommende Konkurrenz der Diesellokomotive – durch Experimente geprägt. So unternahmen die Bahngesellschaften in verschiedenen Ländern Versuche mit Dampfturbinenlokomotiven. So auch die Reichsbahn mit verschiedenen, unter der

Bezeichnung T 18 geführten Versuchsfahrzeugen. 1947 unternahm die Chesapeake & Ohio Railway mit den bei Baldwin mit Westinghouse-Turbine gebauten Dampfturbinenloks der Reihe 500 einen letzten, erfolglosen Versuch mit einer 6.000-PS-Dampfturbine und elektrischer Kraftübertragung auf acht Achsen. Im Prinzip handelte es sich hier um eine Lokomotive, welche die Turbinenkraft in elektrische Energie wandelte und Fahrmotoren antrieb. Besonders im elektrischen Teil ließ die Betriebssicherheit allerdings zu wünschen übrig. Beim heutigen Stand der Leistungselektronik würden sich diese Probleme sicherlich nicht mehr stellen. Versuche, den Dampf für die Turbine mittels Nuklearenergie zu erzeugen, kam über das Planungsstadium nicht hinaus.

Die Nachkriegsjahre waren bei der Deutschen Reichsbahn der ehemaligen DDR von allgemeinem Mangel geprägt. Besonders drückend war das Fehlen geeigneter Kohle. Daher suchten die Ingenieure nach Möglichkeiten, um auf der Basis der reichlich vorhandenen Braunkohle zu einem wirtschaftlichen Lokbetrieb zu kommen. Dabei wurde die Braunkohlenstaubfeuerung favorisiert. 1951 entstand auf Basis der Baureihe 45 eine derart befeuerte Hochdrucklok H 45 024 mit Zwangsumlaufkessel. Durch ihren kaffeebraunen Anstrich sorgte sie auf der Leipziger Messe für beträchtliches Aufsehen. Obwohl die theoretischen Leistungsdaten vielversprechend waren, waren die ersten Fahrversuche mehr als enttäuschend. Aufgrund der vielfältigen Mängel musste die Lokomotive ihre Fahrt schon nach wenigen Kilometern beenden. Ein angedachter Totalumbau unterblieb aus Kostengründen. 1960 wurde die Maschine im RAW Meiningen zerlegt, wobei einige Teile bei Bau der Schnellfahrlokomotive 18 201 verwendet werden konnten.

Als Flop erwiesen sich die VT 10^5. Nach vielen Ausfällen schob die DB die Fahrzeuge in den Sonderverkehr ab (Aufnahme in Köln Hbf). Bild: Sammlung GeraMond

Auf Basis der bei der DR verbliebenen 45 024 entstand in relativ kurzer Zeit die als H 45 024 bezeichnete Hockdrucklokomotive.
Bild: Sammlung Weisbrod

TYPEN-SCHILD

Hersteller: Henschel/Umbau
Lieferung/Indienststellung: 1951
Spurweite: Normalspur
Achsfolge: 1'E1' h3
Länge über Puffer: 27,3 m
Gewicht: 127,0 t
Achslast: 1750,0 t
Höchstgeschwindigkeit: 100 km/h
Leistung: 2.131 kW
Stückzahl: 1

H 45 024

Aufgrund akuten Lokomotivkohle-Mangels sah sich die DR 1950 dazu veranlasst, ein Exemplar der Baureihe 45 der Deutschen Reichsbahngesellschaft auf das Hochdruckverfahren umzurüsten. Die als „H 45 024" bezeichnete Dampflokomotive sollte einen wirtschaftlicheren Betrieb auf Braunkohlebasis ermöglichen. Allerdings glühten bereits bei den ersten Versuchsfahrten die Überhitzerrohre aus; zudem war der Kondensvorrat zu gering. So wurde die Lokomotive kurz darauf in Seddin abgestellt und im Jahr 1960 ausgemustert. Ironischerweise wurden ausgerechnet von diesem „Fehlgriff" Bauteile (unter anderem der hintere Rahmenteil, Außenzylinder und Schleppradsatz) für die besonders formschöneDampflokomotive 18 201 verwendet.

1936 wurde diese Lok in Dienst gestellt, 1951 erfolgte ihr versuchsweiser Umbau zur Hochdrucklok. Bild: Sammlung Schütze

Baureihe 16 (oldenburgische S 10)

Aufgrund der Materialknappheit gegen Ende des Ersten Weltkriegs herrschte auch im Eisenbahnverkehr Mangel. Viele Lokomotiven waren durch den Krieg beschädigt und mussten ersetzt werden. Infolgedessen und nicht zuletzt aufgrund der allgemeinen Verwirrungen des Krieges wurden häufig Lokomotiv-Konstruktionen in die Tat umgesetzt, die sich dann schnell als unausgegorener „Schuss in den Ofen" erwiesen. Solch ein Fall war auch die Baureihe 16. Von der ab 1917 produzierten Baureihe, auch als „oldenburgische S 10" bezeichnet, wurden lediglich drei Exemplare von der Firma Hanomag produziert. Sie wurden auf der bedeutendsten Schnellzugstrecke Oldenburgs eingesetzt, nämlich Bremen – Oldenburg. Allerdings hatten sie im Gegensatz zu den meisten Fahrzeugen der Preußischen Staatseisenbahnen die in Deutschland seltene Achsfolge 1'C1'. Abgesehen von dieser Abweichung war die Baureihe 16 ziemlich störanfällig und hatte einen durch die ungünstige Lastverteilung bedingten unruhigen Lauf. Zudem neigten die Kessel durch Konstruktionsfehler dazu, Risse zu bekommen und undicht zu werden, was Leistungseinbußen zur Folge hatte. Nachdem die Schnellstrecke soweit verstärkt worden war, dass sie eine maximale Achslast von 17 t tragen konnte, verlor der hauptsächliche Vorzug der Baureihe 16, nämlich ihre geringe Achslast von nur 15 t an Bedeutung. Daraufhin wurden die drei störanfälligen Exemplare ausgemustert und durch die wesentlich robusteren und bei weitem erfolgreicheren Lokomotiven der Baureihe 38^{10-40} (preußische P 8) ersetzt.

TYPEN-SCHILD

Hersteller: Hanomag
Lieferung/Indienststellung: 1917
Spurweite: Normalspur
Achsfolge: 1'C1' h2
Länge über Puffer: 20,6 m
Gewicht: 73,0 t
Treibraddurchmesser: 1.980 mm
Höchstgeschwindigkeit: 100 km/h
Leistung: 831 kW
Stückzahl: 3

Bei dieser Baureihe hat sich der große Lokomotivenproduzent Hanomag gründlich vertan.
Bild: Sammlung Udo Paulitz

Baureihe 76 (preußische T 10)

Die DRG übernahm elf T 10-Lokomotiven von den Preußischen Staatseisenbahnen und bezeichnete sie in die Baureihe 76 um. Auch wenn einige Bauteile von der erfolgreichen P 8 übernommen wurden, war dieser Lok kein großer Erfolg beschert. Ihr Kessel war aufgrund der fehlenden Nachlaufachse sehr weit nach vorne verschoben worden und sie neigte bei Rückwärtsfahrten zu entgleisen. Kein Exemplar ist erhalten geblieben.

Glücklose Tenderlok: Preußens T 10. Bild: Sammlung Udo Paulitz

TYPEN-SCHILD

Hersteller: Borsig
Lieferung/Indienststellung: 1909–1912
Spurweite: Normalspur
Achsfolge: 2'C h2
Länge über Puffer: 11,8 m
Gewicht: 76,0 t
Treibraddurchmesser: 1.750 mm
Höchstgeschwindigkeit: 100 km/h
Leistung: 720 kW
Stückzahl: 10

„El Gobernador"

Die 1883 von fertiggestellte Lokomotive „El Gobernador" erregte großes Aufsehen, konnte die in sie gesetzten Erwartungen aber nicht erfüllen, da der ungeduldige Bahn-Tycoon Leland Stanford die Konstruktion unausgegoren und ohne Testfahrten auf das Gleis schickte. Unter anderem war die Heizfläche für solch einen „Riesen" viel zu klein, so dass der Heizer die Lok kaum in Gang halten konnte. 1894 wurde sie schließlich zerlegt.

Der „Gobernador" der Central Pacific regierte ohne Fortune. Bild: Slg. Udo Paulitz

TYPEN-SCHILD

Hersteller: Central Pacific's Sacramento
Lieferung/Indienststellung: 1884
Spurweite: Normalspur
Achsfolge: 2'E'
Länge über Puffer: k.A.
Gewicht: 66,2 t
Treibraddurchmesser: 1.447 mm
Höchstgeschwindigkeit: k.A.
Leistung: k.A.
Stückzahl: 1

Baureihe 83^{10}

Im Rahmen des Neubauprogramms wurde das LKM Babelsberg von der DR zum Bau der Baureihe 83^{10} beauftragt, die für den Einsatz auf Nebenbahnen vorgesehen war. Insbesondere durfte die Achslast 15 t nicht übersteigen. Allerdings war die Serienproduktion aufgrund des dringenden Bedarfs schon vor dem ausgiebigen Test das Baumusters bereits abgeschlossen. Etwaige Mängel mussten daher im Nachhinein behoben werden, wobei man sich auf das Notwendigste beschränkte. Trotz des Austauschs dezentraler Sandkästen durch zentrale und Verstärkung der zu schwachen Blechrahmen erwies sich die Baureihe als wenig wirtschaftlich.

TYPEN-SCHILD

Hersteller: VEB Lokomotivbau
Lieferung/Indienststellung: 1954–1955
Spurweite: Normalspur
Achsfolge: 1'D2' h2
Länge über Puffer: 15 m
Gewicht: 60,0 t
Treibraddurchmesser: 2.000 mm
Höchstgeschwindigkeit: 60 km/h
Leistung: 794 kW
Stückzahl: 27

Schon 1973 endete die Geschichte der Baureihe 83^{10}.
Bild: Sammlung Schütze

TYPEN-SCHILD

Hersteller: Lokomotivfabrik „23. August"
Lieferung/Indienststellung: 1965
Spurweite: Normalspur
Achsfolge: C'C'
Länge über Puffer: 19,5 m
Gewicht: 101,0 t
Treibraddurchmesser: 1.000 mm
Höchstgeschwindigkeit: 140 km/h
Leistung: 1.380 kW
Stückzahl: 200

Baureihe 119 (219/229)

Die DR benötigte Ende der 70er-Jahre Loks mit einer Achslast von unter 16 t und einer Leistung von über 2.000 PS und bestellte bei der rumänischen Fabrik „23. August" 200 Exemplare der Baureihe 119. Der Planbetrieb dieser Reihe war von Beginn an problembehaftet. So standen in den Anfangszeit rund die Hälfte aller Loks zu Reparaturen in den Werkstätten, wo unter anderem die Motoren ausgetauscht wurden. Die DB AG übernahm 20 Exemplare und modernisierte sie vollständig, was allerdings fast so kostspielig war, wie die Produktion einer Neubaulok. Daher blieb es bei diesem Modernisierungsversuch.

Am 30. Mai 1992 ist die 219 021 mit N 18007 unterwegs nach Probstzella.
Bild: Malte Werning

Baureihe 06

Die DRG beauftragte das Zentralamt unter Leitung von R. P. Wagner 1934 mit der Beschaffung zweier neuer Schnellzugloks, die eine Zuglast von 600 t mit 120 km/h befördern sollten. Irrigerweise hatte sich Wagner durch Langrohrkessel eine bessere Effektivität versprochen als durch Stoker oder Verbrennungskammern. Die Heizfläche dieser Loks betrug $5\ m^2$, was den Heizer doch etwas mit der Beschickung überforderte. Abgesehen von der wenig effektiven Konstruktion bildeten sich Risse an den Einwalzstellen und enge Kurven führten oft zu Entgleisungen. 1949 wurden die beiden kostpieligen und unwirtschaftlichen Riesenmaschinen von der DB ausgemustert.

Zuviel des Guten: Nur zwei Exemplare dieses überdimensionierten, wuchtigen Riesen wurden 1939 gebaut. Die Grenzen waren überschritten worden.

Bild: Hermann Maey/Sammlung Andreas Knipping

TYPEN-SCHILD

Hersteller: Krupp
Lieferung/Indienststellung: 1939
Spurweite: Normalspur
Achsfolge: 2'D2' h3
Länge über Puffer: 26 m
Gewicht: 222,0 t
Treibraddurchmesser: 2.000 mm
Höchstgeschwindigkeit: 140 km/h
Leistung: 2.058 kW
Stückzahl: 2

TYPEN-SCHILD

Hersteller: Lokomotivbau Karl Marx
Lieferung/Indienststellung: 1954
Spurweite: Normalspur
Achsfolge: 1'D h2
Länge über Puffer: 23 m
Gewicht: 86,0 t
Treibraddurchmesser: 1.600 mm
Höchstgeschwindigkeit: 100 km/h
Leistung: 1.750 kW
Stückzahl: 1

25 001

Da die DDR in ihren Anfangsjahren durch Reparationszahlungen an die Sowjetunion ein nur begrenztes Budget für den Lokomotivenbau hatte, entstand der Wunsch nach einer kostengünstigen „Universallokomotive". Sie sollte sowohl für den Reisezug- als auch für den Güterzugdienst einsetzbar sein. Aufgrund der sich bald verbessernden Wirtschaftlage ließ die DR jedoch von einer Serienproduktion ab.

Nur kurz war das Leben der euphorisch als Universallok konzipierten 25 001.

Bild: Sammlung Schütze

M 44 011-012

Wie zuvor bereits bei den Baureihen 04 und 25 wollte die DRG auch bei der Baureihe 43/44 mit höherem Kesseldruck experimentieren. Daraufhin ließ sie zwei Versuchsloks mit der Bezeichnung „M 44“ bauen. Die Versuchsloks erwiesen sich als sehr leistungsfähig, nur leider hielt das Material dem enormen Kesseldruck von 25 at nicht Stand: Bereits bei den Probefahrten bildeten sich u.a. durch die hohen Temperaturen von bis zu 450° C erste Risse im Dampfsattelkasten. 1950 bzw. 1962 wurden die Loks ausgemustert und konnten endlich Dampf ablassen.

Versuchslok mit erhöhtem Kesseldruck (25 statt 16 at) und vierzylindrigem Verbundtriebwerk. Bild: Hermann Maey/Sammlung Andreas Knipping

TYPEN-SCHILD

Hersteller: k.A.
Lieferung/Indienststellung: 1932
Spurweite: Normalspur
Achsfolge: 1'E h4v
Länge über Puffer: 22,6 m
Gewicht: 179,0 t
Treibraddurchmesser: 1.400 mm
Höchstgeschwindigkeit: 80 km/h
Leistung: 1.870 kW
Stückzahl: 2

VT 10^5

Um das Tempo der Züge weiter zu erhöhen, war eine Verringerung der Masse unumgänglich. Unter Leitung Franz Kruckenbergs wurde der erste Triebzug Deutschlands, der VT 10^5 entwickelt. Zwar fand der futuristisch anmutende Gliedertriebzug viel Beachtung, wurde jedoch bereits 1959 wegen vieler Mängel ausgemustert. Trotzdem bildete seine Entwicklung den Grundstein für den überaus erfolgreichen VT 11^5 („TEE“).

TYPEN-SCHILD

Hersteller: LHB, Wegmann
Lieferung/Indienststellung: 1953
Spurweite: Normalspur
Achsfolge: B'2'2'2'2'2'2'B'
[redacted]nge über Puffer: 109 m
[redacted]22,0 t
[redacted]messer: 900 mm
[redacted]keit: 120 km/h
[redacted]

342

Die Schönsten

Lokomotiven müssen nicht verrußte, dampfende Ungetüme sein. Viele Konstrukteure machten sich schon frühzeitig Gedanken um das „Design“ der Lokomotive. So entstanden einige sehr formschöne und optisch gelungene Konstruktionen.

Die stolze S 3/6 mit der Nummer 342 im Münchner Hauptbahnhof war eine von zehn Maschinen für das pfälzische Streckennetz. Maffei stellte die spätere 18 426 der Reichsbahn im Jahre 1914 fertig.
Bild: Rudolf Kallmünzer

Sie waren die ungekrönten Könige auf Rädern

Auch Lokomotiven können schön sein

Welches sind die schönsten Lokomotiven ? Eine sehr schwierige Frage, zu der man sicherlich viele Meinungen hören kann. Denn Geschmäcker und Vorlieben sind bekanntlich verschieden. Trotzdem soll die Beantwortung versucht werden, denn es gibt einige über alle Zweifel erhabene, allgemein anerkannte Favoriten.
Die ersten Dampflokomotiven aus der Pionierzeit des frühen 19. Jahrhundert gehören vermutlich weniger dazu. Ausgesprochene Schönheiten waren sie nicht, denn diese auf Räder gesetzten, recht unbeholfen wirkenden Dampfmaschinen, denen man die für ihre Zeit unglaublich hohen Geschwindigkeiten kaum zugetraut hätte, waren rein auf Funktionalität ausgerichtet. Also zwei Achsen mit vier Rädern, ein Rahmen mit einem waagerecht gelagerten Kessel mit hinterem Feuerloch, beidseitig angeordnete Zylinder, ein offener Fahrstand mit Bedienungshebeln, vorn der hohe Schornstein und dahinter ein Wägelchen als Tender für die Vorräte - das war alles. So und ähnlich sahen die meisten Lokomotiven in den folgenden Jahrzehnten aus. Nur dass diese mit der Zeit immer größer wurden und mehr Achsen besaßen. Es vergingen etliche Jahre, bis die Maschinen nicht nur zu einer richtigen Funktionalität und Verlässlichkeit, sondern auch zu einer äußerlich ansprechenderen Bauform gefunden hatten. Mit einer gewissen Berechtigung konnten einige Crampton-Lokomotiven dieses Prädikat für sich in Anspruch nehmen, denn die mit einem riesigen Treibrad und mehreren Laufachsen konstruierten Maschinen wirkten allein durch ihre niedrige Bauweise recht elegant, leichtfüßig und schnell, was sie in Wirklichkeit auch waren. Gleiches galt auch für größere Maschinen mit zwei oder drei Treibachsen, wobei viele englische Lokomotiven mit ihren glatten Kesseln und der ausgeglichenen Linienführung als besonders gelungen zu bezeichnen sind.

Die Blütezeit der schönen Dampflokomotiven

Etwa seit dem letzten Jahrzehnt vor der Jahrhundertwende bis zum Beginn des Ersten Weltkrieges entstanden überall in der Welt auffallend viele schöne Lokomotiven. Darunter befinden sich einige Atlantic-Typen, welche die Achsfolge 2'B1 besaßen, die aufgrund der großen Treibräder einen recht hoch angeordneten Kessel besaßen. Als Beispiel sei die bayerische S 2/5 genannt, die noch für kurze Zeit als Baureihe 141 zur Reichsbahn kam. Besonders harmonisch auf den Betrachter wirkt zweifellos die von Maffei ebenfalls für die Bayerische Staatsbahn mit 2.200-mm-Treibrädern gebaute Rekordlok S 2/6, die noch heute im Nürnberger Verkehrsmuseum bewundert werden kann. Auf der flüssigen Linienführung dieser Maschine basierte auch die von vielen Eisenbahnfreunden als die Schönste gehaltene, seit 1908 gebaute bayerische S 3/6, eine 2'C1'-Pacific-Schnellzuglokomotive, die es in verschiedenen Triebwerkausführungen gab. Unter dem Namen „Schöne Württembergerin" dampfte seit 1909 die Pacific-Lokomotive der Klasse C über die Schienenstränge. Ein Jahr zuvor entwarf Karl Gölsdorf, der berühmte österreichische Lokomotivbauer, die Reihe 310, eine ob ihres geringen Achsdrucks sehr zierlich wirkende, formal ausgezeichnet gelungene 1'C2'-Vierzylinder-Verbund-Schnellzugmaschine.
Auch die für die Deutsche Reichsbahn gebauten Lokomotiven konnten sich durchaus sehen lassen. Besonders

Pressefoto der 03 1088 in Wien.
Bild: Sammlung Dr. Brian Rampp

Kind der Belle Epoque: die österreichische 310. Bild: Sammlung Udo Paulitz

ansehnlich wirkten die großen Stromlinien-Schnellzugloks verschiedener Baureihen, allein voran natürlich die Weltrekordbaureihe 05. Maschinen anderer Länder, so die mit einer Verkleidung des Industriedesigner Henry Dreyfus versehene 2'C2'-Schnellzuglok der Reihe J 3 a (Hudson) der New York Central Railways, vermittelten auf den Betrachter einen überaus positiven Eindruck. In den 1950er-Jahren trat die Tschechoslowakische Staatsbahn mit einigen bemerkenswerten Lokomotiven hervor, die technisch und formal zum Besten und Schönsten gehörten, was jemals auf Schienen fuhr. Neben der wunderschönen Personenzugtenderlok der Reihe 477 sei als weiteres Beispiel die blau lackierte, 1954 entstandene 2'D1'-Schnellzuglokomotive der Reihe 498.1 angeführt, die mit dem Namen „Albatros" bedacht worden ist.

Moderne Traktionen standen in der Schönheit nicht nach

Die frühen Elektro- und Diesellokomotiven ähnelten, krass ausgedrückt, eckigen und plumpen, auf Rädern gesetzten Blechkästen, die keinesfalls zu den Spitzenerzeugnissen in Sachen Linienführung zählten. Das Laufwerk der größeren Maschinen orientierte sich anfangs an dem der Dampflokomotive mit durch Stangen verbundenen Treib- und Kuppelräder. Seit den 1930er Jahren begannen die Konstrukteure, die Maschinen langsam in verrundete, flüssigere Formen zu verkleiden. So wirkte die erstmals 1934 für die Italienische Staatsbahn gelieferte elektrische Schnellzuglok der Reihe E 428 schon wesentlich gefälliger als die Fahrzeuge der früheren Generation. Das traf auch auf die ab dem gleichen Jahr gebaute Reihe GG 1 der Pennsylvania Railroads zu. In Deutschland waren es die Schnellzugmaschinen E 18 und E 19, die man mit gutem Gewissen mit dem Prädikat „schön" bezeichnen konnte. Bei den Dieselfahrzeugen waren es vor allem die Schnelltriebwagen vieler Bahngesellschaften, bei deren Formgebung man um ein schnittiges Erscheinungsbild bemüht war. Eine andere, von vielen Betrachtern ebenfalls als „schön" empfundene Bauvariante war eine bullig wirkende und dadurch Stärke vermittelnde Frontgestaltung. In dieser Hinsicht traten die von vielen Bahngesellschaften in den Vereinigten Staaten seit 1940 in Dienst gestellten und überwiegend von General Motors (EMD) gebauten schweren, klassischen Streckendiesselloks hervor. In den 1950er-Jahren machte auch die V 200 der Deutschen Bundesbahn durchaus eine gute Figur. Und bei den Elektrolokomotiven war es die sechsachsige E 03 (103), die sich mit einem sehr angenehmen Äußeren präsentierte.

1964 präsentierte Japan mit dem bis zu 210 km/h schnellen Schinkansen-Triebzug ein ganz neues Design. Und spätestens seit Erscheinen des französischen TGV in den frühen 1980er-Jahren hat ein im Windkanal entstandenes, auf Geschwindigkeit getrimmtes Äußeres Einzug gehalten. Zu dieser Generation zählen selbstverständlich auch die verschiedenen ICE-Ausführungen der Bahn AG und viele andere Lokomotiven und Triebzüge in aller Welt.

Die 03 156 verlässt den Leipziger Hauptbahnhof im Jahr 1943.
Bild: Werner Hubert

TYPEN-SCHILD

Hersteller: Maffei (Umbau DR)
Lieferung/Indienststellung: 1960 (Umbau)
Spurweite: Normalspur
Achsfolge: 2'C1' h4v
Länge über Puffer: 23,6 m
Gewicht: 105 t
Treibraddurchmesser: 2.100 mm
Höchstgeschwindigkeit: 162 km/h
Leistung: 1.360 kW
Stückzahl: 1

Die 18 314 war von Baden in die DDR gelangt.
Bild: Gert Schütze

Die 18 314 steht heute im Technikmuseum Sinsheim.
Bild: Sammlung Rudolf Heym

18 314 (Umbau DR)

Eine der schönsten deutschen Lokomotiven war sicherlich die 18 314. Nachdem die Lok Ende des Zweiten Weltkriegs lange Zeit in Westdeutschland eingesetzt worden war, handelte der Leiter des RAW Stendal, Max Baumberg, 1951 den Tausch der 18 314 gegen die bis dahin im Osten verbliebene 18 434 (Bayerische S 3/6) aus. Im Osten wurde sie dann vorerst ohne große Veränderungen in der Lokversuchsanstalt Halle eingesetzt. Als sich die Geschwindigkeitsanforderungen an Reisezüge in den 1960er-Jahren erhöhten (bis 160 km/h), wurde die 18 314 im RAW Zwickau rekonstruiert: Sie erhielt einen gekürzten Verbrennungskammerkessel, der Schornstein erhielt einen Caledonia-Kranz und es kamen Sonderwindleitbleche zum Einsatz. Zusätzlich erhielt sie den zur Kennzeichnung der Schnellzuglokomotiven verwendeten grünen Anstrich. Alle diese Maßnahmen werteten die ohnehin schöne Lok nochmals optisch auf. 1970 wurde sie in 02 0314-1 umgezeichnet.

Bei der DRG wurde die Baureihe 16 zum zweiten Mal mit der 310 besetzt. Bild: Sammlung Udo Paulitz

Reihe 310

Die Reihe 310 der kaiserlich-königlichen Österreichischen Staatsbahnen war der von Gölsdorf konstruierten Vorgänger-Reihe 210 äußerlich sehr ähnlich. Die Reihe 310 war eine elegant wirkende, dunkel lackierte Vierzylinder-Verbund-Lokomotive in Heißdampfversion. Im Ersten Weltkrieg gingen einige Maschinen verloren, andere mussten nach Polen und in die Tschechoslowakei als Reparationen abgegeben werden. Auch im Zweiten Weltkrieg verschlug es weitere Exemplare nach Polen, die dort unter der Bezeichnung „Pn12" geführt wurden. Neben dem (kostspieligen) Vierzylindertriebwerks hatte die 310 Sandbehälter zwischen den Rahmenwagen.

TYPEN-SCHILD

Hersteller: Floridsdorf, BMMF, StEG, u.a.
Lieferung/Indienststellung: 1911–1916
Spurweite: Normalspur
Achsfolge: 1'C2'-h4v
Länge über Puffer: 21 m
Gewicht: 138,0 t
Treibraddurchmesser: 2.140 mm
Höchstgeschwindigkeit: 100 km/h
Leistung: 1.325 kW
Stückzahl: 90

Die Reihe 310 setzte sich in Österreich sehr schnell durch und behob damit das Problem fehlender Schnellzugloks im Flachland. Bild: Sammlung GeraMond

Baureihe 03^{10} (Öl)

Bei den von der DR 1948 übernommenen 03^{10} wurde die Stromlinienverkleidung entfernt. Allerdings wurde die abgeflachte Rauchkammertür und die weit vorne über der Rauchkammer liegenden Vorwärmer noch für einige Jahre beibehalten. Mit Witte-Leitblechen, neuen Kesseln und Ölfeuerung versehen, erstrahlten so die 03^{10}-Loks in ganz neuem Aussehen, das durchaus optisch ansprechend war.

Mit den ölgefeuerten Schnellzugloks bewältigte die DR bis Ende der 1970er-Jahre den schweren Reisezugverkehr zwischen Berlin und Stralsund, hier im Juni 1978 am S-Bahnhof Berlin-Leninallee. Bild: Udo Paulitz

TYPEN-SCHILD

Hersteller: Borsig, Krupp, Krauss-Maffei
Lieferung/Indienststellung: 1959
Spurweite: Normalspur
Achsfolge: 2'C 1' h3
Länge über Puffer: 23 m
Gewicht: 104,0 t
Treibraddurchmesser: 2.000 mm
Höchstgeschwindigkeit: 140 km/h
Leistung: 1.450 kW
Stückzahl: 19

Die 03 0090-5 im August 1975 in Berlin Zoologischer Garten. Bild: Burghard Wollny

Die vollverkleidete 03 1081 im Bw Wien West am 20. September 1940 begeisterte auch den Nachwuchs der Donaumetropole. Bild: Carl Bellingrodt

Baureihe 03^{10} (Stromlinienform)

Als Weiterentwicklung der Baureihe 03 war eine Serie von 140 Lokomotiven der Reihe 03^{10} mit Vollverkleidung geplant. Durch die Kriegsereignisse wurden bis 1941 aber nur 60 Maschinen in Dienst gestellt. Als Urheberfirma zeichnete Borsig, Berlin. Am Bau beteiligten sich aber auch die Hersteller Krupp und Krauss-Maffei. Wie auch bei den Lokomotiven der Baureihe 01^{10} war die Vollverkleidung mit geschlossener und ausgesparter Triebwerksschürze ausgeführt. Nur 45 Exemplare überlebten den Zweiten Weltkrieg bei DB und DR, der Rest verblieb in Polen. Davon kamen 26 Stück in den Bestand der Deutschen Bundesbahn und 19 zur Deutschen Reichsbahn in der DDR. Bei einigen Bahnverwaltungen erhielten die Lokomotiven Ersatzkessel mit Verbrennungskammer und Ölfeuerung.

TYPEN-SCHILD

Hersteller: Borsig, Krupp, Krauss-Maffei
Lieferung/Indienststellung: 1940
Spurweite: Normalspur
Achsfolge: 2'C 1' h3
Länge über Puffer: 23 m
Gewicht: 103,2 t
Treibraddurchmesser: 2.000 mm
Höchstgeschwindigkeit: 140 km/h
Leistung: 1.320 kW
Stückzahl: 60

TYPEN-SCHILD

Hersteller: Borsig, Krupp, Krauss-Maffei
Lieferung/Indienststellung: 1930
Spurweite: Normalspur
Achsfolge: 2'C1' h3
Länge über Puffer: 23 m
Gewicht: 100,0 t
Treibraddurchmesser: 2.000 mm
Höchstgeschwindigkeit: 140 km/h
Leistung: 1.450 kW
Stückzahl: 298

Baureihe 03 (Umbau 1959)

Von der „kleinen Schwester" der legendären Baureihe 01 schaffte es von den knapp 300 gebauten Exemplaren rund die Hälfte nach dem Zweiten Weltkrieg in den Fahrzeugpark der DB, wo sie als Baureihe 003 umbezeichnet wurde. Wie auch bei den übrigen Schnellzugmaschinen wurden an alle 03 die üblichen Witte-Leitbleche angebracht. Dadurch erhielten die später als „Salondampfer" bezeichneten Loks ein neues Gesicht, ansonsten wurde aber fast nichts verändert. Sie wurden vor allem im hochwertigen Reisezugdienst eingesetzt. So kann man rückblickend sagen, dass keine andere europäische Schnellzu-Dampflok so viele Kilometer bei einer Geschwindigkeit von über 100 km/h zurückgelegt hat wie die 03. Während bei der Deutschen Reichsbahn die Baureihe 03 erst 1981 ausgemustert wurde, tat dies die Deutsche Bahn bereits knapp zehn Jahre früher, nämlich im Jahr 1972. Heutzutage ist bedauerlicherweise kein Vertreter der DB-03-Variante mehr in betriebsfähigem Zustand anzutreffen.

Die kleinere Schwester der 01 wurde 298-mal gebaut.
Bild: Illig/Sammlung Wollny

Die C-Loks aus Württemberg wurde in die Baureihe 18^1 der Reichsbahn umgezeichnet. Ihr Beiname war die „schöne Württembergerin". Bild: Sammlung Andreas Knipping

TYPEN-SCHILD

Hersteller: Maschinenfabrik Esslingen
Lieferung/Indienststellung: 1909–1921
Spurweite: Normalspur
Achsfolge: 2'C1' h4v
Länge über Puffer: 21 m
Gewicht: 87,0 t
Treibraddurchmesser: 1.800 mm
Höchstgeschwindigkeit: 120 km/h
Leistung: 1.353 kW
Stückzahl: 41

Baureihe 18^1 (wü C)

Bereits äußerlich fiel dem damaligen Betrachter die eigenwillige und interessante Konstruktion dieser Loks auf: Statt des üblichen Barrenrahmens hatte die Baureihe 18^1 einen durchgehenden Blechrahmen. Augenfällig waren zudem der niedrige Umlauf mit außenliegendem Hilfsrahmen sowie die Radkästen für die Kuppelachsen. Nicht zuletzt der weit vorne angebrachte Niederdruckzylinder und das strömungsgünstig geformte Führerhaus gaben der „schönen Würtembergerin" ihr charakteristisches und windschnittiges Aussehen. Von dieser eleganten Lokomotive wurden 41 Exemplare gebaut, wovon drei Exemplare nach dem Ersten Weltkrieg in Frankreich verblieben.

Die württembergische Gattung C war eine klassische Pacific-Lok. Bild: Hörnemann

Reihe 231 C

Die zwischen 1909 und 1932 gebauten Lokomotiven der Reihe 231 C der Paris-Lyon-Mittelmeer-Bahn PLM können als die wohl schönsten Lokomotiven Frankreichs bezeichnet werden. Von dieser Serie wurden ab 1911 24 Stück gebaut. Sie hatten die Achsfolge 2'C1' (drei Treibachsen), die ursprünglich in den USA entstanden war und in Europa später als „Pacific“ bezeichnet wurde. In ihrer optisch auffälligen Konstruktion mit teilweise angebrachter Stromlinienverkleidung ähnelt sie der belgischen Baureihe 12.

Die Reihe 231 C gehörte wohl mit zu den schönsten Stromlinienloks in Frankreich.

Bild: Sammlung Udo Paulitz

TYPEN-SCHILD

Hersteller: PLM
Lieferung/Indienststellung: 1909–1932
Spurweite: Normalspur
Achsfolge: 2'C1'
Länge über Puffer: 20 m
Gewicht: 145,5 t
Treibraddurchmesser: 2.000 mm
Höchstgeschwindigkeit: 130 km/h
Leistung: 1.500 kW
Stückzahl: 462

Die bildschöne, in Indien verkehrende WP-Klasse fällt sofort durch die silbern-schimmernde Lackierung und die zwei dekorativen Elefanten auf.

Bild: Sammlung Udo Paulitz

WP-Klasse

Aufgrund der schlechten Qualität der von England eingeführten Loks und auch aus politischen Gründen entschied sich Indien 1946 zum Import einer Lokomotive der Pacific-Bauart: Die insgesamt 755 Exemplare stammten aus amerikanischen, kanadischen, österreichischen und sogar polnischen Fabriken. Auch in der indischen Chitteranjan-Fabrik wurde eine Vielzahl der WP-Klasse gebaut. Nicht zuletzt die dekorativen Elefanten auf der Vorderseite einiger Lokomotiven machten die WP-Klasse zu einem echten Hingucker.

TYPEN-SCHILD

Hersteller: Baldwin u.a.
Lieferung/Indienststellung: 1947–1957
Spurweite: Breitspur (1.676 mm)
Achsfolge: 2'C1'
Länge über Puffer: 23 m
Gewicht: 172,0 t
Treibraddurchmesser: 1.705 mm
Höchstgeschwindigkeit: 100 km/h
Leistung: 1.350 kW
Stückzahl: 755

18 201

Dass man aus Überresten klobiger und sogar misslungener Lokmotiven durchaus eine elegante Lokomotive bauen konnte, beweist die Lokmotive 18 201 der DR. Die Hauptbasis war zwar die Schnellfahrtenderlok 61 002, aber auch Elemente der misslungenen Hochdruck-Dampflokomotive H 44 024 verwendet. Die in auffälligem Grün lackierte, mit weißen Konturierungslinien versehene Lokomotive erreichte im Jahr 1964 im Eisenbahn-Versuchsring Velim in Tschechien eine Spitzengeschwindigkeit von 176 km/h und galt damals als „schnellste betriebsfähige Dampflok der Welt“. Sie war aber nicht nur eine der schnellsten, sondern wohl auch eine der schönsten deutschen Lokomotiven überhaupt.

Dynamische Verkleidung, grüne Lackierung und Giesl-Ejektor: Die 18 201 war aus der 61 002 umgebaut worden. Bild: Gert Schütze

TYPEN-SCHILD

Hersteller: RAW Meiningen
Lieferung/Indienststellung: Umbau 1961
Spurweite: Normalspur
Achsfolge: 2'C1' h3
Länge über Puffer: 25 m
Gewicht: 113,0 t
Treibraddurchmesser: 2.300 mm
Höchstgeschwindigkeit: 180 km/h
Leistung: 1.170 kW
Stückzahl: 1

Baureihe 18^{4-5} (bayerische S 3/6)

Bei der Baureihe 18^{4-5} handelte es sich im Prinzip um eine Weiterentwicklung der Badischen IV f, was bereits an äußeren Ähnlichkeiten zu erkennen war. Sie sorgte mit ihrem ockerfarbenen Anstrich bei der Ausstellung „München 1908“ für großes Aufsehen. Weitere Aufmerksamkeit erhielten die modifizierten „S 3/6 d“ und „S 3/6 e“, bei denen die 1.870 mm großen Treibräder durch welche mit 2.000 mm Durchmesser ausgetauscht wurden, um nun eine Höchstgeschwindigkeit von 115 km/h zu erreichen. Dies brachte ihr schnell den Spitznamen „die Hochhaxige“ ein. Insgesamt wurde die S 3/6 eine geschätzte und unverzichtbare Maschine, die sich großer Beliebtheit erfreute und auch den legendären Rheingoldzug zog.

TYPEN-SCHILD

Hersteller: Maffei
Lieferung/Indienststellung: 1908–1918
Spurweite: Normalspur
Achsfolge: 2'C1' h4v
Länge über Puffer: 23,2 m
Gewicht: 89,7 t
Treibraddurchmesser: 1.870 mm
Höchstgeschwindigkeit: 120 km/h
Leistung: 1.420 kW
Stückzahl: 89

Die „hochhaxige“ 18 418 steht frisch bekohlt für eine neue Zugleistung bereit. Bild: Sammlung Andreas Knipping

Reihe P

Nicht ohne Grund erinnerten die Lokmotiven der Reihe P an den deutschen Lokomotivenbau, waren sie doch von den deutschen Firmen Hanomag und Schwartzkopff an die Dänischen Staatseisenbahnen geliefert worden. Aufgrund ihrer eleganten und klaren Linienfühung können sie mit einiger Berechtigung als die wohl schönsten Lokomotiven, die in Dänemark ihren Dienst verrichteten, bezeichnet werden. Insgesamt wurden 33 Modelle dieser Niederdruckzylinder-Lokomotiven geliefert. Dabei handelte es sich um Lokomotiven der Pacific-Bauart, die mit einer zusätzlichen Treibachse ausgestattet waren. Glücklicherweise mussten auch keine besonderen Vorkehrungen für Steigungen eingeplant werden, da der höchste „Berg" Dänemarks gerade einmal 173 m hoch ist.

Die Schönheit aus Hannover.
Bild: Sammlung Udo Paulitz

TYPEN-SCHILD

Hersteller: Hanomag
Lieferung/Indienststellung: 1907–1910
Spurweite: Normalspur
Achsfolge: 2'B1'
Länge über Puffer: 18,5 m
Gewicht: 119,0 t
Treibraddurchmesser: 1.908 mm
Höchstgeschwindigkeit: 100 km/h
Leistung: k.A.
Stückzahl: 33

TYPEN-SCHILD

Hersteller: André Chapelon
Lieferung/Indienststellung: 1934
Spurweite: Normalspur
Achsfolge: 2'C1'
Länge über Puffer: 13,7 m
Gewicht: 102,0 t
Treibraddurchmesser: k.A.
Höchstgeschwindigkeit: 140 km/h
Leistung: 2.720 kW
Stückzahl: 32

32 Stück der Reihe 231 E wurden gebaut. Bild: Sammlung Udo Paulitz

Reihe 231 E „Chapelon"

Von den Dampflokomotiven der Serie 3500, die später von den Französischen Staatsbahnen SNCF übernommen und in die Serie 231 E eingereiht wurden, hatte die Paris-Orléans-Bahn 90 Exemplare bestellt. Sie waren vom legendären Eisenbahningenieur André Chapelon konstruiert worden, der auch den Dampfprozess bei Lokomotiven durch seine innovativen Ideen entscheidend verbessern konnte. Die Pacific-Lokomotiven wurden für die französische Bahngesellschaft Nord hergestellt und waren zu ihrer Zeit mit die berühmtesten Lokomotiven der Welt. Unter anderem zogen sie auch in den Jahren 1934 bis 1968 den luxuriösen „Flèche d'Or" zwischen Calais und Paris.

„Krokodil“

Auch wenn die Dampflokomotiven wohl immer eine Vorreiterstellung in der Kategorie „die schönsten Lokomotiven“ haben werden, so gibt es doch auch unter den Elektrolokomotiven einige durchaus ansehnliche Modelle. Zu diesen kann sich sicherlich das charakteristisch geformte Schweizer „Krokodil“ zählen, ein Spitzname für verschiedene Baureihen, darunter Be 6/8 III („Bernina-Krokodil“), Ce 6/8 II und III, und die Ge 6/6 I.

TYPEN-SCHILD

Hersteller: SLM, MFO, u.a. (Ce 6/8)
Lieferung/Indienststellung: 1919
Spurweite: Normalspur
Achsfolge: (1'C)(C1')
Länge über Puffer: 19,4 m
Gewicht: 128,0 t
Treibraddurchmesser: 1.350 mm
Höchstgeschwindigkeit: 75 km/h
Leistung: 1.000–2.700 kW
Stückzahl: 33

Links: Parallelfahrt der RhB Ge 6/6 I und Be 6/6 III zwischen Domat-Ems und Felsberg (1997)
Bild: Bruno Hitz

Oben ist ein mit der Lok 415 bespannter Kurzzug bei Celerina im Jahr 1988 zu sehen (RhB-Krokodil).
Bild: Dietmar Beckmann

TYPEN-SCHILD

Hersteller: CPR
Lieferung/Indienststellung: 1936–1938
Spurweite: Normalspur
Achsfolge: 2'B2'
Länge über Puffer: 24 m
Gewicht: 209,0 t
Treibraddurchmesser: 2.032 mm
Höchstgeschwindigkeit: 140 km/h
Leistung: k.A.
Stückzahl: 34

Eine der schönsten Lokomotiven Kanadas: Die Class F2A „Jubilee“
Bild: Sammlung Udo Paulitz

Class F2A Jubilee“

Mitte der 1930er-Jahre hatten so viele Kanadier ein Automobil wie nie zuvor. Dieser Umstand übte einen solchen Druck auf die Canadian Pacific Railway aus, dass sie sich zum Bau neuer Schnellzüge für eilige Geschäftsleute entschied, die auf den Hauptstrecken Calgary – Edmonton und Toronto – Detroit verkehren sollten. Interessanterweise besaßen die neu gebauten Lokomotiven nur zwei Treibachsen, was auf den ersten Blick wie ein Rückschritt wirken mag. Tatsächlich wurden dadurch aber gefährliche Schlingerbewegungen bei schnellen Geschwindigkeiten reduziert. Zudem waren zahlreiche Neuerungen bei diesen Loks verwendet worden, u.a. ein Stoker, ein Speisewasservorwärmer und Rollenlager. Auch wenn die Bezeichnung „Stromlinienlok“ übertrieben war, wirkten die F-2A „Jubilee“-Lokomotiven aufgrund ihrer abgerundeten Ecken und Kanten doch sehr elegant.

Baureihe 14⁰

Ohne Zweifel war die preußische S 9 (später Baureihe 14⁰) eine elegante und beeindruckende Maschine gewesen. Ungeachtet dessen war ihr allerdings leider kein großer Erfolg beschieden: Die 90 gebauten Maschinen konnten nur für kurze Zeit den rasant wachsenden Anforderungen, vor allem in punkco Zugleistung und der Beschleunigung schwerer Züge aufgrund der nur zwei vorhandenen Treibachsen gerecht werden. Nach dem Ende des Ersten Weltkriegs musste Deutschland aufgrund der Regelungen des Versailler Vertrags 21 Exemplare an die Siegerländer abgeben: So verschlug es vier Maschinen nach Frankreich zur Nord-Eisenbahn und 17 Stück nach Belgien. Trotz einiger Modifikationen, wie beispielweise den Umbau zweier Fahrzeuge in Heißdampfversionen, um den sich verändernden Bedingungen gerecht zu werden, wurden auch alle restlichen Exemplare dieser schönen Dampflokomotiven bis 1926 ausgemustert. Damit war die S 9 ebensowenig erfolgreich wie ihre Vorgängerin, die S 8.

Schnellzuglok der Baureihe 14⁰.
Bild: Sammlung Udo Paulitz

TYPEN-SCHILD

Hersteller: Hanomag
Lieferung/Indienststellung: 1908–1910
Spurweite: Normalspur
Achsfolge: 2'B1' n4v
Länge über Puffer: 21,8 m
Gewicht: 75,5 t
Treibraddurchmesser: 1.980 mm
Höchstgeschwindigkeit: 110 km/h
Leistung: k.A.
Stückzahl: 90

VT 92 501

Der mit einem Daimler-Benz -Motor ausgestattete Diesel-Triebwagen hatte aufgrund seiner orange-braunen Lackierung und seiner runden Form den Spitznamen „Kartoffelkäfer" bekommen. Allerdings wäre es nicht völlig korrekt, das Fahrzeug als Triebwagen zu bezeichnen, da es keine Sitzgelegenheiten für die Fahrgäste besaß. Dabei handelte es sich um eine völlige Neukonstruktion der DB, bei der erstmals Gelenkwellen zum Einsatz kamen. Das Einzelstück wurde zuerst vor Reisezügen eingesetzt, später jedoch vor allem als Abschleppfahrzeug für liegengebliebene Lokomotiven. Dadurch war der „Kartoffelkäfer" in ganz Deutschland unterwegs. 1978 wurde er ausgemustert.

TYPEN-SCHILD

Hersteller: MAN
Lieferung/Indienststellung: 1951
Spurweite: Normalspur
Achsfolge: B'2'
Länge über Puffer: 21,8 m
Gewicht: 51,5 t
Treibraddurchmesser: 940 mm
Höchstgeschwindigkeit: 120 km/h
Leistung: 735 kW
Stückzahl: 1

MAN baute dieses Einzelstück 1951 als Versuchsfahrzeug.
Bild: Peter Ramsenthaler

Baureihe E 03 (103)

Die Versuchslokomotive E 03 war der Vorgänger der äußerst erfolgreichen Baureihe 103, die seit den 1970ern aus dem Schienenverkehr nicht mehr wegzudenken war. Bei dieser Lokomotive wurden neueste aerodynamische Erkenntnisse konsequent berücksichtigt: So verliehen die abgerundeten Formen der E 03 ihr ein charakteristisches Aussehen und verbesserten ihre Laufeigenschaften vor allem bei Zugbegegnungen. Die Baureihe 103 bildete das Hauptrückgrat bei der Beförderung schwerer, lokbespannter Reisezüge. Sie war lange Zeit das Flaggschiff der DB, die durch ihre weinrot-beige Lackierung „den" DB-Zug überhaupt symbolisierte.

TYPEN-SCHILD

Hersteller: AEG, Siemens, Henschel u.a.
Lieferung/Indienststellung: 1970
Spurweite: Normalspur
Achsfolge: Co'Co'
Länge über Puffer: 19,5 m
Gewicht: 114,0 t
Treibraddurchmesser: 1.250 mm
Höchstgeschwindigkeit: 200 km/h
Leistung: 7.440 kW
Stückzahl: 115

Für viele, vor allem Jüngere, ist die E 03 der Höhepunkt schöner Lokomotiven. Bild: Michael Beitelsmann

Die V 200^{1} mit ihrem V-Ausschnitt. Bild: Sammlung GeraMond

TYPEN-SCHILD

Hersteller: Krauss-Maffei
Lieferung/Indienststellung: 1962/63
Spurweite: Normalspur
Achsfolge: B'B' dh
Länge über Puffer: 18,5 m
Gewicht: 81,0 t
Treibraddurchmesser: 1.050 mm
Höchstgeschwindigkeit: 140 km/h
Leistung: 1.986 kW
Stückzahl: 50

V 200^{1} (221)

Die V 200 war die erste dieselbetriebene Streckenlokomotive der Deutschen Bahn. Im markanten Äußeren dieser Loks, das dem typischen Industriedesign der 50er-Jahre entsprach, wurde auch die leistungsstärkere Nachfolgerin V 200^{1} gehalten. Die Motorleistung wurde auf fast 2.000 kW erhöht, die beiden Zwölfzylinder-Motoren stammten von MTU. Im Bw Kempten lösten diese formschönen Loks allerdings eine andere Schönheit ab: Die letzten alten S 3/6 wurden nach Eintreffen der neuen V 200^{1} außer Dienst gestellt. Die Dieselloks selbst wurden, nachdem sie zuletzt nur noch Güterzüge durchs Ruhrgebiet gezogen hatten, 1987/88 ausgemustert.